Die Klinik der Coronarerkrankungen

Von

Dr. Paul Uhlenbruck

a. o. Professor an der Universität Köln-Rhein
Chefarzt der Mediz. Abt. des St. Elisabethkrankenhauses
Köln-Hohenlind

Mit 41 Abbildungen

Berlin

Verlag von Julius Springer

1940

Die Klinik der Coronarerkrankungen

Von

Dr. Paul Uhlenbruck

a. o. Professor an der Universität Köln-Rhein
Chefarzt der Mediz. Abt. des St. Elisabethkrankenhauses
Köln-Hohenlind

Mit 41 Abbildungen

Berlin
Verlag von Julius Springer
1940

ISBN-13:978-3-642-89471-8   e-ISBN-13:978-3-642-91327-3
DOI: 10.1007/978-3-642-91327-3

Erweiterte Buchausgabe des gleichnamigen Beitrages in
„Ergebnisse der Inneren Medizin und Kinderheilkunde", Band 55

Vorwort.

Ende des Jahres 1938 habe ich in Band 55 der „Ergebnisse der inneren Medizin und Kinderheilkunde" eine Abhandlung über „*Die Klinik der Coronarerkrankungen*" publiziert, deren erweiterte und umgearbeitete Fassung ich hier als Monographie vorlege.

Es ist in den letzten Jahren sehr viel über die Coronargefäße des Herzens und ihre Erkrankungen geschrieben worden, ich erinnere an die Monographie von HOCHREIN über den Myokardinfarkt, von BÜCHNER über die Coronarinsuffizienz, von COELHO, von DAGNINI, von CONDORELLI in der portugiesischen bzw. italienischen Literatur. Die theoretische Deutung der „coronaren" Elektrokardiogramme ist scharf umstritten in den Schriften der letzten Zeit, wobei E. WEBER, F. SCHELLONG, E. SCHÜTZ ihre Auffassungen begründeten. Weitere diagnostische Fragen sind mit der Einführung der Röntgenkymographie und der Darstellung der Verkalkungen der Coronargefäße aufgerollt. Therapeutisch hat EDENS die Strophanthintherapie des Myokardinfarkts eingeführt, aus Amerika kam die totale Schilddrüsenexstirpation, die Röntgentherapie der Coronarerkrankungen führte sich ein.

Dem Praktiker dürfte unter dieser Fülle von Neuem kaum mehr ein Überblick möglich sein. Die zahlreichen Anfragen des In- und Auslandes nach der oben angeführten Publikation beweisen es. Ich hoffe, die Probleme verständlich herausgestellt zu haben. Die kleine Schrift soll weniger eigene Forschungsergebnisse als Erfahrungsergebnisse am Krankenbett bringen und Beobachtungen vermitteln. Die statistische Auswertung meines Krankengutes ist mir durch den Krieg leider nur sehr beschränkt möglich.

Dem Verlag Julius Springer sei für die Herausgabe der Monographie bestens gedankt.

Köln, im März 1940.

P. UHLENBRUCK.

Inhaltsverzeichnis.

I. Kapitel

Einleitung.

Die Blutversorgung des Herzens wird durch die beiden Coronararterien gewährleistet. Die linke Coronararterie teilt sich kurz nach ihrem Abgang aus der Aorta in den Ramus descendens anterior, der an der Herzvorderwand im Sulcus zwischen rechtem und linkem Ventrikel abwärts verläuft und an der Spitze noch etwas auf die Herzhinterwand übergeht. Von diesem Ast wird die Vorderwand des linken Ventrikels, die Herzspitze und die vorderen Partien des Septum interventriculare versorgt. Der zweite Ast der linken Kranzarterie ist der Ramus circumflexus, der zwischen Ventrikel und Vorhof in der Herzvorderwand verläuft und auf die Hinterwand übergeht unter Versorgung der Hinterwand des linken Ventrikels. Die rechte Kranzarterie verläuft zunächst als Stamm an der Vorderwand zwischen rechtem Vorhof und rechtem Ventrikel, versorgt die Vorderwand des rechten Ventrikels, die hinteren Septumpartien und endet hinten an der Hinterwand des linken Ventrikels, nachdem sie sich vorher geteilt hat und den Ramus descendens posterior, in der hinteren Inventrikularfurche verlaufend, abgegeben hat. Ebenso wird der rechte Vorhof und die Gegend des Sinusknotens von der rechten Kranzarterie versorgt. Pathologischanatomisch findet man als Folge eines krankhaften Geschehens an den Coronarien die Nekrose größerer Herzteile, den Herzinfarkt. Der Herzinfarkt ist sicher viel häufiger als man früher annahm. KROETZ findet in 52,5% seines Herzmaterials von 300 Fällen mehr oder weniger ausgedehnte Infarktbildungen. Manchmal findet man typische Lokalisationen: den Vorderwandspitzeninfarkt beim Verschluß der linken Kranzarterie, den Hinterwandbasisinfarkt beim Verschluß der rechten Kranzarterie. Manchmal ist der ganze von der betreffenden Coronararterie versorgte Bezirk der Nekrose verfallen, fast die ganze rechte Kammer beispielsweise bei Verschluß der rechten Coronarie, manchmal beschränkt sich der Infarkt auf einen kleinen Herzbezirk oder auf einen Papillarmuskel. Fast immer finden sich, worauf CH. KROETZ hinweist, bei ausgedehnten Infarkten im Bereich der einen Kranzarterie auch mehr oder weniger deutliche Nekrosestellen im Bereich der anderen Coronarie. Durch die Untersuchungen von DIETRICH sowie von CH. KROETZ ist es allerdings fraglich geworden, ob man die schematische Vorstellung, daß jeder Infarkt seine Ursache in einem embolischen oder thrombotischen Verschluß eines größeren Coronarastes haben muß, beibehalten darf. Sehr oft wird der Thrombus nicht gefunden, die Ursache der Nekrose kann nicht in einem anatomisch greifbaren Gefäßverschluß gelegen haben. Offenbar sind in vielen Fällen von Infarkt des Myokards Schädigungen lokaler Art in der terminalen Strombahn auslösend, bei denen nervös-regulatorische Vorgänge, Gefäßspasmen, wahrscheinlich eine wesentliche Rolle spielen. Immerhin dürfte es berechtigt sein, die Bilder des „stürmischen Gewebeuntergangs" mit „landkartenähnlichen", scharf umschriebenen Nekrosebezirken als Bilder des Coronarinfarktes zusammenzufassen und sie abzugrenzen von dem, was wir als Coronarinsuffizienz zu bezeichnen pflegen.

Zur Kenntnis des pathologisch-anatomischen Geschehens bei der Coronar-insuffizienz haben besonders BÜCHNER und seine Mitarbeiter sehr wertvolle Beiträge geliefert. Sein Grundexperiment ist folgendes: Macht man ein Kanin-chen durch Aderlaß anämisch, verschlechtert also die Gesamtblutversorgung, und läßt dieses Tier dann in einer Lauftrommel arbeiten, so findet man mit großer Regelmäßigkeit nach einigen Stunden im Herzmuskel disseminierte Nekrosen, und zwar vorwiegend an den Papillarmuskeln, den Trabekeln und in den subendokardialen Abschnitten des linken Ventrikels. Diese Nekrose-herde müssen als irreversible Schädigungen der Herzmuskelfasern im Gefolge einer Durchblutungsstörung, also einer Coronarinsuffizienz aufgefaßt werden. Interessant ist nun, daß TATERKA unter BÜCHNERs Anleitung durch Histamin-injektionen einen Kollaps erzielen konnte, der zu ganz vorwiegend im rechten Herzen bzw. im rechten Ventrikel lokalisierten Nekrosen führte. Die Erklärung dürfte darin liegen, daß beim Histaminkollaps durch den gleichzeitig ausgelösten Spasmus der Bronchien und der Lungenpartien eine akute Überbelastung des rechten Herzens auftritt. Elektrokardiographisch zeigten die Tiere mit links-seitiger Coronarinsuffizienz — nicht etwa, wie BÜCHNER und v. LUCARDOU betonen, als Folge der anatomisch nachgewiesenen kleinen Nekrosen, sondern der allgemeinen coronarbedingten Durchblutungsstörung — eine Depression des S—T-Stückes in Ableitung I und II — während bei den Tieren mit rechts-seitigen Myokardnekrosen mehr das Bild des Herzinfarktes im Elektrokardio-gramm (Ekg) auftrat, nämlich ein hoher Abgang von S—T bei aufwärts ge-richteter R-Zacke in Abl. III. Beim Menschen finden sich bei dem „langsamen Typ der Coronarinsuffizienz" nach KROETZ nicht die Koagulationsnekrosen des stürmischen Gefäßverschlusses, also des Myokardinfarktes, sondern mehr oder weniger disseminierte streifige Muskelfasernekrosen mit reaktiver Leukocyten-ansammlung und Fibroblastenvermehrung bis zur Ausheilung mit disseminierter Schwielenbildung. An den Coronargefäßen treten die Intimaveränderungen zurück, die Media- und Adventitiaveränderungen mehr in den Vordergrund. Bei dieser langsamen Fasernekrose, der man meines Erachtens klinisch im wesentlichen das Bild der chronischen und zeitweise akuten Coronarinsuffizienz zuordnen muß, treten die ausgesprochenen Infarktzeichen: Fieber, Leukocytose, Senkungsbeschleunigung, wie sie noch weiterhin zu schildern sein werden, nicht auf. Als eine dritte Gruppe pathologisch-anatomischen Geschehens an den Coronarien kann man die arteriolosklerotischen Veränderungen der feineren Äste der Coronarien mit gleichen Folgeerscheinungen, Ernährungsstörung, Gewebsuntergang und Narbenbildung, verzeichnen.

II. Kapitel.
Die Anamnese der Coronarerkrankungen.

Die Anamnese der Coronarerkrankungen zeigt alle Varianten, angefangen von dem klassischen „großen Anfall" von Angina pectoris bei Coronarinfarkten mit oft letalem Ausgang im ersten Anfall bis zu der HEBERDENschen Angina ambulatoria mit Anstrengungs- und Kälteangina oder den vasomotorischen anginösen Beschwerden klimakterischer Frauen. Daneben stehen die „stummen" Fälle sowohl von Coronarverschluß wie von Coronarverengung und endlich folgen die „larvierten" Fälle, die mit abdominalen Beschwerden beginnen,

Gallenkoliken, Magenulcusperforation, Appendicitis, typhöse Krankheitsbilder vortäuschen können und oft diagnostisch erhebliche Schwierigkeiten bereiten. Ich gebe im folgenden einige Beispiele:

1. M. K. (Coronarinsuffizienz mit typischer Anamnese). Der 58jährige Ingenieur ist Leiter eines großen Unternehmens, hat sich mit 50 Jahren zur Ruhe setzen müssen. Er klagt seit dieser Zeit über Herzbeschwerden, Schwindelgefühl, plötzlich auftretende Übelkeit. Die Schmerzen gehen mit einem Beklemmungsgefühl auf dem Herzen einher und strahlen nach rechts und links aus in die Schultergegend. Er meint, die Schulterschmerzen seien rheumatisch. Einen sehr starken Schmerzanfall hat er einmal nach einer Zahnextraktion gehabt, so daß er eine Behandlung des stark defekten Gebisses rundweg ablehnt. Bei den Aufsichtsratssitzungen hat er früher mit Regelmäßigkeit seine Angina pectoris-Anfälle bekommen, so daß er nicht mehr teilnehmen konnte. Er schläft nachts schlecht, grübelt viel, kann sich aber mit Luminal helfen, das auch die Schmerzen mildert. Im Frühjahr und Herbst sei es schlimmer als im Sommer bei gleichmäßiger Wärme. Die jährliche Steuererklärung hat immer eine Periode gehäufter Anfälle zur Folge. In den letzten Jahren hat er dann Nitrolingual genommen, oft 8—10 Kapseln am Tag. Beim Treppensteigen besteht etwas Atemnot, doch meint er im ganzen, daß körperliche Anstrengungen ihm weniger ausmachten als auch die kleinsten Aufregungen.

2. E. B. 60 Jahre (Coronarinsuffizienz mit typischer Anamnese). Der 60jährige Bankier hat früher immer sehr gut körperliche Arbeit leisten können. Er hat sehr viel geraucht (8—10 Zigarren) und ziemlich viel getrunken (1—3 Flaschen Moselwein). Seitdem er sich vor 6 Jahren zur Ruhe gesetzt hat, haben sich Herzbeschwerden eingestellt, zeitweise Herzklopfen, Beengung auf der Brust, ausstrahlende Schmerzen vorwiegend in den linken Arm. Die Stärke der Beschwerden wechselt sehr. Manchmal kann er ganz gut Berge steigen. ein andermal muß er nach einigen 100 m stehen bleiben und umkehren. Rauchen verträgt er nicht mehr. Wenn er seinen Wein trinkt und im Freundeskreis sitzt, merkt er wenig Beschwerden, wenn er aber nicht trinkt, diät lebt und keine Ablenkung hat, wird es schlimmer. Die Begegnung mit irgendwelchen Bekannten auf der Straße löst schon einen Herzschmerz aus, so daß er menschenscheu geworden ist und möglichst allen Bekannten aus dem Wege geht. Ärger und Aufregungen in der Familie haben tagelange intensive Herzbeschwerden zur Folge. Kalte Witterung verträgt er nicht, auch keine großen Mahlzeiten. Er ist stark depressiv, bricht bei seiner Erzählung in Tränen aus und ist über seinen Zustand verzweifelt.

3. H. C., 58 Jahre (Coronarinsuffizienz, typische Anamnese). Die 58jährige Patientin gibt an, früher immer gesund gewesen zu sein. Seit 3—4 Jahren habe sich ein chronischer Bronchialkatarrh entwickelt. Im vorigen Jahr habe sie fast 4 Monate im Bett zugebracht, immer unter zeitweiser Atemnot und Bronchialkatarrh gelitten, man habe diese Beschwerden als Asthma bezeichnet. Vor $1^1/_2$ Jahren habe sie eine hochfieberhafte Lungenentzündung gehabt, danach haben sich die Beschwerden erheblich verstärkt. Sie konnte sich nicht richtig erholen und war immer kurzluftig. Im Rücken habe sie dauernd Schmerzen, sie könne nur noch leichte Hausarbeiten verrichten. Wenn sie auf die Straße geht, so hat sie nach kurzer Zeit einen unerträglichen Schmerz im Rücken und in der Herzgegend, sie muß sich das Herz mit den Händen festhalten und stehenbleiben, bis er vorüber ist. Der Schmerz war früher nur im Rücken, jetzt aber zieht er in den linken Arm, manchmal hat sie das Gefühl, als ob der Oberarm straff gespannt sei und platze. Beim Treppensteigen ist sie stark kurzluftig. Nachts muß sie oft aufstehen, ans Fenster gehen und Luft einholen.

4. F. D. (Hinterwandinfarkt, larviert als Ulcus ventriculi). Die 56jährige Patientin hat vor etwa 6 Wochen eine Magenverstimmung gehabt. Die Beschwerden hatten plötzlich mit Erbrechen und Durchfällen angefangen, sowie mit Schmerzen in der Magengrube. Sie sei sonst eine sehr arbeitsfähige Frau gewesen, fühle sich aber seitdem dauernd müde und könne kaum einige Schritte gehen, der Puls sei immer beschleunigt, Herzbeschwerden haben nicht bestanden, wohl eine gewisse Kurzluftigkeit. Die Röntgenuntersuchung habe ein Zwölffingerdarmgeschwür ergeben, auf das sie nun seit 3 Wochen behandelt wurde, ohne daß die Beschwerden sich besserten. Es bestünden auch jetzt noch Neigung zu Durchfällen, ein dauernd aufgetriebener Leib mit starkem Druckgefühl in der Magengegend, dem Gefühl, daß im Leib etwas zu eng sei. Dabei eine stark störende oft·unerträgliche Flatulenz. Fieber hat im Anfang der Erbrechung etwas bestanden. Der Patientin selbst

ist es unverständlich, daß sie sich von einem Magenkatarrh oder Magengeschwür so schlecht erholen kann, sie vermutet ein Krebsleiden. Das Ekg ergibt einen Herzhinterwandinfarkt.

5. W. A., 48 Jahre (Vorderwandinfarkt, larviert als Asthmaanfall). Am 28. 10. 37 wurde ich zu der Patientin wegen Asthmaanfalles konsiliarisch zugezogen. Die Frau gibt an, vor 20 Jahren seit einer Kehlkopfoperation eine doppelseitige Recurrensparese zu haben, dadurch eine stridoröse Atmung. Vor einigen Tagen leichte Grippe mit Temperatursteigerung und Halsschmerzen, aber schon seit dem Vortage beschwerdefrei. Sie sei heute daher wieder aufgestanden, habe aber nach dem Abendessen plötzlich einen Asthmaanfall bekommen. Sie müsse aufrecht im Bett sitzen, habe Beklemmung auf der ganzen Brust, keine Schmerzen in der Herzgegend, keine Schmerzen im linken Arm, dagegen ein Ziehen in der Halsgegend bis unter das Kinn. Sie habe ein ausgesprochenes Angstgefühl dabei. Die Atmung ist zischend, durch die Recurrensparese stridorös, der Puls klein und frequent, RR 90/60 mm Hg. Der Anfall wird von der Patientin selbst und von dem behandelnden Arzt als Asthmaanfall gedeutet. Die Lunge sei vor einigen Tagen geröntgt worden und dabei sei Herz und Lunge in Ordnung befunden. Das Ekg ergibt einen eindeutigen Vorderwandinfarkt.

6. Baron S. (Vorder- und Hinterwandinfarkt mit teils typischer, teils abdomineller Anamnese). Der 68jährige Mann, früher immer sehr leistungsfähig, 31 Jahre Soldat, klagt seit mehreren Jahren über rheumatische Beschwerden in allen Gelenken, besonders in der linken Schulter und im Rücken, so daß er stark in seinen Bewegungen behindert war. Er machte daher in einem auswärtigen Krankenhaus eine intensive Behandlung mit Bädern, Kurzwellendiathermie, Röntgenbestrahlungen, Massage und Bewegungsübungen durch. Während dieser Behandlung stellten sich zunehmende Schmerzen unter dem Brustbein ein, die anfallsweise auftraten, nicht ausstrahlten und ein gewisses Gefühl der Enge und des Unbehagens hervorriefen. In einer Nacht setzte plötzlich ein intensiver Schmerz im Verlauf der Speiseröhre ein, vom Schlund bis zum Magen ziehend, er hatte das Gefühl, daß eine Säure stark ätzend die Speiseröhre herunterliefe. Die Schmerzen machten jede Nahrungsaufnahme unmöglich. Es bestand Brechreiz, starkes Erschöpfungsgefühl, Druckgefühl im Oberbauch. Erleichterung beim Lockern des Hosenbundes und Weglegen der Bettdecke. Die einzige mögliche Lage war lange Zeit die absolute Rückenlage, jede Bewegung löste unerträgliche Schmerzen aus. Lagewechsel von der linken auf die rechte Seite war unmöglich. Der Leib war aufgetrieben, es bestand starke Flatulenz. Ekg: alter Vorderwandinfarkt, frischer Hinterwandinfarkt.

7. Graf B. (Coronarinfarkt, typische Anamnese). Der 56jährige Patient ist körperlich sehr rüstig, hat noch vor $^1/_2$ Jahr sein Reserveoffiziersübung gemacht, starker Raucher und nicht unerheblicher Alkoholkonsum. Er fährt am Morgen des Untersuchungstages mit seinem Wagen die 500 km lange Strecke ab München, um am nächsten Tag zur Hirschbrunft in der Eifel rechtzeitig zu kommen. Unterwegs kommt, als er mit sehr hoher Geschwindigkeit fährt, ein Wagen aus der Seitenstraße, den er im letzten Augenblick sieht. Der Zusammenstoß wird durch eine scharfe Wendung noch eben vermieden und er bringt den Wagen zum Stehen. Beim Aussteigen empfindet er einen unangenehmen ziehenden Schmerz im linken Arm und ein Beklemmungsgefühl auf der Brust. Nach einigen Minuten setzt er seine Fahrt fort und kommt abends am Bestimmungsort an. Er fühlt sich sehr schlapp, hat Brechreiz und Durchfälle und trinkt zur Wiederbelebung eine Flasche Sekt. Es stellt sich Erbrechen ein, der Puls wird stark unregelmäßig und kaum fühlbar, weitere Erscheinungen sind Cyanose, Beklemmungsgefühl auf dem Herzen, starke sehr unangenehme Flatulenz und Stuhldrang. Als ich den Patienten nachts sehe, ist der Puls 140 pro Minute, am nächsten Tag 28 (A.-V.-Block!). RR früher von 160 mm Hg, jetzt 85/50 mm Hg. Leichte Temperaturen bis 38° rectal. Das später aufgenommene Ekg zeigt einen Hinterwandinfarkt.

8. Dr. N., 45 Jahre (Hinterwandinfarkt larviert als abdominale Erkrankung). Der 45jährige Ingenieur fuhr vor 4 Tagen, wie jeden Morgen zur Fabrik mit dem Fahrrad. Kurz nach Passieren des Fabriktores sei ihm schlecht geworden, er mußte absteigen, konnte sich nicht mehr auf den Beinen halten und wurde in den Wachraum gebracht. Er bekam Erbrechen, hatte starke Schmerzen in der Magengrube und etwas rechts davon. Es setzten Durchfälle ein, starker Abgang von Winden, Schweißausbrüche. Nach etwa 2 Stunden traten ziehende Schmerzen im linken Arm dazu. Der Puls sei anfangs beschleunigt gewesen und ging dann auf 30—40 Schläge zurück (A.-V.-Block!). Die Durchfälle und die Flatulenz hielten mehrere Tage an. Der Arzt vermutete Magen- oder Gallenblasenleiden und verordnete tägliche

Magenspülungen, die auch mehrere Tage ausgeführt wurden. Am 2. Tag trat Fieber auf, ferner nächtliche Atemnot. Diese und der Rückgang der Pulsfrequenz veranlaßten Einweisung für stationäre Behandlung. Ekg: Hinterwandinfarkt mit totalem Block.

9. J. Br., 61 Jahre (Hinterwandinfarkt mit Papillarmuskelabriß, larviert als Vergiftung). Der 61 jährige Mann kommt zur stationären Aufnahme mit folgendem Brief seines behandelnden Arztes: „Herr B. aus O. hat Wasserglas getrunken und sich die Schleimhaut des Magens verätzt. Er müßte wohl zwecks Ausheilung der wunden Schleimhäute eine Zeitlang rectal ernährt werden, weshalb er in stationäre Behandlung überwiesen wird." Die nähere Befragung ergab, daß er vor 3 Wochen nachts in der Küche Mineralwasser mit Wasserglas verwechselte und letzteres trank. Er hat sich sehr erschrocken, glaubte, sich vergiftet zu haben. Kurz danach setzte Erbrechen ein. Der Stuhl sei schwarz gewesen, das Erbrochene etwas blutig gefärbt. Seitdem seien die Schmerzen in der Speiseröhre unerträglich. Er könne kaum etwas Grütze zu sich nehmen und lebe von Schleim und Bananen. Er hat eine starke motorische Unruhe, klagt aber nicht über irgendwelche Herzbeschwerden. Herz röntg. normal groß, Tr.D. 14 cm. RR 130/80 mm Hg. Magen röntg. o. B. Bei der geschilderten Anamnese wird die Herzuntersuchung erst am 3. Tag vorgenommen und ergibt: coronare Welle in Abl. III. Bei dem Aufsuchen der Station, um dem Patienten Bettruhe zu verordnen, finde ich ihn auf den Flur zusammengebrochen. Exitus nach einer halben Stunde. Obduktion: Herzhinterwandinfarkt mit Abriß eines Papillarmuskels (s. Abb. 2, S. 8).

10. M. K. (Hinterwandinfarkt mit abdominaler Anmanese). Die Frau hat seit 5 Tagen Durchfälle, angeblich nach dem Genuß von Mayonnaise, die aber von den anderen Mitgliedern der Familie gut vertragen wurde. Diese Durchfälle setzten mit krampfartigen Schmerzen im Darm gegen Abend schlagartig ein, sie mußte sich dann wegen allgemeiner Übelkeit 2 Stunden in den Sessel setzen und konnte sich dann mühsam zu Bett schleppen. Die Zunge war belegt. Die Temperatur dauernd erhöht, am nächsten Tag 38,3 axillar und blieb dann leicht über normal. Der Arzt hatte an einen Paratyphus gedacht, zumal eine diffuse Bronchitis und eine auffallende allgemeine Schwäche mit Benommenheit mehr und mehr zunahm. Auffallend war ferner, daß von Anfang an der Puls sehr schnell war, dann nur 40—50 Schläge betrug und kaum fühlbar war. Der Exitus erfolgte im Zustand zunehmender Benommenheit und Kreislaufschwäche.

11. J. K., 44 Jahre (Vorderwandinfarkt, zunächst schmerzfrei, larviert als tuberkulöse Lungenblutung). Der 44 jährige Amtsleiter wird an einem Sonntag Abend, nachdem er in 3 Wahlversammlungen geredet hat, eingeliefert mit einer Hämoptoe unter der Diagnose „Lungentuberkulose mit Blutung". Der Puls ist klein, stark beschleunigt. Die Atmungsfrequenz, Blutdruck 85/65 mm Hg, erhebliche Cyanose. Es setzt ein zunehmendes Lungenödem ein, mit schaumigem rötlichem Sputum, erst am 2. Tag klagt der Patient über etwas Schmerz und Beengung in der Herzgegend, während die ersten 24 Stunden vollkommen schmerzfrei verliefen. Der Exitus erfolgte am 3. Tag, die Autopsie ergab einen Vorderwandinfarkt, der auch klinisch auf Grund des Ekgs und des Bildes der akuten Stauungslunge trotz der auch später sehr wenig typischen Schmerzsymptome angenommen war.

12. O. B., 66 Jahre (Vorderwandinfarkt mit cerebralen Erscheinungen und Acetonurie). Der Patient ist Bahnbeamter, hat viel geraucht, 7—8 Zigarren pro Tag und Pfeife. Morgens beim Anziehen hat er einen Anfall von Bewußtlosigkeit bekommen, so daß man zunächst einen Schlaganfall annahm. Er erwachte aber schon nach wenigen Minuten, begann dann wirr zu reden, und schließlich immer aus dem Bett zu springen und zu toben, so daß immer 2 Familienangehörige ihn halten mußten. Er hatte bald nach dem Anfall Wasser gelassen, in dem der Arzt Zucker und Aceton feststellte, so daß der Kranke wegen Coma diabeticum eingeliefert wurde. Die Autopsie ergab einen Vorderwandinfarkt. Cerebrum o. B.

13. Ph. G., 25 Jahre, Student *(Coronarinfarkt in jugendlichem Alter nach Nicotinmißbrauch)*. Der Patient wurde am 2. 10. 38 abends gegen 21⁴⁵ Uhr vom diensttuenden Arzt des Bereitschaftsdienstes mittels Taxe eingeliefert. In seiner Begleitung sein Bruder und sein Vetter. Der Bruder machte über die Vorgeschichte folgende Angaben: In der Nacht vom 1. bis 2. 10. 38 war der Patient auf Urlaub in Bonn mit mehreren Kameraden zusammen, wobei größere Mengen Alkohol (Likör und Bier) genossen und sehr viel Zigaretten *(etwa 50)* geraucht wurden. Gegen 3 Uhr morgens kam er nach Hause. Am 3. 10. 38 fuhr Patient mit seinem Bruder nach Köln zu Verwandten. Gegen 19 Uhr fuhren beide in Begleitung ihres Vetters nach Niehl mit der Straßenbahn. Während der Fahrt verspürte Patient dann starke Schmerzen auf der Brust in der Herzgegend, die in beide Arme, besonders aber nach *links* ausstrahlten.

Da die Schmerzen unerträglich wurden, kehrten alle drei zu Bekannten zurück, wo Patient sich auf ein Liegesofa legte. Man rief den Bereitschaftsdienstarzt hinzu, der den Patient mit der Taxe ins Krankenhaus einwies.

Der Patient ist sehr unruhig, wälzt sich im Bett hin und her und klagt über Schmerzen auf der Brust und in beiden Armen, besonders links. Die Hände sind kühl und die Fingernägel livide verfärbt. Der Puls ist nur mäßig gut gefüllt, aber nicht sehr frequent. Herztöne o. B., Blutdruck 90/65 mm Hg. Keine Dyspnoe, keine Ödeme. Patient ist noch ansprechbar. Während nun eine Spritze Sympatol aufgezogen wird, verdreht der Patient plötzlich die Augen und ist nicht mehr ansprechbar. Sofortige Injektion von 1 ccm Sympatol *i.v.* zeigt keine Wirkung. Darauf Injektion von 1 ccm Suprarenin (1:1000) *intrakardial* und 1 ccm Lobelin *i.m.*, Patient bleibt jedoch pulslos. Patient kommt um 22⁰⁵ Uhr unter den Erscheinungen eines schweren Kreislaufkollapses mit plötzlichem Herzstillstand ad exitum. Zu erwähnen ist noch, daß Patient nach Angaben des Bruders starken *Nicotinabusus* hatte. Außerdem war die Schilddrüse sichtlich vergrößert.

Die Sektion am 4. 10. 38 ergab einen frischen Verschluß der *linken vorderen* absteigenden Coronararterie durch einen etwa 3 cm langen Thrombus (Abb. 3, S. 9). Außerdem fand sich eine persistierte Thymusdrüse.

14. K. H. *(Coronarinfarkt nach CO-Vergiftung).* 45jähriger Rechtsanwalt, der sein Büro in einem älteren Hause in der Mitte der Stadt hat. Die Büroräume haben eine Ofenheizung mit schlechtem Abzug. Eine Sekretärin muß nach mehrmonatlichem Aufenthalt in diesen Räumen Krankenhausbehandlung aufsuchen, wo eine chronische Kohlenoxydvergiftung nachgewiesen wird. Die gleichfalls in den Räumen tätige Frau hat Angina pectoris-Beschwerden ohne organisch nachweisbaren Befund. C. selber fühlt sich nach mehrjähriger Tätigkeit in den wegen CO-Gefahr beanstandeten Räumen schlecht und tritt einen Erholungsurlaub in die Schweiz an. Bei einer Wanderung setzen ganz akut intensive Schmerzen in der Herzgegend, ausstrahlend in den linken Arm, ein. Erbrechen und Abgang von Stuhl und Urin. Der Patient wird in eine nahegelegene Almwirtschaft getragen und erholt sich langsam. Der nach einigen Stunden eintreffende Arzt verordnet Cardiazolspritzen und Morphium. Nach 3 Wochen ist der Kranke soweit wieder hergestellt, daß der Abtransport ins Tal erfolgen kann. Nach längerer Rekonvaleszenz völlige Genesung, so daß C. nunmehr — 5 Jahre nach dem Infarkt —, jede beliebige körperliche Arbeit leisten kann. Dagegen zeigt das Ekg immer noch eine negative Finalschwankung in Abl. I und Fehlen von Q_{IV} sowie Senkung von S-T mit pos. T in Abl. IV, so daß kein Zweifel an einem stattgehabten Vorderwandinfarkt sein kann, der auch aus dem bald nach dem Anfall aufgenommenen Ekg eindeutig hervorging.

Zusammenfassung.

Es werden die Anamnesen typischer und larvierter Fälle von Coronarerkrankungen wiedergegeben. Darunter befinden sich zwei als Ulcus ventriculi und Gallenkolik larvierte Fälle von Hinterwandinfarkt, ein als Paratyphus larvierter Fall von Hinterwandinfarkt, ein Hinterwandinfarkt mit Abriß eines Papillarmuskels, ein Vorderwandinfarkt nach CO-Vergiftung, ein Vorderwandinfarkt nach Nicotinabusus — letzterer mit 25 Jahren mit der jüngste in der Literatur beschriebene Fall.

III. Kapitel.

Der Myokardinfarkt.

Der Myokardinfarkt — der Ausdruck ist anatomisch richtiger als der im Sprachgebrauch allerdings sehr eingebürgerte und kaum mißverständliche Ausdruck Coronarinfarkt — kommt selten durch eine Embolie des Coronargefäßes, häufiger durch eine Thrombose und manchmal durch einen noch ungeklärten anderweitigen Prozeß (Gefäßkrampf?) oder durch Störungen der Gefäßperipherie zustande. Die Prädilektionsstellen dieser Infarktbildung sind nach den Untersuchungen von BÜCHNER, WEBER und HAAGER der Anfangsteil der rechten Coronarie im Stammgebiet zwischen Ventrikel und rechtem Vorhof und der obere Teil des Ramus descendens der linken Kranzarterie. Im Anschluß an die genannten Autoren wird die Coronarskizze wie untenstehend wiedergegeben.

Daß die Zahl der Coronarthrombosen wesentlich zugenommen hat, steht außer allem Zweifel, wenn auch ebenso zweifelsfrei feststeht, daß die Diagnostik des Myokardinfarkts vor Anwendung der Elektrokardiographie noch sehr in den Kinderschuhen steckte und sicher hiermit weit mehr Fälle richtig erkannt werden als früher. Daß es gerade an dieser Stelle so häufig zu Thrombosenbildung kommt, liegt an der ungeheuren Inanspruchnahme dieses Teiles des Gefäßsystems, das normaliter schon bei dem großen Sauerstoffbedarf des Herzens eine relativ sehr große Blutmenge zu bewältigen hat und das eine ungeheure Anpassungsfähigkeit besitzen muß, da jede Veränderung der Herzleistung zu einer Neueinstellung der Coronardurchblutung in ständigem Wechsel führt, wie aus den Untersuchungen von REIN hervorgeht. Daß es beim Menschen immer nur die Anpassung der Coronarien an die Herzarbeit ist, durch die sie beansprucht werden, glaube ich nicht. Wahrscheinlich spielen hier in weit stärkerem Maße, als sich experimentell erweisen läßt, nervös bedingte Tonusschwankungen der Gefäße mit.

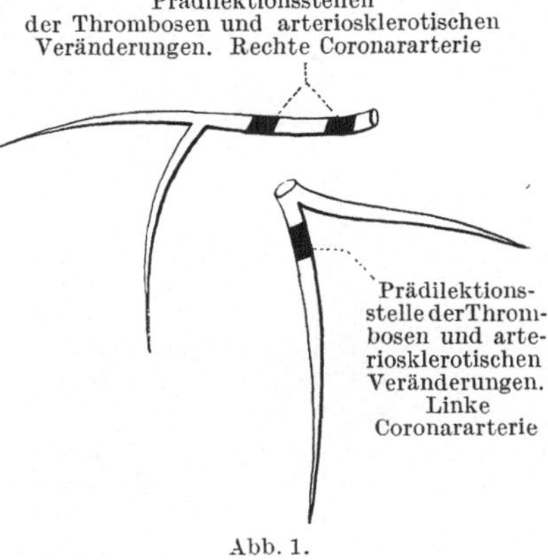

Abb. 1.

Es ist vielleicht zuviel gesagt, wenn man die Zunahme der Coronarthrombosen als eine Erscheinung des gesteigerten Tempos unserer Zeit ansieht, aber ein richtiger Kern steckt sicher darin. Die körperliche Belastung allein mit Anpassung an die Herztätigkeit werden die Coronarien noch aushalten, die dauernde körperliche *und* geistige Belastung halten sie schließlich nicht mehr aus. Meist sind die von Thrombosen befallenen Gefäße schon vorher anatomisch verändert im Sinne mehr oder weniger stark ausgebildeter arteriosklerotischer Prozesse, während die Lues mehr an den Ostien der Gefäße selbst sich lokalisiert. In der Literatur findet sich allgemein die Angabe, daß der linksseitige Coronarinfarkt häufiger sein soll als der rechtsseitige, etwa im Verhältnis 2/3 zu 1/3. Ich habe nicht den Eindruck, daß das zutrifft und halte eher den rechtsseitigen Coronarinfarkt für etwas häufiger, allerdings für öfter larviert und schwerer zu erkennen als den linksseitigen Infarkt[1].

Bezüglich der Verteilung auf Männer und Frauen ist ohne Zweifel der Coronarinfarkt beim Mann häufiger, etwa im Verhältnis Mann zu Frau wie 3/1. In dem Material der Privatstation sehe ich ganz ungleich mehr Coronarinfarkte als bei dem Krankenmaterial der 3. Klasse. Ich gebe hier Allgemeineindrücke wieder, die aber an einem großen Material gewonnen sind und die sich ohne weiteres auch statistisch belegen lassen. Im übrigen verweise ich bezüglich der Statistik auf die von HOCHREIN herausgegebene Monographie über den Myokardinfarkt, die die gesamte Literatur eingehend berücksichtigt.

---

[1] Die auf S. 61 wiedergegebene auszugsweise Statistik ergibt eine etwa gleichmäßige Häufigkeit des links- und rechtsseitigen Infarkts.

Die Symptome eines Verschlusses der Coronararterie durch Thrombose oder
Embolie sind sehr vielgestaltig und können ebensowohl sehr aufdringlich wie
völlig larviert sein. Der anginöse Schmerz ist meist da, oft unerträglich und
meist weit schwerer als bei den „kleinen" Anfällen der Coronarinsuffizienz, der
vorübergehenden Durchblutungsstörung. Dieser intensive Schmerz im „großen"
Anginaanfall des Myokardinfarktes ist unbeeinflußbar durch Nitroglycerin,
er dauert lange, oft tagelang und klingt nur sehr allmählich ab. Man kommt
ohne Morphium fast nie aus. In seinen Ausstrahlungen ist dieser Schmerz sehr

Abb. 2. Hinterwandinfarkt unter dem Bilde einer Säureverätzung des Magens. Muskelnekrose mit Abriß eines
Papillarmuskels. 61jähriger Mann. (Anamnesen, Fall 9.)

verschieden, bei der klassischen Angina pectoris geht er in den linken Arm, im
Radialisgebiet bis in die Fingerspitzen. Daneben kommen aber Schmerzen
in der Halsgegend bis zum Schlund vor, ziehende Schmerzen am Kinn, unerträg-
liches Brennen in der Speiseröhre, Ausstrahlungen in den Nacken, in den rechten
Arm, Schmerzen in der Magengrube und in der Gallengegend mit brettharter
Spannung des Abdomens, wodurch Verwechslungen mit perforiertem Ulcus,
Gallenkoliken, Appendicitisperforation durchaus möglich ist. Erbrechen kommt
sowohl bei Verschluß der rechten wie der linken Coronarie vor. Durchfälle
weisen, wenn sie anhalten, auf rechtsseitigen Coronarverschluß hin, mehr noch
eine anhaltende unerträgliche Flatulenz mit Auftreibung des Abdomens. Gerade
bei der rechtsseitigen Coronarthrombose sind stumme Fälle, d. h. Fälle ohne den
charakteristischen Herzschmerz nicht ganz selten. Auch die „Angina", das
Beklemmungsgefühl, das Gefühl der Angst auf der Brust, die Todesangst, fehlen
oft bei der rechtsseitigen Coronarthrombose, jedenfalls häufiger als bei der linksseitigen. Auch hier gibt es indes stumme Fälle. Sehr häufig ist perikarditisches

Reiben am Ort des Infarktes, oft allerdings nur flüchtig 1—2 Tage zu hören, aber eindeutig. Manchmal ist man im Zweifel, ob nicht eine Perikarditis das Primäre ist und der Status anginosus das Sekundäre — wir wissen, daß die Perikarditis zu elektrokardiographisch ähnlichen Bildern führen kann, wie wir sie bei der Coronarinsuffizienz sehen. Der Puls ist gewöhnlich sehr klein und frequent, der Kranke bietet das ausgesprochene Bild des Kollapses. Rhythmusstörungen sind häufig, sowohl massenhafte Extrasystolen wie besonders Überleitungsstörungen. Daß es bei einem rechtsseitigen Myokardinfarkt zu Blockerscheinungen zwischen Vorhof und Ventrikel kommt, habe ich in einer ganzen Reihe von Fällen beobachten können. Dieser Block ist gewöhnlich reversibel, allerdings können andere Störungen, zuweilen rechtsseitiger Schenkelblock zurückbleiben. Die Störungen des Sinusrhythmus hängen offenbar damit zusammen, daß die rechte Coronararterie den Sinusknoten mitversorgt, der gegen die Blutabdrosselung sehr empfindlich ist. Im Beginn des Anfalles kommen kurze Blutdrucksteigerungen vor, wohl als Symptom der Erregung, sehr bald sinkt der Blutdruck ab, und zwar auf oft bedrohliche Werte, er ist manchmal nicht mehr zu messen, die Amplitude ist klein. Das Verhalten des Blutdruckes ist ein außerordentlich wichtiges

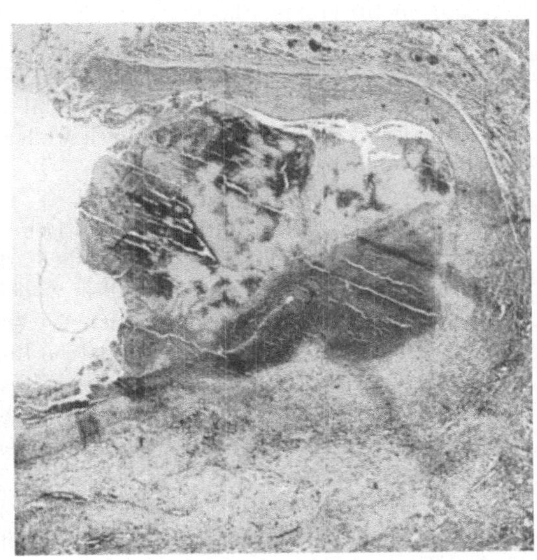

Abb. 3. Obturationsthrombus im Ramus descendens der l. Coronararterie bei atheromatösen Veränderungen der Gefäßwand. 25jähriger Mann. Starker Nicotinabusus. (Anamnesen, Fall 13.)

Kriterium und bestimmt zum größten Teil unser therapeutisches Vorgehen. Im Anfall sehen wir motorische Unruhe, manchmal ausgesprochen delirante Zustände, Schweißausbrüche, manchmal akuter Zusammenbruch im Kollaps mit völliger Erschöpfung und Apathie.

Das Symptom des *Schmerzes* beim Coronarverschluß bedarf noch weiterer Erwähnung. Die Frage: *Macht ein Coronarinfarkt immer und in jedem Fall einen anginösen Schmerz?* möchte ich nach meinen Erfahrungen wie folgt beantworten: Der frische Infarkt der Vorderwand macht in den meisten Fällen sehr erhebliche Schmerzen mit Krampfgefühl und Ausstrahlungen, es kommen aber Ausnahmen vor (s. Anamnesen, Fall 11). Im allgemeinen ist der Schmerz um so intensiver, je weniger verändert der Herzmuskel vorher war, d. h. je akuter die Ischämie einsetzt. Je mehr der Herzmuskel durch Coronarinsuffizienz an den Zustand chronischer Ischämie gewöhnt ist, um so geringer pflegt der Schmerz zu sein, beim insuffizienten stark dilatierten Herzen drückt sich die durch Coronarverschluß hervorgerufene Ischämie kaum noch durch Schmerz, sondern nur noch durch Insuffizienz des Herzens aus — je schlaffer, dilatierter und chronisch geschädigter das Herz ist, um so geringer sind die Schmerzsymptome. Daneben hängt naturgemäß der Schmerz von der Größe des befallenen Bezirkes ab: Thrombosierungen kleinerer Coronargefäße machen mehr oder weniger deutliche Schmerzattacken unter langsam fortschreitender Ausbildung der myomalacischen Herzerweiterung. Bei der rechten Coronararterie sind die Symptome meist unbestimmter als bei der linken Coronarie. J. A. KENNEDY schätzt auf Grund der Anamnesen seines autoptischen Materials von Myokardinfarkten bei 200 Fällen, daß von den akut rapide zum Tode führenden Fällen nur etwa 4% einen schmerzlosen Verlauf hatten, während bei den Fällen mit längerer Anamnese 22% einen schmerzlosen Verlauf der Infarktbildung zeigte. J. HAY fand in 38% der Coronarthrombosen einen völlig schmerzlosen Verlauf; 15% gingen im ersten Shock zugrunde, so daß eine Anamnese nicht erhoben werden konnte. BRUENN, TURNER und LEVY fanden bei Aorteninsuffizienz viel häufiger Schmerzen als bei einfacher Coronarsklerose. Die Angabe, daß Fälle mit Herzschwäche etwa 4mal so oft über Herzschmerzen klagten als Fälle mit normaler Herzfunktion, deckt sich weder mit meinen eigenen Erfahrungen noch mit den Angaben der Literatur.

Über den Herzschmerz liegen ferner interessante Untersuchungen von GORHAM und MARTIN vor an 100 autoptisch kontrollierten Fällen. Als Ursache des Herzschmerzes nehmen die Verff. nicht die Herzischämie an, sondern den „Spannungsfaktor" des Coronargefäßes, wobei eine erhöhte Spannung proximal von dem Gefäßverschluß in der Kranzarterie angenommen wird, die je nach dem Zustand der Gefäßwand zu Schmerzen führt oder nicht. Auffallend hoch ist die angegebene Zahl der angeblich schmerzlos verlaufenden Fälle von Coronarverschluß, nämlich 42% der Fälle. Dabei haben die Kranken mit Herzschmerz durchweg das jüngere Lebensalter, sie haben oft akute Thrombosen, rezidivierende Infarkte, Perikarditiden, Dyspnoe. Die schmerzlosen Fälle sind mehr Leute höheren Lebensalters mit Coronarsklerose, oft multiplen alten Infarkten, geringer Dyspnoe, seltenem Auftreten von Perikarditis. Die letztere Beobachtung scheint sich mehr mit dem zu decken, was in dieser Arbeit von mir als Arteriolosklerose der Coronarien bezeichnet wird. BOYD und WARBLOW fanden bei 127 Fällen von Coronarthrombose 31 Kranke, die niemals Schmerzen gehabt hatten. Die Coronarthrombose manifestierte sich durch akute Herzinsuffizienz, Unwohlsein, Flatulenz, Bild des gastrokardialen Komplexes. Verff. glauben den Grund der Schmerzfreiheit darin zu sehen, daß diese Gruppe von Menschen dem LIBMANNschen hyposensitiven Typ zuzurechnen seien. LAUBRY weist darauf hin, daß anginöse Schmerzen bei primitiven Völkern höchst selten seien, der Herzschmerz sei eine Begleiterscheinung der Zivilisation, jedoch bildet MEYER-STEINEGG aus dem Material der Jenaer medizinisch-historischen Sammlung ein Idol der Brustbeklemmung bei brasilianischen Indianern ab.

HANSEN und v. STAA unterscheiden in ihrer Abhandlung über die reflektorischen und algetischen Krankheitszeichen der inneren Organe den *Spontanschmerz* des Anfalls: neuralgiforme Schmerzen, larviert als Schulter- und Armrheumatismus, Ulnarisneuralgie, Intercostalneuralgie, Schmerzen in der Herzgegend, zuweilen auch an entfernteren Stellen, Hoden, Darmbeingegend. Der Schmerz ist fast ausschließlich linksseitig, HANSEN und v. STAA glauben allgemein sagen zu dürfen, daß bei akuten, einfachen Herzleiden sich in nahezu 100% eine Linksausstrahlung findet und daß das Auftreten von rechtsseitigen ausstrahlenden Schmerzen stets eine Komplikation andeutet, wie eine hinzutretende Stauungsleber, eine rechtsseitige Lungenembolie oder Pleuritis. Für die

Intervalldiagnose wichtiger sind die *Hauthyperalgesien* im Sinne von HEAD. Sie entsprechen bei der Angina pectoris dem Bereich von D_4—D_8 vorn, also etwa querfingerbreit über der linken Mammilla bis handbreit unterhalb der Mammilla. Die Hyperalgesien der Muskulatur liegen vorwiegend im Bereich von C_3 und C_4, also linksseitig Hals- und Schultermuskulatur, ferner im Biceps, Triceps, in den Intercostalmuskeln und im oberen Teil des Rectus abdominis. Die *Maximalpunkte* der Druckempfindlichkeit liegen auf der linken Schulter, in Gegend der Herzspitze, links seitlich und im linken Oberbauch. In den gleichen Zonen findet sich eine vermehrte *Muskelspannung*, die unter Umständen die Abgrenzung gegen Rheumatismus noch erschwert.

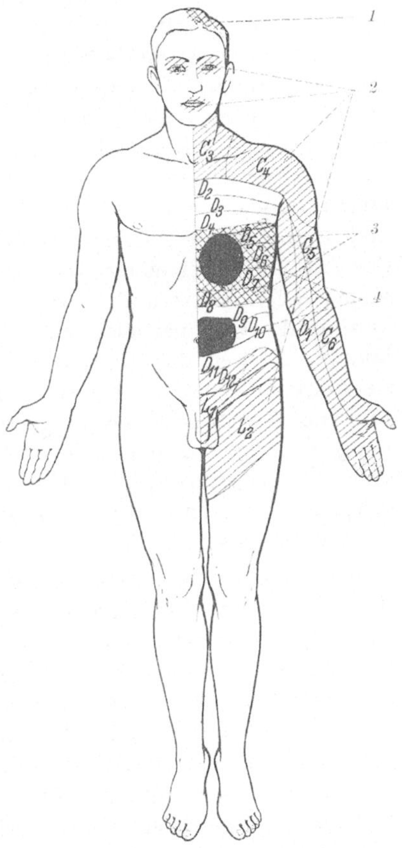

Einseitiges Schwitzen, Piloreaktion, linksseitige Pupillenerweiterung — ein Symptom, das die genannten Autoren als fast regelmäßig vorhanden ansehen — Lidspaltenerweiterung, linksseitige mimische Krampfung der Gesichtsmuskulatur, linksseitige Cyanose, Haltungsasymmetrie durch linksseitige vermehrte Muskelspannung, Auftreten von Herpes zoster im Bereich von D_3—D_6 links vervollständigen das von HANSEN und v. STAA neuerlich aufgezeigte Bild der reflektorischen Zeichen der Coronarerkrankungen.

Der vielbeschäftigte Arzt und auch der Kliniker wird nicht in jedem Fall von Coronarinfarkt die differenzierte Untersuchung auf hyperalgetische Zonen durchführen können — im Einzelfall wird man es tun, wenn diese Untersuchung im Intervall oder kurz nach dem Anfall differentialdiagnostische Hinweise zur Abgrenzung von Gallenkoliken, rheumatischen Beschwerden usw. zu ergeben verspricht. In anderen Fällen, wie in dem hier beschriebenen, weisen die subjektiven Angaben des Kranken sehr eindrucksvoll auf das Vorliegen von hyperalgetischen Zonen hin.

Abb. 4. Sensibilitätsstörungen im Fall Sch. H. *1* seltener Spontanschmerz. *2* Hyperalgesie, C_3—D_1, L_1—L_2. *3* stark hyperalgetische Zone, Druckschmerz, Muskelhyperalgesie, vermehrte Muskelspannung. D_5—D_8. *4* Spontanschmerz D_6—D_7, D_{10}.

Schr. H., 42jähriger Mann. Seit $1^1/_2$ Jahren Angina pectoris, teils Anfälle, teils tagelange Dauerschmerzen mit Druckgefühl und Beengung der linken Brust. Das Herz scheint oft „aus der Brust herauszuwollen". Linke Seite zeitweise das Gefühl völliger Lähmung, zu anderen Zeiten Kribbeln und pelziges Gefühl im linken Arm und linken Bein etwa bis in Kniehöhe. Ebenso taubes Gefühl um den Mund und die Augen. Schmerzanfälle mit Herzschmerz und Schmerz im linken Oberbauch. Starke Empfindlichkeit der linksseitigen Brustmuskulatur. Hautüberempfindlichkeit der linken Seite, „er kann das Bettuch nicht auf der Brust vertragen". Anamnestisch jahrelang 40—50 Zigaretten pro die. Jetzt vertreibt Sch. die Anfälle mit Alkohol (etwa $^3/_4$ Liter pro Tag), neben großen Dosen

Nitroglycerin (Nitrolingual 6—8 Kapseln). Ekg ergibt alten Hinterwandinfarkt. Herz Tr.D. 14,5 cm. Wa.R. neg. Blutdruck 120/90 Hg. Urin frei. Geringe Lebervergrößerung und leichte prätibiale Ödeme.

Die Glykosurie nach Coronarinfarkt ist zuerst von LEVINE beschrieben worden. O. ZIMMERMANN-MEINZINGEN unterscheidet die primäre, 2—3 Tage anhaltende Glykosurie, die durch eine Störung der Kohlehydratregulation bei pathologischer Reaktionslage des vegetativen Nervensystems hervorgerufen wird und eine zweite Phase der Störung des Kohlehydratstoffwechsels, die in einer abnormen Zuckerbelastungskurve sich ausdrückt, mehrere Wochen anhält und ihre primäre Ursache in der Einwirkung toxischer Eiweißzerfallsprodukte aus den zugrunde gegangenen Teilen des Herzmuskels haben soll. M. HOCHREIN fand Anstieg der Blutzuckerwerte auf 160—250 mg-%. Ich habe in einem Fall das ausgesprochene Bild eines diabetischen Komas beim Coronarinfarkt der linken Coronarie gesehen — der Fall wurde auch als Koma eingewiesen — Koma und Diabetes verschwanden später vollkommen, so daß hier wohl nicht ein Coronarinfarkt bei einem Diabetiker vorlag, sondern ein akuter Diabetes mit Koma bei Coronarinfarkt. H. U. GUIZETTI und H. SITTEL fanden beim Myokardinfarkt eine pathologische Belastungskurve bei Zuckerbelastung mit erhöhtem Anstieg des Blutzuckerspiegels und verzögertem Abfall der Kurve; sie führen die Veränderungen auf eine transitorische Leberschädigung durch toxische Eiweißzerfallsprodukte zurück. A. EDELMANN ist allerdings der Meinung, daß bei einem großen Teil der Fälle, die nach Coronarthrombose eine dauernde Hyperglykämie aufweisen, bereits ein latenter Diabetes mellitus vorgelegen hat. Nach seiner Meinung setzt durch den Blutdruckabfall die Insulinproduktion aus, und dadurch wird die Hyperglykämie manifest.

Die Blutsenkungsgeschwindigkeit bei Coronarerkrankungen wurde ausführlich in einer 1937 erschienenen Arbeit von J. RISEMANN und MORTON G. BROWN untersucht an 37 Fällen mit Myokardinfarkt, 55 Fällen mit Angina pectoris und 21 normalen Vergleichspersonen. Die Fälle mit Coronarinsuffizienz, d. h. mit Angina pectoris-Beschwerden zeigten auffallenderweise in etwa der Hälfte der Fälle eine leichte Beschleunigung der Blutsenkung. Bei der Coronarthrombose erwies sich die Senkungsbeschleunigung als absolut konstantes Symptom, sie erreicht ihren Höhepunkt zwischen dem 4. und dem 12. Krankheitstage. In gewisser Weise scheint sie auch einen Hinweis auf die Prognose zu geben insofern, als die Fälle mit stark erhöhter Blutsenkung eine wesentlich schlechtere Prognose hatten. M. BURAK weist darauf hin, daß die Blutsenkungsgeschwindigkeit ein außerordentlich feiner Indicator ist, der auch nach Abklingen aller akuten Erscheinungen einen Hinweis gibt, daß noch immer die Resorption von Toxinen aus den nekrotischen Partien des Herzens nicht abgeschlossen ist. HANS SIEDEK fand nach der BROEMSERschen Methode im Angina pectoris-Anfall Anstieg des Minutenvolumens und Erweiterung der Gefäßperipherie sowie eine Erhöhung des Blutjodspiegels. Interessant ist auch ein Hinweis von ROBERT TEUFL, der das WELTMANNsche Koagulationsband nach Myokardinfarkten untersuchte und eine starke Verkürzung des Koagulationsbandes fand. Die Ursache dürfte in toxischen Eiweißzerfallsprodukten auf Grund der Herzmuskelnekrose liegen. Die Erhöhung des Reststickstoffes wurde schon von PORGES u. a. erkannt und von MORAWITZ und SCHLOSS weiter untersucht, die das Primäre der Rest-N-Steigerung in einer Hypochlorämie sehen. Ch. Steinberg fand bei 31 Fällen von Coronarthrombose in 20 Fällen eine Rest-N-Erhöhung über 40 mg % und hält die Prognose der Fälle mit starker Rest-N-Erhöhung für schlecht. Das Verhalten der Leukocyten nach Coronarschluß ist häufig untersucht worden. J. E. Holst fand in $^1/_3$ der Fälle eine Leukocytose von über 20000 weißen Blutzellen und unterscheidet 3 Typen: eine flüchtige, einige Stunden dauernde reine Dyspnoeleukocytose, weiterhin eine langsam ansteigende und in einigen Tagen sich rückbildende Leukocytose und endlich eine lang anhaltende und weiterhin zunehmende Leukocytose, die für eine fortschreitende Nekrose des Myokards spricht. Die Deutung der Leukocytose als Dyspnoefolge wird von Naegeli gegeben, ähnlich deuten Fraenckel und Henf-stetter (zitiert bei Hochrein) die Leukocytose auf Grund experimenteller Untersuchungen als Erstickungsleukocytose. Für die Fälle mit lang andauernder und tagelang ansteigender Leukocytenzahl trifft das wohl sicherlich nicht zu.

Auf *cerebrale Symptome* bei akutem Myokardinfarkt hat — meines Erachtens sehr mit Recht — H. Kjaergaard hingewiesen an Hand von 3 autoptisch kontrollierten Fällen. In einem Fall handelt es sich um einen schweren Verwirrtheitszustand mit starker motorischer Unruhe — diesem Fall kann ich eine eigene Beobachtung an die Seite stellen (Anamnesen, Fall 12) —, in einem 2. Fall traten Krämpfe auf, im 3. Fall ein vergiftungsähnliches komatösses Krankheitsbild. G. Bickel beschreibt einen Fall von Herzinfarkt — Coronarverschluß der linken Kranzarterie — der unter dem Bild eines apoplektischen Insultes verlief. Elektrokardiographische Erscheinungen, wie wir sie sonst bei Coronarinsuffizienz gesehen gewohnt sind, können nicht ganz selten bei verschiedenen Geisteskrankheiten auftreten. J. B. Kleyn beschreibt bei einer manisch-depressiven Patientin Abflachung von T und Senkung von S-T während der depressiven Phase, in einem anderen Fall während psychogener Angstzustände. Bei Epileptikern lehnen Hadorn und Tillmann die Auffassung, daß Coronarspasmen gewissermaßen als epileptisches Äquivalent auftreten können, auf Grund eines größeren Materials ab. Daniel O. Dozzi weist auf die relative Häufigkeit der cerebralen Embolie bei Coronarthrombose hin. Sehr wichtig scheint mir ferner ein Hinweis von J. Edeiken und Ch. C. Wolferth über anhaltende *Schulterschmerzen* nach Myokardinfarkt zu sein. Der Schmerz ist am stärksten zwischen Biceps und Deltoideus, meist linksseitig, außerordentlich intensiv und oft monatelang anhaltend. Die Autoren fanden dieses Symptom in 10% ihrer Fälle und nehmen einen ätiologischen Zusammenhang mit dem Myokardinfarkt an. Ich habe unter 50 Fällen meiner Privatpraxis 5mal dieses Symptom beobachtet, was genau mit den Prozentangaben der amerikanischen Autoren übereinstimmt. Davon setzte 1mal eine vorher nicht vorhandene, nach dem Coronarinfarkt in etwa 4 Wochen auftretende Spondylosis deformans der Halswirbelsäule mit progredientem Verlauf ein. Allerdings scheint mir, daß auch ferner liegende arthrotische Prozesse nach einem Coronarinfarkt aktiviert werden können, in 2 Fällen schloß sich 4—6 Wochen nach dem Infarkt eine schwere Exacerbation einer Spondylosis deformans der Lendenwirbelsäule an, völlig refraktär gegen jede Behandlung, allerdings nach 6 bzw. 8 Monaten wieder zur Ruhe kommend.

Die Beziehungen zwischen Coronarinfarkt und Lungenembolie untersuchten C. Eppinger und J. Allen Kennedy an 200 Fällen, die an Coronarthrombose starben. Davon starben 32% plötzlich, und zwar 6,5% an einer Lungenembolie als Todesursache. Bei 53,5% war eine allmählich fortschreitende Kreislauf-dekompensation die Todesursache, auch bei diesen Fällen war schließlich eine Lungenembolie in 35% der Fälle die letzte Todesursache. Bei den restlichen 14,5%, die an anderer Ursache starben, fanden sich Mesenterial- und Hirn-embolien in einigen Fällen. Im ganzen kommen damit die Autoren zu dem Schluß, daß in 31% der Coronarfälle eine Lungenembolie nachweisbar war und daß in rund 25% aller Fälle die Lungenembolie für den tödlichen Ausgang verantwortlich ist.

Wenn somit nach den pathologisch-anatomischen Befunden das Hinzutreten einer Lungenembolie zum Coronarinfarkt keineswegs selten ist — ein Befund, der sich mit der klinischen Beobachtung vollauf deckt —, so ist manchmal im akuten Anfall die Differentialdiagnose zwischen einem neuen Infarkt und einer hinzugetretenen Lungenembolie oder auch zwischen Infarkt und Lungenembolie als erstmaligem Ereignis nicht ganz leicht.

A. HEINRICH stellt aus der Leipziger Klinik die Symptome des Herzinfarktes und der Lungenembolie gegenüber. Hinweisend für den Coronarinfarkt ist der ausstrahlende Schmerz, die anginösen Beschwerden, die aschgraue Haut, die leisen Herztöne, das perikarditische Reiben, die Veränderung des Ekgs, Senkung des Blutdrucks mit manchmal deutlicher Seitendifferenz, Fehlen des Blut-hustens, mehr für Lungenembolie sprechend: starke motorische Unruhe und Angst, Redseligkeit, kein Ausstrahlen der Schmerzen, oft Cyanose, lokale Be-funde über der Lunge, normales Ekg, Bluthusten. Die Differentialdiagnose wird aber erschwert dadurch, daß das Ekg beim Infarkt oft erst nach Stunden, unter Umständen erst nach mehr als 24 Stunden, den Coronarinfarkt anzeigen kann und andererseits dadurch, daß, wie SCHERF und SCHÖNBRUNNER gezeigt haben, die Lungenembolie ein dem Coronarinfarkt ähnliches Ekg hervorrufen kann. Die in der Arbeit von HEINRICH erörterte Differentialdiagnose des Herzinfarktes gegenüber der Aortenruptur und der Herzruptur dürften seltener in Frage kommen. Bei der Aortenruptur ist oft das Gefühl „als ob innerlich etwas ge-platzt wäre" sehr ausgesprochen, ferner sind Geräusche über der Aorta nach-weisbar, Bluthusten und Bluterbrechen können vorkommen bei Perforation in Trachea oder Oesophagus. Bei der Herzruptur weisen ebenfalls der sehr akute Beginn, die Geräusche über dem Herzen, die schnell zunehmende Herz-dämpfung, das Mißverhältnis zwischen Kraft der Herzaktion und der Stärke des Pulses hinreichend auf das meist auch in seinem Verlauf schnell letale Er-eignis. SPRENGER hat in Tierexperimenten gezeigt, daß nach Schußverletzungen des Herzens alle Arten von Störungen auftreten, wie wir sie auch beim Herz-infarkt sehen. Das gilt insbesondere für das Ekg mit typischen Infarktbildern, hohen Abgang von SP, daneben finden sich Störungen der Reizbildung, der Überleitung, Kammerflimmern und Deformierung des Kammerkomplexes.

Die *Temperatursteigerung* nach Coronarinfarkt ist ein wichtiges Unterschei-dungsmerkmal gegenüber den „einfachen" Angina pectoris-Anfällen. Sie dauert im allgemeinen 2—6 Tage und überschreitet selten Werte von 38,5° C bei rectaler Messung. Allerdings sieht man danach nicht ganz selten noch lange subfebrile Temperaturen oder leichte abendliche Zacken, und J. E. HOLST weist darauf hin, daß oft viel länger dauernde Temperatursteigerungen, 2—4 Wochen, vorkommen. HOCHREIN versucht, die im Gefolge des Myokardinfarktes auf-tretenden Erscheinungen einheitlich zu deuten. Er vermutet, daß der Shock und die bei der Autolyse freiwerdenden Stoffe eine Blutdrucksenkung einleiten und daß diese Blutdrucksenkung durch eine Unterfunktion der schlecht durchbluteten Nebennieren noch weiter unterhalten wird. Kollapsneigung, Magen-Darmstörungen, Adynamie erinnern an das Bild der Nebenniereninsuffizienz. Die in Wechselwirkung stehenden Symptome der Leukocytose, Blutsenkungsbeschleunigung, Rest-N-Erhöhung und Blutzuckererhöhung haben wahrscheinlich eine gemeinsame hämodynamische Ursache („sekretorische Insuffizienz").

IV. Kapitel.

Die Coronarinsuffizienz.

Die Einteilung der Coronarinsuffizienz von BÜCHNER lautet folgendermaßen:

I. Coronarinsuffizienz durch mechanische Erschwerung der Blutzufuhr zum Herzmuskel.

1. Coronarinsuffizienz durch Stenosen im Coronarsystem. (Arteriosklerose mit den Prädilektionsstellen am oberen Ram. descendens der linken Coronarie, im Stamm der rechten Kranzarterie und oft zeitlich später im Ram. circumfl. der linken Coronarie nach WOLKOFF, Aortensyphilis in der Umgebung der Kranzaderabgänge.)

2. Coronarinsuffizienz durch kreislaufdynamisch bedingte Erschwerung der Coronardurchblutung.

a) Coronarinsuffizienz bei Kollaps.

b) Coronarinsuffizienz bei Herzklappenfehlern (Aorteninsuffizienz, Aortenstenose, Mitralstenose).

II. Coronarinsuffizienz bei verminderter Sauerstoffspannung des Blutes.

1. Coronarinsuffizienz bei Anämien.

2. Coronarinsuffizienz bei Kohlenoxydvergiftung.

3. Coronarinsuffizienz bei O_2-Mangelatmung.

III. Coronarinsuffizienz durch krankhafte Überbelastung des Herzens.

1. Coronarinsuffizienz bei akuter Überbelastung des Herzens.

2. Coronarinsuffizienz bei chronischer Überbelastung.

BÜCHNER unterscheidet ferner der Lokalisation nach eine linksbetonte und rechtsbetonte Coronarinsuffizienz, so wie dem zeitlichen Ablauf nach eine akute und eine chronische Form der Coronarinsuffizienz.

Die schon einleitend erwähnten Experimente des BÜCHNERschen Instituts über die Ursachen einer Coronarinsuffizienz seien nochmals kurz zusammenfassend skizziert:

BÜCHNER und v. LUCADOU machten ein Kaninchen durch Aderlaß anämisch, wobei sich im Ekg gelegentlich reversible Senkungen von ST ergaben, jedoch keine pathologisch-anatomischen Befunde. Nach Aderlaß zusätzlich Arbeit in der Lauftrommel ergab sich deutliche Senkung von ST in I und II, nach 24 Stunden beim getöteten Tier in den inneren Schichten der Muskulatur des linken Ventrikels anoxämische Nekrosen.

MEESSEN erzeugte einen orthostatischen Kollaps beim Kaninchen durch Aufrichten des auf den Rücken gespannten Tieres. Der Schwerkraft folgend versackt das Blut in der Peripherie, besonders im Splanchnicusgebiet. Das Herz zeigt dabei Verkleinerung und verminderte Blutfülle, die Coronarien sind mangelhaft durchblutet, im Ekg senkt sich die ST-Strecke in Abl. I und evtl. in Abl. II unter die isoelektrische Linie, gelegentlich kommt es im Ekg zur Ausbildung eines monophasischen Aktionsstromes. Zunächst sind diese Änderungen reversibel, führt man jedoch den Versuch wiederholt aus, oder läßt den orthostatischen Versuch lange genug bestehen, so sind nach Tötung des Tieres hypoxämische

Herzmuskelnekrosen mit sekundärer Leukocytenansammlung etwa nach 24 Stunden mikroskopisch und makroskopisch nachzuweisen. Den Nekrosen geht oft ein hypoxämisches interstitielles Ödem der Capillarwand, eine Durchlässigkeitssteigerung der Capillaren voraus. Die Nekrosen liegen im orthostatischen Kollaps vorwiegend im linken Herzen. Ähnlich liegen die Verhältnisse beim Verbrennungskollaps (ZINK, EWIG).

Eine andere Art, experimentell eine Hypoxämie des Herzmuskel hervorzurufen — nach der Einwirkung der Anämie und nach der Einwirkung der Schwerkraft — sind die von CHRIST unter BÜCHNERs Leitung vorgenommenen Versuche, eine Hypoxämie durch CO-Vergiftung hervorzurufen. Die Versuchstiere — Kaninchen — wurden in einem Gemisch von 1% Kohlenoxyd gehalten. In dieser Atmosphäre trat regelmäßig eine Senkung des ST-Stückes im Ekg in Abl. I und evtl. in Abl. II auf. Diese Veränderung erweist sich als reversibel, wenn wieder Sauerstoff oder Luft zugeführt wird. Wird aber im Stadium der Erholung des Herzmuskels vom Herzen eine zusätzliche Arbeit verlangt, so treten sofort wieder im Ekg die Zeichen der Hypoxämie des Herzmuskels auf. Autoptisch finden sich nach 19—24 Stunden reichlich hypoxämische Nekrosen mit sekundärer Leukocytenansammlung.

SCHIRRMEISTER hat die Hypoxämie durch Einbringung der Versuchstiere in die Unterdruckkammer hervorgerufen. Hier fand sich besonders bei Tieren, die den Höhentod erlitten bei Versuchen bis 10000 m, daß im Ekg ausgesprochene monophasische Deformierungen auftraten — also das, was wir später als Zeichen der akuten schweren anoxämischen Myokardschädigung erkennen werden — während beim Ausschleusen der überlebenden Tiere Senkungen von ST in Abl. I und II nachweisbar wurden. Die mikroskopische Untersuchung ergab die Lage der hypoxämischen Nekroseherde vorwiegend im linken Herzen.

TATERKA endlich hat, wie schon erwähnt, den Histaminkollaps studiert und fand dabei interessanterweise die hypoxämischen Nekrosen vorwiegend im rechten Herzen lokalisiert.

Aus diesen experimentellen Untersuchungen der BÜCHNERschen Schule ist hervorzuheben

1. daß als Ausdruck der Durchblutungsstörung, der Coronarinsuffizienz die Senkung des ST-Stückes mit großer Regelmäßigkeit zu registrieren ist und als Zeichen der Hypoxämie des Myokards gewertet werden muß;

2. daß graduelle Unterschiede bestehen mit allmählichen Übergängen zwischen vorübergehenden reversiblen Durchblutungsstörungen des Myokards bis zur Erstickung lokaler Partien des Herzmuskels mit Bildung irreversibler ischämischer Nekroseherdchen;

3. daß bei längerer Dauer der Ischämie mit Regelmäßigkeit die genannten Nekroseherdchen mit Capillarschädigung, Herzmuskelnekrose, sekundärer Leukocytenansammlung, Fibroblastenwucherung nachweisbar werden, und zwar im linken oder rechten Ventrikel, je nachdem, welcher Herzteil besonderer Belastung ausgesetzt war.

Gewisse Untersuchungen am Menschen laufen diesen Tierexperimenten parallel, so die Untersuchungen von DIETRICH und SCHWIEGK (Erzeugung einer negativen Finalschwankung im Ekg und Senkung von ST im Angina pectoris-Anfall, bei O_2-Mangel-Atmung, bei Belastung) und von RÜHL (Senkung von ST bei Unterdruckkammerversuchen und in 7000 m Höhe mit und ohne Belastung).

Sicher sind mit der Büchnerschen Einteilung noch nicht alle Möglichkeiten erschöpft, durch die es zur Coronarinsuffizienz kommen kann. Ich erinnere an die schwer oben einzuordnenden spastischen Zustände der Coronarien, die wir unter manchen Bedingungen (stumpfes Trauma der Brustwand, akute Nicotinvergiftung) mit hoher Wahrscheinlichkeit annehmen müssen, wenn auch v. Bergmann das Vorkommen solcher Zustände für unbewiesen hält.

Ich denke ferner an neuere Untersuchungen über die Einwirkung der Fliehkraft auf den Körper, wobei ähnlich wie beim Kollaps große Mengen Blut in das Gebiet der Extremitäten und in das Splanchnicusgebiet geschleudert werden und das Herz gewissermaßen leer pumpt. Wie stark die Blutleere des Herzens unter Einwirkung der Zentrifugalkraft werden kann, geht aus dem bei Ruff und Strughold wiedergegebenen Röntgenbildern von Fischer hervor, die eine fast völlige Aufhellung des Herzschattens zeigen. Ähnliche Beispiele gibt v. Diringshofen. Daß es hier zu einer Coronarinsuffizienz, besser zu einer kreislaufdynamisch bedingten maximalen Verschlechterung der Coronardurchblutung kommen muß, liegt auf der Hand. Beim Menschen spielen diese Dinge da eine Rolle, wo bei fliegerischer Tätigkeit der Mensch einer starken Einwirkung der Fliehkraft in Richtung Kopf-Fuß ausgesetzt ist — bei den Flugfiguren des „Turn", beim „Looping aufwärts", bei der „Rolle" und der „Steilkurve", sowie bei den erheblichen Blutverschiebungen beim Abfangen des Sturzfluges. Elektrokardiographische Untersuchungen über die Einwirkung der Fliehkraft sind mir nicht bekannt geworden.

Im übrigen ist keineswegs immer nur *eine* Ursache wirksam. In den Büchner-Lucadouschen Versuchen macht erst die Kombination Anämie + Herzbelastung durch Arbeit die Coronarinsuffizienz. Bei der Arbeitsangina des Luetikers oder Arteriosklerotikers macht gewöhnlich die Verbindung: Coronarverengung + Anforderung von Mehrbedarf an Blut seitens des Herzens den Angina pectoris-Anfall. Bei einem von Ruff und Strughold beschriebenen Flugunfall bekam ein 46jähriger Res.-Offizier nach einem mehrstündigen Flug in relativ geringer Höhe, um 3500 m, Angina pectoris-Anfälle, nach einigen Anfällen tödlicher Ausgang. Die Sektion ergab eine stenosierende Sklerose der Herzkranzarterien mit den typischen ischämischen frischen Muskelnekrosen im Bereich der linken Herzkammer. Hier wirkten zusammen: ein relativ geringer Grad von Anoxie mit einer organischen Stenose der Kranzadern.

Bei der Coronarinsuffizienz handelt es sich somit, wenn man einen gemeinsamen Nenner sucht, um ein Mißverhältnis zwischen Blutzufuhr und Blutbedarf des Herzmuskels, genauer gesagt, zwischen Sauerstoffanlieferung und Sauerstoffbedarf des Myokards, wobei sowohl das Gebiet der rechten wie der linken Coronararterie befallen sein kann, wobei diese Sauerstoffunterbilanz sowohl eine akute wie eine monate- und jahrelang bestehende sein kann und wobei endlich die Ursachen der Sauerstoffunterbilanz einfacher Art sein können, wie es andererseits durch Zusammenwirken verschiedener Faktoren, meist Blutveränderungen und Gefäßstörungen, zur Herzmuskelanoxämie kommen kann.

Im einfachsten Fall handelt es sich um eine Verkleinerung des Lumens einer Coronararterie in mehr oder weniger großer Ausdehnung, sei es durch arteriosklerotische oder endarteritisch-luische Prozesse oder etwa durch eine Endarteritis bei einer Grippe. Wir wissen, daß die Arteriosklerose der Kranzgefäße bei der linken Coronarie gewöhnlich den oberen Teil des Ramus descendens, bei der rechten Coronarie den Anfangsteil des Gefäßes betrifft, während distal davon oft eine genügende Weite der Gefäßbahn noch vorhanden ist. Eine kleine Mehranforderung an die Herzarbeit — und wir wissen, daß das Herzminutenvolumen von einem Ruhewert von 4—6 Litern unter Umständen bei der Arbeit auf 30—35 Liter steigen kann und muß — genügt, um die Coronarinsuffizienz mit ihrem klinisch augenfälligsten Symptom, dem Angina pectoris-Anfall, hervorzurufen. Bei gewissen Herzfehlern liegen die Bedingungen dazu in erhöhtem Maße vor, so für das linke Herz bei der Aorteninsuffizienz. Die luische Aortitis greift oft genug auf die Ostien über und drosselt die Zufuhr, der diastolische Blutdruckabfall bedingt eine Einschränkung der Coronardurchblutung, und endlich ist das Muskelvolumen des linken Ventrikels vergrößert und daher die Blutanforderung vermehrt, die Möglichkeit der Blutzufuhr aber vermindert. Der Erfolg ist der Angina pectoris-Anfall, primär eine mangelnde Blutversorgung des linken Ventrikels, dadurch ischämischer Herzschmerz, sekundär ein Untergang von Muskelfibrillen, umschriebene kleine Nekrosen, die schließlich narbig ausheilen, aber für das Endschicksal des Herzmuskels und damit des Kranken entscheidend sind; es kommt zur schwieligen Entartung des Herzmuskels, zur Myodegeneratio cordis. Wie BÜCHNER, WEBER und HAAGER nachweisen, liegen diese ischämischen Nekrosen ganz ausgesprochen an den inneren Schichten des linken Ventrikels. Ähnlich liegen die Verhältnisse bei der häufigen Coronarinsuffizienz der Hypertoniker. Hier sind einerseits die Coronarien als Teile der Gefäßbahn mehr oder weniger an den zur Einengung der Strombahn führenden Prozessen mitbeteiligt, andererseits reagiert das Herz mit muskulärer Hypertrophie des linken Herzens auf den Hypertonus und damit wird wieder das Verhältnis von Blutbedarf zu Blutzufuhr geändert. Allerdings bin ich nicht der Meinung, daß jeder Hypertoniker eo ipso eine Coronarinsuffizienz hat, auch dann nicht, wenn er ein negatives T_I im Ekg hat. Für das rechte Herz ist besonders das Herz bei der Mitralstenose, daneben das Herz beim Emphysematiker, Bronchiektatiker, chronischen Bronchitiker und bei gewissen selteneren Zuständen, wie Pulmonalsklerose, Bronchiolitis obliterans, Ductus Botalli apertus, prädisponiert für die Störungen des Coronarkreislaufs. Bei der Mitralstenose kommt es allerdings auch nicht ganz selten bei großen Stauungen im linken Vorhof zu linksseitiger Coronarinsuffizienz mit ausgesprochenen Anfällen von Angina pectoris, vielleicht durch Drosselung der Blutzufuhr in der linken Coronarie durch den riesenhaft erweiterten, zwischen Wirbelsäule und Herz eingekeilten linken Vorhof. BÜCHNER und PARADE sehen in den dynamisch ungünstigen Verhältnissen, der Atrophie des linken Ventrikels, dem Absinken des Blutdrucks die Ursache der Angina pectoris-Anfälle der Mitralstenosen. Weiterhin soll die Aortenstenose zur Coronarinsuffizienz disponieren. Daß die Coronarinsuffizienz bei Mehranforderung von Blut deutlicher wird, ist ohne weiteres verständlich und aus dem klinischen Bilde der Arbeitsangina seit langem bekannt. Hier liegt also der Schwerpunkt auf dem vorübergehend erhöhten Blutbedarf bei organisch zu engen Zufuhrkanälen. In anderen Fällen liegt die Ursache für die mangelnde Blutzufuhr in einer vorübergehenden spastischen Drosselung der Blutgefäße. Einen solchen Mechanismus müssen wir beispielsweise für die Kälteangina annehmen. Durch JERVELL ist nachgewiesen, daß sich durch Kälteapplikation auf das Herz die elektrokardiographischen Symptome der Coronarschädigung hervorrufen lassen. Ähnlich liegen die Dinge nach

Külbs und Strauss sowie nach Schlomka für die Corinarinsuffizienz nach stumpfen Traumen der Brustwand in der Herzgegend (Contusio cordis). Bei der Nicotinvergiftung darf man zweifellos ebenfalls zunächst reversible spastische Zustände der Coronarien annehmen, und ich möchte im Prinzip den Begriff der rein nervös-vasomotorisch bedingten „Angina pectoris nervosa" absolut anerkennen. Freilich: die Angina pectoris nervosa bleibt auf die Dauer mit Sicherheit keine funktionell-nervöse Angelegenheit, sondern wir wissen, daß das Herz außerordentlich empfindlich gegen Drosselung der Blutzufuhr ist, seien sie auch nur spastisch und reversibel —, nach dem Anfall reagiert das Herz mit ischämischen Nekrosen der Muskulatur. Bei endokrinen Erkrankungen kommt es nicht selten zu funktionell-spastischen Zuständen der Coronarien. Scherf hat auf das Vorkommen von Durchblutungsstörungen des linken Herzens bei Frauen im Klimakterium hingewiesen, die er auf hormonelle Störungen bezieht und durch Follikelhormon ausgleichen konnte. Ich habe Zweifel, ob nicht die begleitende Hypertonie hier die größere und ausschlaggebendere Rolle spielt. Nach der ärztlichen oder nichtärztlichen Medikation von Schilddrüsenpräparaten zum Zwecke der Gewichtsabnahme habe ich schwere Zustände von Angina pectoris mit den elektrokardiographischen Zeichen der Coronarinsuffizienz beobachten können. Ebenso scheint mir die naheliegende Idee, den Erschöpfungszustand besonders älterer Männer nach Coronarschädigungen mit Testeshormonen zu bekämpfen, nicht ganz ungefährlich. Bei Diabetikern mit Coronarinsuffizienz hat man manchmal den Eindruck, daß sich die Beschwerden nach Einsetzen der Insulintherapie verstärken, wobei ich es dahingestellt sein lassen möchte, ob das Insulin als solches oder gelegentlich Hypoglykämien oder die unangenehmen psychischen Sensationen der Injektionsbehandlung dabei eine Rolle spielen. Auffallend viele Angina pectoris-Kranke mit chronischer Coronarinsuffizienz geben an, ihren ersten Anfall unmittelbar nach einer Zahnextraktion bekommen zu haben. An den Angaben ist m. E. gar nicht zu zweifeln, fraglich ist nur, ob es sich um reflektorisch-spastische Zustände der Coronarien oder um eine medikamentöse Schädigung durch Adrenalin-Novocain handelt (Anamnesen, Fall 1). Ich lasse grundsätzlich Zahnreparaturen bei Coronarinsuffizienz nur mit Corbasil durchführen, gebe indes zu, daß man manchmal bei Coronarinsuffizienz eine Zahnsanierung nicht umgehen kann. Hier wäre die Bedeutung der chronischen Infektion und des Fokalherdes für die Coronarinsuffizienz zu erwähnen. Es ist bekannt, daß Adrenalininjektionen allein keine ischämische Nekrose des Herzmuskels beim Kaninchen hervorrufen, wohl aber, wenn vorher die Kaninchen einer Infektion oder der Einwirkung von Toxinen ausgesetzt wurden, kam es zu ausgedehnten örtlichen Myokardnekrosen. Diese Tatsache scheint mir wichtig zur Deutung der Angina pectoris nach Zahnextraktionen in örtlicher Betäubung, vielleicht auch zur Erklärung der Coronarschädigungen bei der Grippe. Daß bei Anämien Zustände von Coronarinsuffizienz vorkommen, kann man theoretisch vermuten aus der Tatsache, daß bei Anstrengungen die Zufuhr des hämoglobinarmen Blutes sehr bald nicht mehr ausreichen wird, den Herzmuskel mit Sauerstoff zu versorgen, und es muß zu ischämischen Nekrosen kommen, wie sie in der Tat von Opitz nachgewiesen wurden. Sehr groß scheint mir die praktische Bedeutung nicht zu sein, schwere Angina pectoris-Anfälle habe ich bei Anämien kaum gesehen. Viel wichtiger aber ist der Mechanismus beim Shock und Kollaps, wo ebenfalls die Blutanforderung des mit hoher

2*

Pulsfrequenz pumpenden Herzens nicht gedeckt werden kann, weil die zirkulierende Blutmenge stark vermindert ist, das Herz gewissermaßen leer pumpt und in kurzer Zeit Zeichen schwerster Ischämie aufweist durch relative Coronarinsuffizienz. (Eigentlich sind die Coronarien durchaus suffizient, nur die Blutmenge, die ihnen zum Transport zur Verfügung steht, ist insuffizient.) Dazu kommt die allgemeine Capillarschädigung beim Kollaps mit Austritt des Blutplasmas ins Gewebe (EPPINGERs „Albuminurie in das Gewebe"). Jedenfalls wurden auf dem Kongreß für Kreislaufforschung (Nauheim 1938) von verschiedenen Autoren anatomische Befunde publiziert, die schwerste Veränderungen des Herzmuskels, Ödem der Muskulatur, trübe Schwellung bis zum völligen Untergang von Muskelfibrillen zeigten. Hier hinein gehört der Kollaps bei akuten Infektionen, der postoperative Kollaps, der Wundshock, der hypoglykämische Shock, der Kollaps beim Koma, der Verbrennungskollaps (EWIG), der Histaminshock, der statische Kollaps (z. B. bei Sturzfliegern) und andere Zustände mehr. KROETZ hat auf die sich in etwa 24 Stunden herausbildenden Zustände von Coronarschädigung mit Herzmuskelnekrosen bei Kohlenoxydvergiftungen hingewiesen (Anamnesen, Fall 14). Daß man bei der heute immer mehr angewandten elektrokardiographischen Diagnostik derartige Schädigungen auch bei anderen Vergiftungen noch finden wird, ist mir sehr wahrscheinlich. Ferner finden sich bei Veränderungen im Perikard nicht ganz selten die elektrokardiographischen Zeichen der Coronarinsuffizienz, verbunden mit anginösen Herzbeschwerden, und zwar gilt das sowohl für die Pericarditis exsudativa, wie für ihren Ausheilungszustand, die Concretio pericardii und das Panzerherz. Wahrscheinlich liegen hier Durchblutungsstörungen der *äußeren* Herzmuskelanteile vor. Endlich bleibt nach einem voraufgegangenen Coronarinfarkt nicht selten ein Zustand zurück, man kann fast sagen als Regel, der dem Bild der chronischen Coronarinsuffizienz entspricht. Der Myokardinfarkt ist ausgeheilt, aber es bleibt eine Defektheilung. Die Durchblutung in den restlichen Teilen des Herzens ist ungenügend und versagt bei Anstrengungen. Aus dem Coronarinfekt ist eine Coronarinsuffizienz geworden, eine Wandlung, die immerhin insofern nicht unwichtig ist, als man jetzt zur Therapie mit coronarerweiternden Mitteln greifen darf, die beim akuten Infarkt zwecklos und unerwünscht sind.

V. Kapitel.

Die Arteriolosklerose der Coronarien.

Die Arteriolosklerose der Coronargefäße nimmt unter den Coronarerkrankungen eine gewisse Sonderstellung ein. Pathologisch-anatomisch gehört sie ohne Zweifel zu den Coronarerkrankungen, sie kennzeichnet sich durch arteriolosklerotische Veränderungen, die nicht in den Hauptästen der Coronarien lokalisiert sind, sondern in deren feineren Verzweigungen. Die Folge sind Gefäßobliterationen und thrombotische Gefäßverschlüsse der Peripherie mit kleinen umschriebenen Nekrosen und multiplen Myokardschwielen als Reparationsstadium. Klinisch gehört sie insofern dazu, als das Syndrom des Angina pectoris-Anfalles auch dabei in Erscheinung tritt, freilich mehr in Form des „kleinen Anfalles" und dauernder Beschwerden seitens des Herzens mit Beengung und auch Ausstrahlungen. Der große Anfall tritt zurück, an seine Stelle treten zeitweise gesteigerte Dauerbeschwerden, ein Gefühl der Schwere, das Gefühl, einen Stein in der Brust zu haben.

Im *Ekg* ist das Symptom der coronaren Welle nicht ausgeprägt oder nur angedeutet, meist genügt die Größe der infarzierten Stelle nicht, um die coronare Welle deutlich hervortreten zu lassen. Andererseits ist auch das Zeichen der Coronarinsuffizienz, die Senkung von S-T, nicht ausgeprägt; es handelt sich nicht um eine diffuse Ischämie des Herzmuskels, sondern um kleine lokale Durchblutungsstörungen und Infarktbildungen. Demgemäß zeigt das Ekg als Folgeerscheinungen dieser lokalen Ischämie die Zeichen der multiplen lokalen Myokardschädigung, den Arborisationsblock, oder noch mehr auf Lokalsymptome verzichtend, die Zeichen der verminderten elektromotorischen Kraft, das Herabsinken der absoluten Höhe der Zacken des Ekgs in allen Ableitungen auf Werte unter 5 mm (bei einer Eichung von 1 Millivolt = 10 mm Ausschlag). Daß es sich hier um diffuse Schädigung der feineren Verästelungen der Coronarien handelt, geht aus der Arbeit von STEUER hervor, der 50 Fälle von Herzkranken mit sehr niedrigen absoluten Voltwerten autoptisch kontrollierte, der bei 76% dieser Fälle eine diffuse Coronarsklerose fand, lediglich 24% ließen sich durch anderweitige diffuse toxische Schädigungen des Myokards erklären. Im Gegensatz zum Schenkelblock ist der QRS-Komplex beim Arborisationsblock durchweg von verminderter Höhe der Ausschläge, S-T ist bei hochsitzenderen, mehr zum Schenkelblock neigenden Prozessen gesenkt, T negativ. Bei den kleinen Ekgs mit M-Block, diffusen Aufsplitterungen des Ekgs, ist durchweg S-T isoelektrisch, die T-Zacke verstrichen, das ganze Ekg bietet das Bild des motorisch und „elektrisch" insuffizienten Herzens. Das Röntgenbild zeigt, im Gegensatz zum lokalisierten Infarkt, ein schnelles Wachstum der Maße des Herzens bis zu extremen Dimensionen, es resultiert das Bild der Myodegeneratio cordis auf arteriolosklerotischer Basis. Im Endstadium hören gewöhnlich mit Ausbildung der Herzerweiterung und der Zeichen der Dekompensation die Angina pectoris-Anfälle auf. WENCKEBACH hat einmal gesagt: Herzschwäche verhindert das Zustandekommen des Schmerzes. Wenn zur Angina pectoris eine Herzschwäche hinzutritt, verliert der Kranke den Schmerz und wird dafür kurzatmig. Dieser Satz gilt in vollem Umfang für die Arteriolosklerose der Coronargefäße.

VI. Kapitel.

Die Beziehung der Coronarerkrankungen zu Konstitution, Alter, Allgemeinerkrankungen, Beruf.

Von den *endogenen* Faktoren weist die Statistik von GOLDSMITH und WILLIUS einmal auf das Überwiegen des pyknischen bzw. plethorischen und athletischen Habitus hin, zum anderen auf den hereditären Faktor; von 300 Fällen hatten 165 Fälle eine Familienanamnese mit mehr oder weniger gehäuften kardiovasculären Erkrankungen.

Für die Bedeutung konstitutionell *erblicher* Faktoren ist eine Mitteilung von PARADE und LEHMANN sehr instruktiv, die erbgleiche Zwillinge beschrieben, welche beide zu gleicher Zeit an einem Verschluß des Ramus descendens der linken Coronarie zugrunde gingen und beide ein fast völlig gleiches Ekg aufwiesen, das schon vor dem Tode die gleiche Erkrankung in beiden Fällen diagnostizieren ließ.

Ich behandle die Mitglieder einer Familie, deren einer Bruder mit 54 Jahren einen Herzhinterwandinfarkt erlitt, der zweite Bruder machte mit 56 Jahren

einen eindeutigen schweren Vorderwandinfarkt durch — beide überstanden die
sehr schweren Erkrankungen. Der dritte Bruder kam mit 52 Jahren mit anginösen Beschwerden und Aufsplitterung des Ventrikelkomplexes im Ekg, wahrscheinlich abgelaufener kleinerer Infarkt. Die beiden anderen Brüder sind ebenfalls in Behandlung wegen Herzleidens, bei einem sei die Diagnose Angina
pectoris genannt worden. Die Wa.R. war bei allen drei Brüdern neg.

Die Bedeutung *exogener* Schädigungen für die Entstehung von Coronarschädigungen scheint neben dem konstitutionellen Moment nicht zu unterschätzen. GLENDY, EARLE, LEVINE und WHITE fanden bei den jugendlichen
Fällen unter 40 Jahren Nicotinabusus, Großstadtleben, Hast und Aufregung
im Beruf, Überernährung und Fettleibigkeit als vermutlich begünstigende Faktoren, während dem Alkohol und selbst schweren Infektionen keine besondere
schädigende Wirkung zugeschrieben wird. R. SINGER zählt als Ursachen auf:
Körperliche und seelische Strapazen der Kriegs- und Nachkriegszeit, das gehetzte
Tempo der modernen Zeit, unzweckmäßige Ernährung, Coffein, Alkohol und
Nicotin. Dem Nicotin schreibt SINGER nur bei vorhandener hereditär minderwertiger Anlage des Kreislaufsystems eine schädigende Wirkung zu.

Nicotin hat im Tierversuch eine uneinheitliche Wirkung, es kommen sowohl
Drosselungen wie Steigerungen der Coronardurchblutung vor. Das Bestehen
einer Tabak-Angina-pectoris wird durch den Tierversuch in hohem Maße wahrscheinlich gemacht. Durch Atropin läßt sich in allen Fällen die Drosselung der
Coronarien durch Nicotin aufheben (DIETRICH und SCHIMERT).

Die von einer Reihe von Autoren festgestellte konstriktorische Nicotinwirkung führen CLERC und PEZZI auf die nicotinbedingte Vaguswirkung zurück.
MORAWITZ und ZAHN finden nach der anfänglichen Konstriktion eine Dilatation
als Nicotinwirkung. H. ASSMANN unterstreicht als Folge chronischer Nicotineinwirkung die Schädigung der Coronararterien mit Durchblutungsstörung des
Herzens. Stenokardien bei Männern im mittleren Lebensalter sind sehr häufig,
wenn nicht vorwiegend als Nicotineinwirkung anzusehen, während im höheren
Lebensalter andere schädigende Ursachen meist hinzukommen. Die Mehrzahl
der deutschen Autoren (KÜLBS, MORAWITZ, HOCHREIN) betont die oft beobachtete
Tatsache, daß auch bei relativ jugendlichen Personen Neigung zu anginösen
Beschwerden nach Nicotinmißbrauch auftritt und mit Aussetzen des Nicotins
verschwindet. STRAUB sah bei Jugendlichen nach starkem Rauchen vorübergehende Senkungen des Zwischenstücks und der Finalschwankung, aus eigenen
Beobachtungen ist auf den Anamnesenfall Nr. 13 hinzuweisen, so wie auch auf
einen an anderer Stelle beschriebenen Fall (Die Herzkrankheiten im Röntgenbild
und Ekg, 2. Aufl., S. 308. 1939). TH. DENEKE spricht dem Nicotin eine überragende
schädigende Wirkung auf die Coronarien zu und glaubt, daß etwa 50% der Fälle
von Angina pectoris und Coronarthrombose auf das Schuldkonto des Nicotins
zu setzen sind. F. LÄSSING fand nach Nicotineinwirkung Senkung von ST und
Abflachung oder Negativwerden der T-Zacke, was als Ausdruck coronarspastischer
Zustände gewertet wird. Die Systolendauer ist oft verlängert. J. SALLAY findet
Höherwerden der P-Zacke, Abflachung von T. Interessant ist der von HORNER
und SZANTO beschriebene Fall einer 41jährigen Frau, die nach Rauchen Angina
pectoris-Beschwerden zu bekommen pflegte und bei der eine einzige Zigarette
genügte, um das positive T_I und T_{II} negativ werden zu lassen.

Um auch die Autoren anzuführen, die dem Nicotin keinerlei Einfluß auf die Angina pectoris zusprechen, sei eine Arbeit von LIAN und FACQUET[1] angeführt. P. D. WHITE und T. SHARBER prüften an 750 Kontrollpersonen gleichen Alters die Frage der Einwirkung von Genußgiften auf die Entstehung der Angina pectoris. Unter ihrem Material waren 46,1% der Angina pectoris-Fälle Nichtraucher, 24,4% dagegen starke Raucher. Demgegenüber unter den Kontrollen 37,2% Nichtraucher und 33,5% starke Raucher. Sie kamen zu dem Schluß, daß weder der Genuß noch die Enthaltsamkeit von Tabak oder Alkohol in der Ätiologie der Angina pectoris eine wesentliche Rolle zu spielen vermag. Auch KLEINMANN fand am Sektionsmaterial des Freiburger pathologischen Instituts unter 32 Fällen nur 4mal bei Coronarsklerose Nicotinabusus vermerkt. Persönlich kann ich mich von der Unschädlichkeit des Nicotins nicht überzeugen. Gewiß, es gibt den Förster, der unausgesetzt Pfeife raucht, den Kaufmann, der seine 12—15 schweren Zigarren jahrelang verträgt, den Offizier, der zumal bei Kampfhandlungen ununterbrochen Zigaretten raucht und mancher hält es durch ohne je Herzbeschwerden zu haben. Prüft man aber umgekehrt die Anamnesen der Coronarfälle, der Menschen mit Angina pectoris in jungen Jahren, so ist der Einfluß des Nicotinabusus — auch wenn er nicht durch die elektrokardiographischen Befunde erhärtet wäre — augenscheinlich.

Über das *Alter* der Fälle von Myokardinfarkt findet sich in dem HOCHREINschen Buch eine Zusammenstellung der darüber publizierten Erhebungen, aus denen hervorgeht, daß die Erkrankung nach dem 40. Lebensjahr ziemlich rasch an Häufigkeit zunimmt, das Maximum der Fälle liegt zwischen dem 60. und 70. Lebensjahr. Die Prozentzahlen der Fälle unter 40 Jahren werden mit 2—4% angegeben, vereinzelt auch höher, so von CONNER und HOLT mit 8% und von MEAKINS und EAKIN mit 11%. Einzelfälle von jugendlicher Coronarthrombose sind zahlreich publiziert, so von SMITH und HINSHAW bei einem 31jährigen Mann, von O. O. BENSON bei einem 34jährigen Flieger, der während des Fluges einen schweren stenokardischen Anfall bekam und bald danach starb. GRANT und MILLER geben die Krankheitsgeschichte eines 25jährigen Mannes mit schwerer Myokardfibrose. Ich selbst verfüge über einen gleichaltrigen autoptisch bestätigten Fall (Anamnesen, Fall 13).

Bezüglich des Berufes der Fälle von Coronarsklerose ist eine Statistik von H. L. SMITH interessant, der verschiedene Berufe, von jedem Beruf etwa 300 Vertreter, untersucht und bei den Ärzten mit einem Wert von 10,7% den relativ größten Anteil an Coronarsklerotikern fand. Dann folgten Bankiers, Rechtsanwälte, Pfarrer, Arbeiter und Bauern.

Von MUNK sowie von SPILLER und PSCHYREMBEL wurde auf eine Häufung der Angina pectoris bei Lokomotivführern hingewiesen, die auf Grund der dauernden nervösen Anspannung, der hohen Verantwortlichkeit und der häufigen Nachtarbeit dieser Berufsgruppe zustande kommen sollte. W. KRETSCHMER weist demgegenüber darauf hin, daß Vergleichsuntersuchungen an verwandten oder anderen verantwortungsvollen Berufen: Chauffeuren, Schiffskapitänen, Flugzeugführern usw. fehlen, und daß andererseits sich bei dem von ihm untersuchten Material eine Häufung von Erkältungskrankheiten und Anginen fand. Eine statistische Arbeit von S. KOLLER aus dem KERCKHOFF-Institut in Nauheim

---

[1] LIAN u. FACQUET: Pressa med. Argent. **26**, Nr. 14 (1939).

kommt zu dem Schluß, daß eine genauere Untersuchung der angegebenen Zahlen eine durchaus normale Sterblichkeit an Krankheiten des Herzens und der Gefäße bei den Lokomotivführern errechnen läßt.

Mehrfach sind im Anschluß an elektrische Starkstromeinwirkungen anginöse Zustände bis zu Todesfällen im akuten Anfall von Coronarthrombose geschrieben worden.

B. VOGT berichtet über die coronarschädigenden Folgen von Starkstromunfällen. Bei etwa 500 Volt Spannung kommen anhaltende anginöse Zustände neben kurzer Ohnmacht und Pulsunregelmäßigkeiten vor. Es kann zum Coronarspasmus kommen, damit ist die Gefahr der Thrombose und des Kammerflimmerns gegeben. Bei kurzer Dauer des Coronarspasmus kann kein nachweisbarer organischer Schaden zurückbleiben, wohl aber bleibt gewöhnlich eine Neigung zu Coronarspasmen.

CH. KROETZ hat auf die Kohlenoxydvergiftung als Ursache von Coronarschädigungen hingewiesen. Elektrokardiographische Befunde von STEINMANN aus der medizinischen Universitätsklinik Leipzig sprechen im gleichen Sinne. Ein weiterer Beitrag dazu wird von K. ZIEGLER geliefert. Von HELLFORS wird ein Fall tödlich verlaufender Angina pectoris nach Einatmung von H_2S-Gasen beschrieben.

Über die Beziehungen hochgradiger *Anämien* zur Angina pectoris ist eine ziemlich umfangreiche Literatur entstanden. Dabei gehen die Ansichten der Autoren und die statistischen Angaben ziemlich weit auseinander. Man muß hierbei voneinander trennen Fälle, die wahrscheinlich auf Grund ihrer veränderten Blutzusammensetzung echte anginöse Beschwerden haben. Ich halte diese Fälle für außerordentlich selten und fand lediglich bei 3 Fällen von perniziöser Anämie unter fast 50 Fällen anginöse Beschwerden, die nicht anderweitig zu erklären waren. Fälle, die neben der Anämie wahrscheinlich coronarsklerotische Veränderungen haben, sind sehr viel häufiger, haben aber mit der Anämie nichts zu tun. Und endlich Fälle von Anämie, sekundärer und perniziöser Anämie, die elektrokardiographische Veränderungen ähnlich wie bei der Coronarinsuffizienz aufweisen, dabei aber subjektiv keine anginösen Syndrome haben. Diese Fälle sind eher die Regel als die Ausnahme. L. W. KATZ, W. W. HAMBURGER und W. J. SCHUTZ fanden experimentell bei allgemeiner Anämie eine Verkleinerung, gelegentlich eine Umkehr der P-Zacke und zuweilen Senkung des S-T-Stückes. Eine Statistik von BLOCK (zitiert bei DAGNINI) fand unter 140 Fällen von Anämie 19,3% stenokardische Beschwerden und 9,3% typische anginöse Anfälle, bei den untersuchten 76 Fällen von perniziöser Anämie fanden sich 26,6% mit stenokardischen Beschwerden und 14,4% mit typischen anginösen Attacken. DE MATTEIS fand unter 45 Fällen in 2 Fällen, von denen noch einer starke vegetative Stigmata aufwies, anginöse Beschwerden. HOCHREIN und MATTHES nehmen bezüglich der Anämien an, daß nur dann anginöse Beschwerden bei Anämien auftreten, wenn ein zweiter disponierender Faktor vorhanden ist, entweder nicht mehr ganz intakte Coronarien mit Störungen der Coronardurchblutung oder eine gesteigerte Erregbarkeit des vegetativen Nervensystems. Denselben Standpunkt nimmt O. ZIMMERMANN ein, der keine Beziehungen der Schwere der Anämie zur Häufigkeit anginöser Beschwerden fand und auch bei schweren organischen Coronarveränderungen keine Angina pectoris durch hinzutretende schwere Anämie fand. F. MAINZER weist auf die Regulationsmechanismen bei Anämien hin, die es bedingen, daß erst nach Arbeitsbelastung anginöse Beschwerden auftreten. Ein Fall von H. STALKER zeigte neben einer schweren perniziösen Anämie autoptisch eine hochgradige Coronarsklerose, so daß zweifelhaft bleibt, inwieweit die Anämie an den Stenokardien mitgewirkt hat. C. BLOCH fand Herzschmerzen anginöser Art bei anämischen Herzkranken häufiger als bei Fällen mit normalem Blutstatus und findet eine Parallele zwischen Herzbeschwerden und Veränderungen des Blutbildes, ohne allerdings im Ekg bei Anämien wesentliche Unterschiede zwischen Fällen mit anginösen Beschwerden und solchen ohne Herzschmerzen aufdecken zu können. Umgekehrt fanden allerdings HOCHREIN und MATTHES, daß zuweilen bei Anämischen mit Besserung der Anämie die Angina pectoris erst auftritt oder stärker wird. Bei schwerst-anämischen Fällen findet sich nie eine Angina pectoris — 13 Fälle unter 30% Hämoglobin hatten weder subjektive Herzbeschwerden noch im Ekg Zeichen einer Coronarschädigung. Die Untersuchung von 113 Fällen von perniziöser Anämie und von 327 Fällen von sekundärer Anämie ergab, daß an diesem Material Angina pectoris eine außerordentliche Seltenheit war. Umgekehrt waren bei 297 Fällen von Angina pectoris nur 5 Fälle mit Anämie und 3 davon hatten gleichzeitig eine organische Coronarerkrankung. K. PASCHKIS fand bei Patienten mit Anämien verschiedener Art anginöse Zustände, hält aber auch die Anämie allein nicht für ausreichend, um die Schmerzanfälle auszulösen, sondern glaubt, daß erst das Zusammentreffen organischer Herzveränderungen mit einer Anämie die Angina pectoris auszulösen vermag.

Hinsichtlich der *Beziehungen der Bauchorgane* zu den Coronarerkrankungen wurde schon auf die wechselseitigen Beziehungen hingewiesen; schwere abdominale Zustände können durch Coronarerkrankungen vorgetäuscht werden, insbesondere durch den rechtsseitigen Coronarinfarkt, leichte abdominale Erscheinungen, insbesondere stärkste Flatulenz, sind gewöhnliche Erscheinungen des Coronarinfarktes, umgekehrt können anginöse Beschwerden das Bild schwerer abdominaler Prozesse verschleiern und zu folgenschweren Fehldiagnosen führen, angefangen von dem leichtesten Fall des ROEMHELDschen Symptomenkomplexes bis zu den Fällen, wo eine Gallenkolik oder ein perforiertes Ulcus zu solchen Allgemeinreaktionen des ganzen sympathischen Systems führt, daß die Symptome der Coronarspasmen die Symptome der abdominalen Krankheitsherde überdecken. Im Prinzip ist zu sagen: Jeder Coronarinfarkt setzt eine schwerste Erschütterung des sympathischen Systems und kann auf diesem Wege zu Erscheinungen an fernliegenden Organen führen, die Glykosurie sei ein Beispiel dafür. Und andererseits: jede schwere Erschütterung des Sympathicus kann zum Angina pectoris-Anfall führen, der unter Umständen das ganze Bild beherrscht. ROEMHELD hat mit Recht auf den Symptomenkomplex ähnlich der Angina pectoris aufmerksam gemacht, der Folge einer Hochdrängung des Zwerchfells ist. Bei starker Gasauftreibung des Abdomens, hoher gasgefüllter Magenblase, Zwerchfellhochstand resultiert oft ein der Coronarinsuffizienz ähnliches Bild mit Beklemmungsgefühl auf der Brust, ausstrahlenden Schmerzen in den Hals und den linken Arm, Kurzatmigkeit. Das Bild ist sicher richtig gesehen und nicht selten besonders bei pyknischen Männern, während bei Frauen in den entsprechenden Jahren die endokrin-nervös bedingten anginösen Zustände häufiger sind. Ich möchte aber davor warnen, den ROEMHELDschen

Komplex allzuoft und vor allem ohne elektrokardiographische Untersuchung zu diagnostizieren. Es gibt auch einen „umgekehrten Roemheld", wie wir es zu nennen pflegen: den zunächst schwer diagnostizierbaren Coronarinfarkt der Hinterwand, in dessen Folge dyspeptische Störungen, oft unerträgliche Blähsucht, Aufgetriebensein des Leibes, Brennen im Leib und kolikartigen Schmerzen auftreten. Hier ist die Blähsucht nicht Ursache der anginösen Beschwerden, sondern Folge eines echten, mit anginösen Beschwerden einhergehenden Coronarinfarktes, dessen Verwechslung mit einem ROEMHELDschen Komplex verhängnisvoll werden könnte (Anamnesen, Fall 4 und 6). Bei *Hiatushernien* fanden MOSLER und HAAS in 40% der Fälle von röntgenologisch sichergestellten Hernien Angina pectoris-Beschwerden, und zwar bei den großen Hernien in 55% der Fälle, bei den kleineren in 31% der Fälle. Freilich waren dabei möglicherweise auch Fälle von echten arteriosklerotischen Coronarveränderungen, da das Durchschnittsalter der Patienten 61 Jahre war. L. HAMANN führt zahlreiche Krankengeschichten an, wo bei Schmerzen in der Brust ein Coronarverschluß diagnostiziert wurde, während andere Erkrankungen vorlagen, nämlich: perforiertes Magenulcus, Gallensteinkolik, Perikarditis, Lungeninfarkt, Aortenruptur und interstitielles Lungenemphysem. E. DOUMER beschreibt wiederum 2 Fälle von Coronarerkrankungen als „formes purement digestive", d. h. Fälle, bei denen keinerlei Herzsymptome irgendwelcher Art auftreten, sondern nur Unwohlsein, Brechneigung, Brennen in der Magengegend, Koliken und Durchfälle. BARKER, WILSON und COLLER warnen dagegen wieder auf Grund von vier Krankengeschichten von Fällen mit Gallensteinen bzw. mit perforiertem Ulcus ventriculi davor, die Diagnose Coronarverschluß zu freigiebig zu stellen.

Bezüglich des Diabetes mellitus findet HOCHREIN auf Grund einer statistischen Bearbeitung des Materials der Leipziger Klinik keinen Zusammenhang zwischen Diabetes mellitus und Coronarerkrankungen, während andere Autoren auf die Häufung der Coronarthrombose bei Diabetikern hinweisen. Da der Diabetes mellitus ganz allgemein zu einer frühzeitigen Arteriosklerose der Gefäße disponiert, so ist a priori eine Häufung von Coronarerkrankungen wahrscheinlich. Allerdings scheinen mir die latenten Erkrankungen der Coronarien häufiger zu sein als die manifesten. Auffallend ist die immer wiederkehrende Angabe von Angina pectoris-Anfällen bei Einsetzen der Insulinbehandlung, eine Angabe, die ich auf Grund einer Reihe von Fällen bestätigen kann. Ich glaube allerdings nicht, daß es das Insulin ist, was den Anfall auslöst, sondern möchte eher vermuten, daß es die hypoglykämische Phase ist, die den Anfall auslöst, da in dieser Phase nach KUGELMANN eine erhöhte Adrenalinausschüttung stattfindet.

Bezüglich des Zusammenhanges zwischen *Rheumatismus* und Coronarerkrankungen wird von pathologisch-anatomischer Seite immer wieder auf die Häufigkeit von Coronarveränderungen bei fieberhaftem Rheumatismus hingewiesen — so von H. T. KARSNER und F. BAYLESS, sowie von L. GROSS, M. A. KUGEL und E. Z. EPSTEIN —, während große amerikanische Statistiken auf Grund klinischer Beobachtungen nur relativ geringe Prozentzahlen von rheumatischen Erkrankungen in den Anamnesen der Coronarerkrankungen errechnen. Allerdings gibt HOCHREIN für den Myokardinfarkt an, daß 25% der Fälle einen Gelenkrheumatismus durchgemacht hatten — eine erstaunlich hohe Zahl — während für Lues und Gonorrhöe beispielsweise nur 8% angegeben werden. H. GROSS und B. S. OPPENHEIMER finden an ihrem Material, daß fieberhafter Gelenkrheumatismus nicht zur Entstehung der Coronarthrombose zu disponieren scheint.

Die Beziehungen der Angina pectoris zu den *allergischen Erkrankungen* sind von untergeordneter Bedeutung. In der amerikanischen Literatur findet sich ein Fall von SHOOKHOFF und LIEBERMANN beschrieben, bei dem offenbar eine Überempfindlichkeit gegen Ragweed bestand bei einem Patienten mit Coronarsklerose. Die Anfälle konnten durch Anwendung eines Pollenfilters gebessert werden. v. EISELSBERG beschreibt 2 Fälle mit Anfällen von Angina pectoris auf wahrscheinlich allergischer Basis und gibt eine Übersicht über die einschlägige Literatur.

VII. Kapitel.

Das Ekg bei Coronarerkrankungen: Theoretische Bedeutung.

Die Deutung der elektrokardiographischen Befunde bei Coronarerkrankungen hat verschiedene Wege eingeschlagen. Der nächstliegendste war, das klinische Bild mit dem elektrokardiographischen Befund zu vergleichen. So zeigte sich etwa, daß häufig bei Angina pectoris-Kranken eine Depression von ST und eine negative Finalschwankung vorhanden war. Weitergehend war der Vergleich anatomisch-pathologischer Befunde mit den elektrokardiographischen Kurven, einen Weg, den WEBER, BÜCHNER und HAAGER beschritten haben und der zu wesentlichen Erkenntnissen führte, welche Ekgs bestimmten pathologisch-anatomischen Befunden zuzuordnen waren. Hier ergaben sich eindeutige Bilder, die es gestatteten, mit einiger Sicherheit etwa den Sitz eines Coronarinfarktes zu lokalisieren. Diese Erfahrungen aus dem Vergleich zwischen Klinik und Ekg-Befund einerseits, zwischen Obduktionsbefund und Ekg andererseits haben wertvolle Erkenntnisse geliefert.

Schwieriger erscheint der Weg, aus dem Ekg selbst heraus zu einer Deutung der Befunde bei Coronarerkrankungen zu kommen. WEBER beschreitet einen solchen Weg, wenn er, von der Tatsache ausgehend, daß Herzbasis und Herzspitze einen verschiedenen monophasischen Aktionsstrom bei direkter Ableitung liefern, das Ekg im Sinne der „klassischen" Theorie als aus diesen beiden Komponenten zusammengesetzt deutet und die coronaren Ekgs als entstanden durch Erregungsverspätung, also Phasenverschiebung der beiden Komponenten ansieht. SCHELLONG ging einen anderen Weg, indem er von der Reaktionsform des einzelnen Muskelteilchens ausging und, mit indirekter Ableitung arbeitend, das Ekg bei Coronarerkrankungen und Myokardschäden als Ausdruck der veränderten Erregungsform dieser Muskelteilchen deutete. SCHÜTZ endlich setzte tierexperimentell Verletzungen oder lokale Ischämien des Herzmuskels und erhielt Kurven, die den Bildern des „coronaren" menschlichen Ekgs weitgehend ähnelten. Diese Anschauungen seien noch näher erörtert.

Die Deutung des Infarkt-Ekgs als durch Demarkationsstrom bedingt.

Wenn man der klassischen Theorie der Ekg-Deutung folgt, so setzt sich das Ekg aus dem monophasischen Ekg der Herzbasis und dem monophasischen entgegengesetzt gerichteten Strom der Herzspitze zusammen, die Resultierende ist das normale Ekg. Die Deutung des Infarkt-Ekgs geht von der Tatsache des Demarkationsstromes aus. Wenn wir, wie unten dargestellt, einen Reiz setzen und am Muskel von zwei Stellen ableiten, so erhalten wir eine diphasische

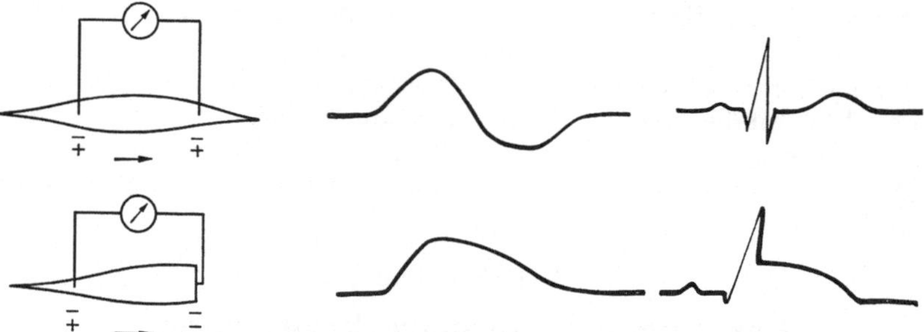

Abb. 5. Deutung des Ekg-Befundes bei Coronarinfarkt. Frisches Stadium der Muskelnekrose. Oben: Biphasischer Aktionsstrom bei Verlauf einer Erregungswelle über den Muskel von l. nach r.; unten: Ruhestrom bei Läsion der r. Seite des Muskels und Anlegen der Elektrode an den Querschnitt, aufgesetzter monophasischer Aktionsstrom bei Verlauf einer Erregungswelle von l. nach r.; oben; normales Ekg; unten: Ekg des Coronarinfarkts als normales Ekg beginnend, im absteigenden Schenkel von R setzt der monophasische Aktionsstrom ein.

Kurve. Legen wir die zweite Elektrode an einen durch Querschnitt verletzten Muskel an, so setzt sich auf den erhaltenen Demarkationsstrom eine monophasische Schwankung auf. Diese monophasische Schwankung erhalten wir bei der Nekrose des Herzmuskels nach einem Coronarinfarkt in gleicher Weise beim Ekg — wir bezeichnen sie als coronare Welle.

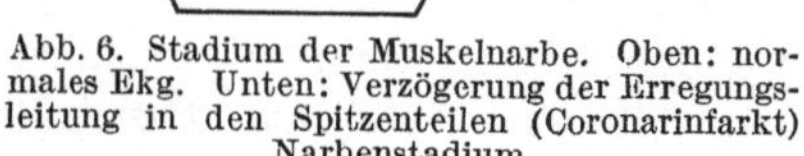

An die Stelle der Theorie des Demarkationsstromes ist heute die Lehre von E. SCHÜTZ über die Beimischung monophasischer Verletzungsströme getreten, die später zu erörtern sein wird.

Mit Übergang der Nekrose in das Narbenstadium, das Stadium der Organisation, verschwindet die coronare Welle, es bleibt ein neg. T_I beim Vorderwandinfarkt, ein neg. T_{III} beim Hinterwandinfarkt als Dauerzustand zumeist bestehen. Hier ist die Deutung schwieriger. Wir müssen schon zu dem von WEBER geprägten Begriff einer verzögerten Erregungs-

Abb. 6. Stadium der Muskelnarbe. Oben: normales Ekg. Unten: Verzögerung der Erregungsleitung in den Spitzenteilen (Coronarinfarkt) Narbenstadium.

leitung in dem geschädigten Narbengebiet greifen. Eine verzögerte Erregungsausbreitung, also eine Erregungsverspätung in den Spitzenteilen beim Vorderwandinfarkt würde nach obenstehendem Schema das Verbleiben einer negativen T-Zacke als Dauerzustand erklären, wenn man nicht mit SCHÜTZ das dauernde Vorhandensein von Verletzungsstörmen annehmen will.

Die Auffassung von WEBER.

WEBER gründet seine Anschauung auf die Deutung des Ekgs als zusammengesetzt aus zwei monophasischen Kurven, dem Basis-Ekg und dem Spitzen-

Ekg. Bei Sauerstoffmangel, also bei Coronarinsuffizienz, kommt es in dem betroffenen Ventrikel einseitig sowohl zu einem verspäteten Beginn, wie u. U. zu einem verlangsamten Ablauf, wie zu einem relativen Überdauern der Erregung, es resultiert die sog. Verspätungskurve. Wenn man konstruktiv die monophasische Spitzenkurve, d. h. die Kurve des linken Ventrikels oder die monophasische Basiskurve, d. h. die Kurve des rechten Ventrikels, verspätet beginnen läßt, so erhält man Kurven wie bei der linksseitigen bzw. rechtsseitigen Coronarinsuffizienz.

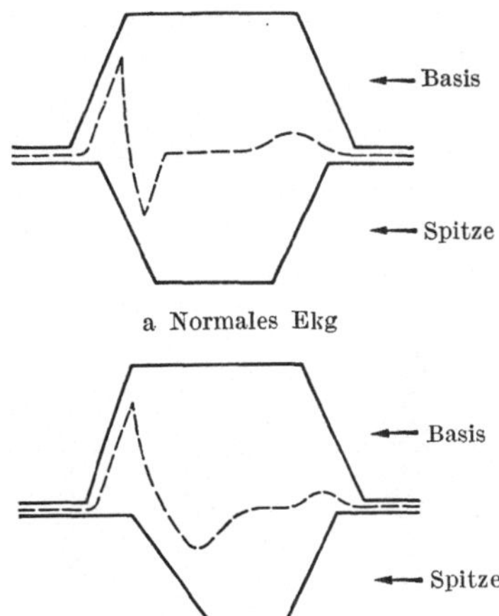

a Normales Ekg

Bei der Coronarinsuffizienz liegt eine diffuse Durchblutungsstörung des befallenen Herzteiles vor. Hier würden wir mit WEBER die Annahme machen, daß in diesen schlecht durchbluteten Herzteilen, und zwar in größerem Ausmaß die Erregung langsamer einsetzt, langsamer ihren Gipfel erreicht und meist auch langsamer abklingt. Das verzögerte Einsetzen in den hauptsächlich von den Muskelnekrosen betroffenen Spitzenteilen würde eine Phasenverschiebung, wie in Abb. 7b angedeutet, zur Folge haben müssen, damit ein relativ stärkeres Ansteigen von R (was mit der klinischen Beobachtung übereinstimmt) und ein Fehlen der S-Zacke (ebenfalls mit der klinischen Beobachtung übereinstimmend). Statt dessen setzt das ST-Stück muldenförmig im steigenden Schenkel von S an. Meist verbindet sich damit ein Überdauern der verzögert begonnenen Erregungswelle in den Spitzenteilen, also eine Negativität von T (Abb. 7d).

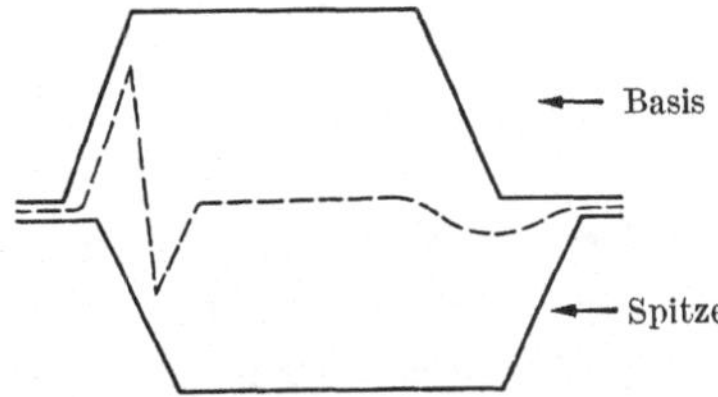

b Senkung von ST. Phasenverschiebung, verzögertes Einsetzen der Erregung der Spitzenteile durch Durchblutungsstörung.

Der in Abb. 7c angenommene Fall, daß in einem einseitig hypertrophischen Herzen — bei dem dann der andere Schenkel gewöhnlich auch nicht ganz unbeteiligt ist — in diesem Ventrikel allein durch die Hypertrophie als solche und die damit verbundene Verlängerung des Weges der Erregungsleitung eine negative T-Zacke — relativ weit vom QRS-Komplex entfernt — resultiert, wird von WEBER[1] aus verschiedenen Gründen abgelehnt.

c Erregungsverspätung der Basis — noch stärkere Verspätung und Erregungsüberdauern der Spitzenteile.
Ekg bei hypertrophischen Hypertonieherzen, Wegverlängerung links durch Hypertrophie (von WEBER als Ursache nicht anerkannt).

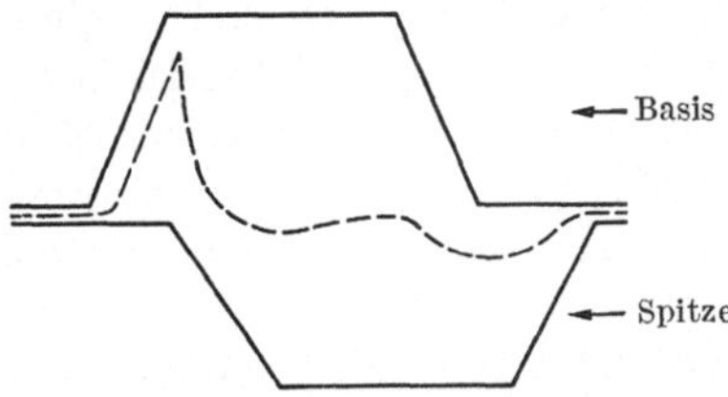

d Phasenverschiebung und Erregungsüberdauern, verzögertes Einsetzen der Erregung der Spitzenteile durch Durchblutungsstörung und Erregungsüberdauern bei Hypertonie-Coronarinsuffizienz.
Abb. 7 a—d.
Deutung des Ekgs bei Coronarinsuffizienz.

Die SCHELLONGsche Deutung.

Eine von den bisherigen Auffassungen der Literatur über das Zustandekommen des normalen Ekgs und damit auch — was hier interessiert —

---

[1] WEBER: Verh. dtsch. Ges. Kreislaufforsch. **1939**.

über die Zeichen der coronaren Durchblutungsstörung, gibt SCHELLONG auf dem Kongreß für innere Medizin 1936. SCHELLONG geht davon aus, daß sich der Erregungsvorgang in jedem einzelnen Herzmuskelteilchen bei der Aktion in Form einer einphasischen Kurve abspielt, deren Kennzeichen sind: rascher, sehr steiler Anstieg, Plateaubildung und langsamer bogenförmiger Abfall. Diese Kurve von der Form des Erregungsablaufes erhält man, wenn man indirekt ableitet, also nicht die Elektroden direkt auf den Herzmuskelstreifen aufsetzt, sondern ihn in Flüssigkeit versenkt und aus dieser ableitet. In der untenstehenden schematischen Wiedergabe sollen die einzelnen horizontalen Kästchen ein solches Herzmuskelstreifenpräparat darstellen, über das

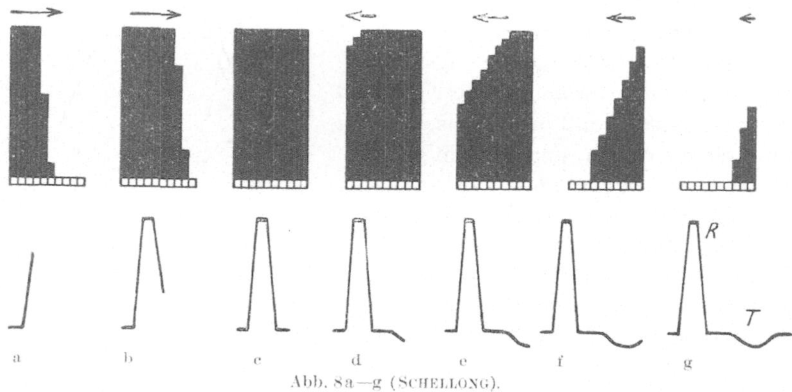

Abb. 8a—g (SCHELLONG).

der Erregungsvorgang von links nach rechts hinweggeht. Bei a sind die ersten Teilchen links schon in schnellem Anstieg der Erregung zur vollen Höhe des Erregungsvorganges gelangt, während rechts die Erregung der Teilchen weiterschreitend beginnt. Es ergibt sich daraus eine Potentialdifferenz in Richtung des Pfeiles. Im Ekg der Beginn der Anfangsschwankung. Bei b ist die Erregung weiter nach rechts vorgeschritten, bei c sind alle Fasern maximal erregt, die Potentialdifferenz fällt damit weg, das Registrierinstrument kehrt zur Nullinie zurück. Danach beginnt bei d das Abklingen der Erregung von links nach rechts, die Potentialdifferenz ist von rechts nach links gerichtet. Der Verlauf des Abklingens der Erregung ist viel langsamer, es wird eine nach abwärts gerichtete träge Schwankung, im Ekg die T-Zacke, gebildet (s. Abb. 8). Die Erklärung, weshalb im normalen menschlichen Ekg die T-Zacke in Abl. I und II aufwärts und nicht, wie man aus diesem Schema folgern sollte, abwärts gerichtet ist, sieht SCHELLONG darin, daß das Abklingen der Erregung nicht im ganzen Herzen gleichmäßig erfolgt. Wenn man mit der SCHELLONGschen Methode der Vektordiagraphie die Änderungen der Potentialdifferenz während eines Herzschlages direkt aufzeichnet und die erhaltenen Bilder aus einem frontalen und einem sagittalen Vektordiagramm räumlich zusammensetzt, so sieht man daraus, daß die Gegend, die der Basis des linken Ventrikels entspricht, also eine Gegend im rechten oberen hinteren Teil des Herzens, zuletzt von der Kontraktion ergriffen wird und zuletzt mit Erregung und Kontraktion aufhört. Diesem Überdauern der Erregung in Gegend der linken Herzbasis ist der normale Schluß der T-Zacke zuzuschreiben. Verläuft nun die Erregung in den einzelnen Herzmuskelfasern in einer anderen *Form*, z. B. unter Digitaliswirkung — oder auch bei einer diffusen Durchblutungsstörung des Myokards — mit einer Abflachung der Erregungsform aller Herzteilchen, so würde sich das oben wiedergegebene SCHELLONGsche Schema wie unten dargestellt ändern; durch eine Abflachung der Erregungsform aller betroffenen Herzteilchen käme eine Senkung von S-T zustande. Diese Senkung ist eine bogenförmige und sie erfolgt und muß nach diesem Schema immer erfolgen in einer Richtung, die der Anfangsschwankung entgegengesetzt ist (Abb. 9).

Dabei muß die Koordination der Herzkammern erhalten bleiben, d. h. der Schluß des Erregungsvorganges würde nach wie vor in Gegend der linken Herzbasis liegen und das T wird also nicht negativ, sondern die Senkung von S-T schließt mit einem positiven T ab.

Diese Darstellung trifft in besonderer Weise auf das „Koma-Ekg" zu, wie ich es oben beschrieben habe, also einem Zustand, bei dem wir eine *diffuse* Schädigung der Durchblutung des ganzen Herzens annehmen müssen ohne Störung der Koordination der einzelnen Herzteile (s. Abb. 14).

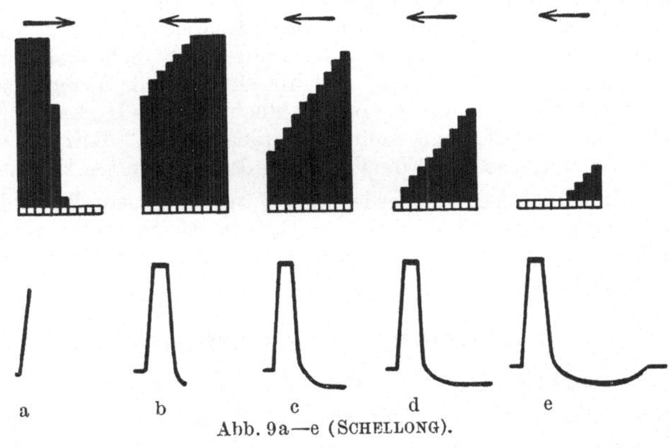

Abb. 9a—e (SCHELLONG).

WINTERNITZ hat auf diese muldenförmige Senkung von S-T in allen drei Ableitungen, entgegengesetzt der Hauptschwankung, schon hingewiesen.

Demgegenüber muß grundsätzlich ein ganz anderer Verlauf des Ekgs resultieren, wenn die Koordination der Erregung der einzelnen Herzteile gestört ist, wenn ein Herzteil z. B. beim Myokardinfarkt anatomisch und elektrisch ausfällt, somit in diesem Herzteil die Erregung zu früh nachläßt oder gar nicht zustande kommt. In diesem Falle muß bei plötzlichem Aufhören der Erregung in einem *umschriebenen Bezirk* eine Verschiebung von S-T gleichsinnig zur Anfangsschwankung in einer oder mehreren Ableitungen resultieren. Die Ekg-Befunde bei Coronarinfarkt finden so ihre Erklärung. Endlich ist auch die Senkung von S-T mit schräg nach oben verlaufendem S-T-Stück im Arbeits-Ekg bei Tachykardie durch Beschleunigung des Abfalls der Erregung nach dem SCHELLONGschen Schema gut erklärbar und nicht ohne weiteres das Arbeits-Ekg mit tiefem spitzem S und schräg aufwärts laufendem S-T-Stück als pathologisch anzusehen.

Nach den SCHELLONGschen Untersuchungen scheint die Erklärung des muldenförmigen S-T-Stückes bei diffuser Durchblutungsstörung in allen Abteilungen entgegen der Anfangsschwankung gesenkt, am einleuchtendsten und grundsätzlich wichtig. Ebenso wichtig ist der Nachweis im Vektordiagramm, daß z. B. Herzquerlage und Linkshypertrophie grundsätzlich unterschieden werden können und daß das negative T_I mit scharfwinkeligem, von R abgehenden S-T-Stück ein Linkshypertrophie-Ekg ist und an sich nichts mit Coronarinsuffizienz zu tun hat.

Ich stelle hier die Schlußsätze der genannten Autoren gegenüber:

WEBER[1]: „Senkung von S-T und T sind Folge einseitiger Verlangsamung der Erregungsleitung, die Veränderungen sind Folge einer Myokardschädigung, die vorwiegend einen Ventrikel betreffen. In zahlreichen Fällen ist diese Myokardschädigung durch Coronarinsuffizienz bedingt." (Dazu wäre zu sagen, daß beim Koma-Ekg die Senkung S-T kaum als Folge einer einseitigen Verlangsamung der Erregungsleitung anzusprechen ist und andererseits die reinen Hypertrophiekurven mit neg. T-Zacken keineswegs als Coronarinsuffizienzkurven anzusprechen sind.)

SCHELLONG: „Senkung von S-T und Veränderungen von T *können* Folgen einer Myokardschädigung insbesondere auch einer Coronarinsuffizienz sein, wenn der klinische Befund dafür spricht. Es gibt aber auch solche Ekg-Veränderungen, die mit einer Schädigung des Myokards nichts zu tun haben." Und: „Senkung von S-T und Veränderungen von T können Folge einer Verlangsamung der Erregungsleitung sein, nämlich dann, wenn QRS verbreitert ist." (Wobei aber meines Erachtens im extremen Falle beim Schenkelblock, aber auch beim Überwiegungs-Ekg das Ende von S nicht mehr zu bestimmen ist.) „Sie können aber auch darauf beruhen, daß die einphasische Erregungsform verändert ist, entweder in allen Herzmuskelteilchen oder in einem Teil des Herzens." Wenn auch die SCHELLONGsche Deutung des Ekgs gegenüber der „klassischen" Betrachtungsweise der Differenztheorie umstritten ist, so bleibt die Erfassung der veränderten Erregungsform grundsätzlich wichtig.

E. SCHÜTZ hat nachgewiesen, daß tierexperimentell sowohl Verzögerung der Erregungsausbreitung, wie Änderung der Erregungsform zu registrieren sind, allerdings nur bei extremen Graden der Erstickung des Herzmuskels, so daß er sich einer anderen Erklärung zugewandt hat.

Die Deutung des coronaren Ekgs von E. SCHÜTZ.

Die Differenztheorie des Ekgs, d. h. die Deutung des Ekgs aus zwei monophasischen Aktionsströmen der Basis und der Spitze des Herzens wird von SCHÜTZ seiner Erklärungsweise zugrunde gelegt. Diese Differenztheorie muß heute als die Wiedergabe einer feststehenden und experimentell jederzeit feststellbaren Tatsache besonders gewertet und „für Auffassungen dualistischer Art, die R- und T-Zacke als Ausdruck grundsätzlich verschiedener Vorgänge ansehen wollen, ist kein Raum mehr". Im Schema lassen sich die Expérimente von E. SCHÜTZ folgendermaßen charakterisieren (s. Abb. 10).

E. SCHÜTZ schließt daraus: das normale Ekg ist infolge einer bestehenden Verletzung im elektrophysiologischen Sinne durch Beimischung von monophasisch zur Ableitung kommenden Aktionsströmen in seiner Form abgeändert. Zur Deutung pathologischer Ekgs brauchen wir also die Differenztheorie zusätzlich der Kenntnis der Beimischung monophasischer Ströme, die besonders im Bereich von S-T das Normalelektrokardiogramm abzuändern vermögen.

Es ließen sich nun sowohl am Kaltblüterherzen wie am Warmblüterherzen bei indirekter Ableitung monophasische Aktionsströme erzeugen, die das Ekg in der bei Coronarinsuffizienz bekannten charakteristischen Weise verändern, wenn man durch einen Einschnitt in den Vorhof die geschlossene Schere bis in die Mitte der Herzkammer einführt und durch kurzes Öffnen und Schließen der Schere kleine Verletzungen in Höhe der Kammermitte ohne Oberflächenverletzung erzeugte. Es ergab sich eine Senkung von S-T, deren Abklingen zur Normalform man unmittelbar verfolgen konnte. In ähnlicher Weise ließ sich bei Extremitätenableitung eine monophasische Deformierung des Ekgs erzeugen, wenn man vom linken oder rechten Herzohr aus ein kleines Rohr bis zur Höhe der Papillarmuskeln gegen die Kammerscheidewand hin einführte und mittels

---

[1] WEBER: Dtsch. med. Wschr. **1937 I**, 434.

einer Saugpumpe ein Stück Herzhinterwand ansog. Die durch dieses Ansaugen erzeugte lokale Ischämie erzeugte im Herzmuskel eine Stelle verminderter Durchblutung, die im elektrophysiologischen Sinne als verletzte Stelle anzusehen ist und gleichartige monophasische Aktionsströme dem normalen Ablauf des Ekgs zuaddiert, wie sie auch durch eine Verletzung hervorgerufen werden und sich experimentell hervorrufen ließen. Interessant ist in diesen Versuchen, ein wie geringer Saugdruck genügt — 2—3 mm Hg Unterdruck reichen aus —

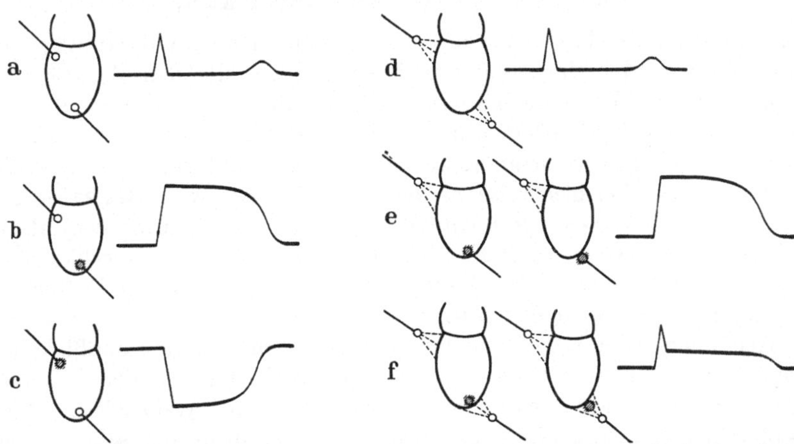

Abb. 10a—f. (Nach E. Schütz: Verh. dtsch. Ges. Kreislaufforsch. **1939**, 31). a stellt das normale Ekg dar bei direkter Ableitung mittels sog. Herzwandknoten. Es wird mit einem dünnen Glas oder Messingrohr eine oberflächliche Partie der Herzmuskulatur durch eine Saugpumpe abgesaugt und evtl. noch zusätzlich durch einen Faden abgeschnürt. Die Größe des abgesaugten Bezirks braucht nur einige Kubikmillimeter zu betragen. Auf diesem Herzwandknoten wird (bei Ableitung monophasischer Ströme) die indifferente Elektrode aufgesetzt, nachdem die differente Elektrode auf die zu untersuchende Stelle kommt. Das in a wiedergegebene Ekg ist die Resultierende aus den Kurven b, wo die Gegend der Herzspitze durch Verletzung negativ ist und nur das Basis-Ekg zur Darstellung kommt und c wo die Gegend der Herzbasis durch Verletzung negativ geworden ist und nur das Spitzen-Ekg dargestellt ist. d zeigt das Ekg bei indirekter Ableitung mit Gabelelektroden — beim Menschen der Ableitung vom Körper entsprechend. e zeigt den Strom bei einer Ableitung, bei der die eine Elektrode vom Körper ableitet (Gabelelektrode), die andere an einer verletzten Stelle der Herzinnen- oder Herzaußenwand liegt. Es resultiert ein monophasischer Strom, wie auch bei b. f ist die Resultierende aus d (normales Ekg) mit Gabelelektrode (also Körperableitung) und e (Auftreten einer verletzten Stelle), jedoch mit Gabelableitung (also Körperableitung). Dieses Ekg kommt dem Ekg des Coronarinfarktes in seiner Form nahe.

um einen monophasischen Aktionsstrom zu erzeugen und minimale lokale Beschädigungen, Kompression oder künstliche Anämie am Warmblüterherzen bewirken das gleiche. Ferner: beim schwachen Ansaugen kann Senkung des S-T-Stückes und Abflachung von T resultieren, beim stärkeren Ansaugen bogenförmig gehobenes „coronares" S-T-Stück wie beim Infarkt. Endlich: beim Anlegen des Herzwandknotens im Tierversuch außen an der Herzbasis — wird ein Ekg mit gesenktem S-T-Stück, beim Anlegen eines zweiten Herzwandknotens an der Herzspitze außen — wird ein Ekg mit eleviertem S-T-Stück registriert.

Aus diesen Untersuchungen schließt Schütz, daß sowohl das gehobene als das unter die Nullinie gesenkte S-T-Stück in gleicher Weise erklärt werden können durch die Beimischung von monophasisch zur Ableitung kommenden Aktionsströmen zum Normal-Ekg. Und weiter: „Aktionsströme kommen in monophasischer Form an einer Elektrode zur Ableitung, wenn im Bereich der anderen Elektrode eine Verletzung im elektrophysiologischen Sinne wirkt. Grad der Verletzung und Güte der Ableitungsbedingungen zur verletzten Stelle bestimmen damit das Ausmaß der monophasischen Deformierung des Ekgs bei indirekter Ableitung."

Es ist kein Zweifel, daß die SCHÜTZschen Untersuchungen sehr wesentlich zur Klärung unserer Vorstellungen über das Ekg des Coronarinfarktes und der Coronarinsuffizienz beigetragen haben.

VIII. Kapitel.

Das Ekg der Coronarerkrankungen: Formen des coronaren Ekgs.

Einer Deutung des Ekg-Befundes ist vorauszuschicken, daß das Ekg nie zur Hauptdiagnose werden darf, sondern daß derjenige, der den Ekg-Befund zu geben hat, sich der Tatsache bewußt bleibt, damit einen Baustein in das Gebäude der Gesamtdiagnose einzufügen. Ebensowenig darf aus dem Ekg eine pathologisch-anatomische Diagnose gestellt werden, wohl umgekehrt kann man sagen: Wenn man beispielsweise in den Experimenten von BÜCHNER in der einen oder anderen Weise experimentell die Coronardurchblutung verschlechtert und erhält immer wieder bestimmte Ekg-Kurven, so kann man schließen, daß diese Kurven wohl durch Verschlechterung der Durchblutung bedingt sind. Ebenso kann man aus den SCHÜTZschen Tierexperimenten schließen; wenn lokale Ischämien gesetzt werden, und es ergibt sich mit Regelmäßigkeit eine bestimmte Ekg-Form, so ist diese lokale Ischämie die Ursache der Deformation des Ekgs. Ob aber nicht noch andere anatomische oder physiologische Möglichkeiten bestehen, ein solches Ekg hervorzurufen, ist damit nicht gesagt. Inwieweit beispielsweise Vergiftungen mit Medikamenten (Digitalis) oder durch Bakteriengifte (Diphtherie) oder durch pathologische Stoffwechselprodukte (Urämie) durch direkte Einwirkung auf den Herzmuskel ähnliche elektrokardiographische Veränderungen machen können wie die Durchblutungsstörungen der Coronarien, ist noch nicht in vollem Maße geklärt, aber es ist immerhin wahrscheinlich, daß ein Teil dieser Ekgs nicht coronarbedingte Durchblutungsstörungen, sondern direkte toxische Einwirkungen auf den Herzmuskel anzeigt, trotz gleicher oder ähnlicher elektrokardiographischer Erscheinungen[1]. Bei der Besprechung des Ekgs der Coronarerkrankungen seien die Typen gekennzeichnet, die wir zumeist als „Coronarschädigung" zu deuten pflegen. Die Verlängerung des QRS-Komplexes im ganzen über die Normalzeit von 0,1 Sek. hinaus, einem für die Deutung der diffusen Herzmuskelschädigung (SCHELLONG) sehr wichtigen und ausschlaggebenden Befund, kommt für die Diagnose der Coronarerkrankungen keine wesentliche Bedeutung zu. Es handelt sich vorwiegend um Veränderungen von S-T und T, in denen sich klinisch in Übereinstimmung mit dem Tierexperiment die diffuse oder lokale Störung der Blutversorgung manifestiert.

Der in Schema a (Abb. 11) dargestellte Typ des (in diesem Falle am linkshypertrophischen Herzen registrierten) Ekgs ist bereits stark umstritten. Er ist gekennzeichnet durch die Zeichen: hohe absolute Voltwerte (HIGH-VOLTAGE), scharfwinkliger Übergang von R in S-T, deutliche gerade Senkung von S-T, tiefes negatives T in Abl. I. Dieses HIGH-VOLTAGE-Ekg findet sich sehr häufig bei Hypertonien, Aortenfehlern, seltener für das rechte Herz bei Stauung im kleinen Kreislauf. In seiner Form ähnelt es stark zwei Ekg-Formen, die sicher auf einer Verlängerung des Erregungsleitungsweges beruhen: dem Ekg des Schenkelblocks, von dem wir wissen, daß die Erregung den Ventrikel des

---

[1] *Anmerkung bei der Korrektur:* FLÜGGE und GERSTENBERG finden solche Veränderungen bei extrarenalen Azotämien durch Chlorentziehung bedingt (Kongr. inn. Med. 1940).

blockierten Schenkels mit wesentlicher Verzögerung erreicht und dem Ekg der ventrikulären Extrasystolen, für das ein gleiches gilt (Tabelle 11d). Die Deutung würde sich also im Sinne der Differenztheorie so gestalten, daß man einseitig für den linken Ventrikel eine Erregungsverspätung (WEBER) anzunehmen hat, etwa in dem Sinne, wie es auf S. 29 (Abb. 7, Schema c) dargestellt ist: Verzögerung der Erregungsausbreitung in der Basis und mehr noch in der Spitze. Daß hier einseitige Verspätung der Erregung die Deformierung des Ekgs bedingt, ist also wahrscheinlich. Strittig ist, ob es sich dabei

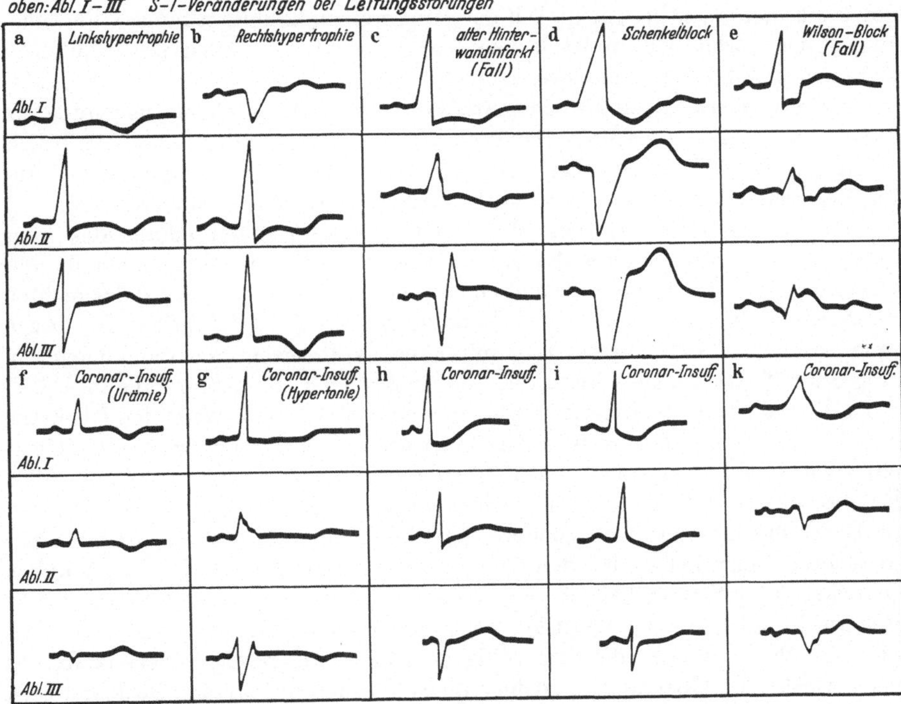

Abb. 11 a—k. (Erklärung im Text.)

um den Ausdruck einer linksseitigen Coronarinsuffizienz handelt (WEBER), oder ob die (in diesem Falle linksseitige) Hypertrophie allein als solche imstande ist, eine solche Verspätungskurve zu bedingen.

WEBER weist daraufhin, daß das Bild der linksseitigen Leitungsverzögerung dem Bild der rechtsseitigen Extrasystole ähnelt, ferner, daß linksseitige Herzhypertrophie und Linksverspätung keineswegs beim Vergleich der Röntgenbilder und Ekgs parallel gehen, endlich darauf, daß Verlängerung des Leitungsweges bei der großen Geschwindigkeit der Erregungsleitung nur von untergeordneter Bedeutung sein könne. WEBER stellt daher den Satz auf, daß die chronisch ohne Infektion oder Intoxikation und ohne Digitalis auftretenden Verspätungskurven in der weitaus überwiegenden Mehrzahl der Fälle Folgen von Sauerstoffmangel, d. h. Ausdruck einer Coronarinsuffizienz sind.

Persönlich kann ich mich mit anderen Autoren (KORTH, SCHELLONG) dieser Auffassung nicht anschließen und bin der Meinung, daß keineswegs diese Fälle alle eine Coronarinsuffizienz haben. Wenn auch zugegeben werden muß, daß diesem HIGH-VOLTAGE-Ekg nicht immer eine röntgenologische deutliche und entsprechend erhebliche Hypertrophie des linken Ventrikels entspricht, so ist das Röntgenbild ein zu grobes Vergleichsobjekt, um etwas über die Feinheiten in der Struktur des Reizleitungssystems und über die Möglichkeiten einer Verzögerung der Erregungsausbreitung auszusagen. Man beobachtet viele Jahre hindurch Fälle mit typischem „Verspätungs-Ekg" ohne jemals Erscheinungen von Coronarerkrankungen oder Herzinsuffizienz klinisch registrieren zu können, die Fälle sterben fast nie an ihrem Herzen, sondern an Apoplexie und Urämie; und wenn man auch bei einem Teil der Hypertoniefälle mikroskopisch Veränderungen der Coronarien findet, so sind ebensowohl bei Fällen mit typischem Ekg einer angeblichen Linkscoronarinsuffizienz die Coronarien oft völlig intakt. Für das Linksherz bietet die schematische oben wiedergegebene Zeichnung ein Beispiel des meiner Ansicht nach durch die Hypertrophie des linken Ventrikels bedingten HIGH-VOLTAGE-Ekgs bei Hypertonie, ein sehr häufiges Bild. Für das Rechtsherz ist ein entsprechendes Beispiel schwerer zu finden.

Ich gebe weiter unten (vgl. Abb. 13 und 11 b) die Beschreibung des Ekgs eines jahrelang beobachteten Falles von Endarteriitis der Pulmonalgefäße, der inzwischen zur Obduktion kam und enorme Grade der Hypertrophie des rechten Herzens aufwies, ohne autoptische Veränderung an den Coronarien. In diesem Falle handelt es sich um ein Ekg mit hohen Voltwerten, rechtwinkligem Abgang des S-T-Stücks, gesenktem S-T und negativem T, in diesem Falle in Abl. II und III. Bei einem derartigen Ekg handelt es sich sicher nicht um den Übergang eines Rechts-Ekgs in eine rechtsseitige Coronarinsuffizienz, sondern um den Übergang eines Rechts-Ekgs in ein Rechtsüberdauern der Erregung bis fast zum Bilde des linksseitigen Schenkelblocks. Es handelt sich bei der Senkung von S-T nicht um Durchblutungsstörungen, sondern um Reizleitungsstörungen, in diesem Falle im rechten Ventrikel — bei den Hypertonie-Ekgs in gleicher Weise im linken Ventrikel —, wobei schließlich der alleinige Einfluß des rechten Ventrikels so groß wird, daß der linke Ventrikel vollkommen elektrokardiographisch zurücktritt und das resultierende Ekg völlig dem eines linksseitigen Schenkelblocks gleich wird. Die Übergänge sind hier fließend, auch die für den Schenkelblock angegebenen Charakteristica einer Verlängerung des Gesamtkomplexes Q-T über 0,35 Sek. und des Initialkomplexes QRS über 0,1 Sek. sind kein eindeutiges Unterscheidungsmerkmal, wann wir noch von einer Rechtsverspätung und wann wir von einem linksseitigen Schenkelblock sprechen sollen.

Während ich also der Meinung bin, daß das HIGH-VOLTAGE-Ekg allein durch die Hypertrophie eines Herzteiles erklärbar ist, und eine Coronarinsuffizienz dabei vorhanden sein kann — wenn klinische Symptome dafür sprechen, aber keineswegs vorhanden sein muß und in vielen Fällen nicht vorhanden ist — wird die Deutung bei anderen Formen des veränderten S-T-Stücks und der negativen Finalschwankung sich wesentlich mehr in Richtung coronarer Durchblutungsstörungen bewegen und je kleiner die R-Zacken werden, je mehr das „HIGH-VOLTAGE" zurücktritt, desto mehr entfernt sich das Bild von den Schenkelblockähnlichen Formen.

Somit sind Bilder wie Abb. 11 f und g kaum noch als Schenkelblock ähnliche oder Verspätungsbilder zu deuten (vgl. Abb. 12 die Ekgs links oben und links Mitte). Es fehlen die absolut großen Voltzahlen, oder die Senkung von S-T oder die ausgesprochene negative Finalschwankung. Die Veränderungen können irreversibel sein und jahrelang unverändert bestehen bleiben (wie in Abb. 12 obere Ekgs) und man ist dann im Zweifel, ob es sich um geringe Grade von Überwiegungs- bzw. Verspätungs-Ekgs handelt oder um Durchblutungsstörungen mit elektrokardiographischen Manifestationen im Sinne von SCHÜTZ. Sind sie reversibel wie in Abb. 12 Mitte, so sind Durchblutungsstörungen wahrscheinlich und damit kann man ihnen die Erklärung von SCHÜTZ, daß es sich um beigemischte monophasische Verletzungsströme im physiologischen Sinne handelt, zugrunde legen.

Wir kommen an der Tatsache nicht vorbei, daß die meisten Ekgs mit gesenktem S-T-Stück und abgeflachter, verschwundener oder negativer Finalschwankung, zumal wenn sie flüchtige und reversible Veränderungen zeigen, als Durchblutungsstörungs-Ekg klinisch erklärt werden müssen — wie gesagt — je weiter sie sich von den Schenkelblock ähnlichen Bildern entfernen. Dahinein gehören flüchtige Umkehrungen der Finalschwankung bei Vergiftungen, bei Erstickung, im Höhenflug und Unterdruckversuch, bei Trauma des Herzens, Commotio cordis, bei Anstrengungen, Nicotinmißbrauch und vielleicht auch die von SCHELLONG beschriebenen Tagesschwankungen des Ekgs in bezug auf seine T-Zacken. Jedenfalls ist uns eine große Gruppe mehr oder weniger reversibler Veränderungen der Finalschwankung bekannt, bei denen wir klinisch die begründete Annahme einer Durchblutungsstörung des Herzens machen müssen, ja die sogar durch experimentelle Anoxämie in der Unterdruckkammer ausgelöst werden — fraglich ist nur die Deutung. Sind das Beimischungen monophasischer Ströme im Sinne von SCHÜTZ — dagegen spricht, daß weit weniger das S-T-Stück getroffen wird, als allein die Finalschwankung und daß man sich z. B. im Unterdruckexperiment nicht gut einen „Verletzungsstrom" vorstellen kann, der ja das ganze Herz gleichsinnig treffen müßte und endlich, daß das monate- und jahrelange Bestehen von „Verletzungsströmen" schwer verständlich ist, oder sind das Kurven einseitiger Durchblutungsstörung mit Erregungsverspätung im Sinne WEBERs. Immerhin, die tierexperimentell gewonnenen Kurven von SCHÜTZ mit mehr oder weniger ausgedehnter Anämie des Herzmuskels durch leichtes Ansaugen zeigen weitgehende Analogien zu den menschlichen Kurven solcher Fälle, die klinisch eine coronare Durchblutungsstörung annehmen lassen.

Hat für diese Form des Ekgs mit relativ geringen reversiblen Veränderungen der Finalschwankung die SCHÜTZsche Formel der „Beimischung" monophasischer Aktionsströme eine gewisse, wenn auch nicht bedenkenlose Erklärung geboten, so sind bei anderen Formen des Ekgs die Analogien schlagend. Ich meine das Ekg mit starken Veränderungen des S-T-Stückes *ohne* starke Gesamtverbreiterung der Q-T-Strecke. Die Ekgs unten in der Tabelle 11, f, g, h und i zeigen: Normale Voltwerte, aber keine Verbreiterung von QRS und keine Verlängerung des Gesamt-Ekgs von Q-T. ST-Stück nach oben oder unten verschoben. Diese Form des Ekgs konnte SCHÜTZ im Tierversuch durch lokales Ansaugen von Teilen der Herzinnenwand erzeugen — sie entsprechen vollkommen dem menschlichen Ekg im schweren Anfall von Coronarinsuffizienz.

Eine weitere sehr eindrucksvolle Analogie bietet das inzwischen durch zahllose Publikationen mit Obduktionsbefunden beim Menschen klargestellte Ekg des Myokardinfarktes. Hier ist die Deviation des S-T-Stückes völlig entsprechend dem, was SCHÜTZ bei lokaler starker Anämie durch stärkeres Ansaugen oder auch bei experimentell gesetzten lokalen Verletzungen der Herzinnenwand erzielte. Hier in diesem Falle sind eindeutig monophasische Aktionsströme dem normalen Ablauf des menschlichen Ekgs aufgepfropft.

Umstritten ist dagegen wieder eine Form des Ekgs, bei dem von dem Tiefpunkt von S aus das ST-Stück schräg oder auch mehr treppenförmig ansteigt. Solche Ekgs werden nicht selten bei Fällen mit hoher Schlagfrequenz registriert und SCHWINGEL an der SCHELLONGschen Klinik kommt zu der Meinung, daß dieser schräge Anstieg von S-T nicht als Durchblutungsstörung des Herzens aufzufassen ist, sondern allein in der Vergrößerung des Schlagvolumens seine Erklärung finde. Man findet diese Senkungsform nicht selten

Erklärung zu Abb. 12.

Oben links. Jahrelang beobachtete nephrogene Hypertonie sehr erheblichen Grades (RR 220—240 mm Hg) bei einer etwa 50jährigen Frau. Röntgenologisch mäßige Linkshypertrophie des Herzens. Abl. I und II zeigen normalen QRS-Komplex. S-T-Stück in der Nullinie. T neg. Keine kardialen Beschwerden. Völlig suffizientes Cor-Ekg jahrelang stationär; neg. Finalschwankung nicht reversibel. Handelt es sich um ein Linksüberwiegen mit Erregungsverspätung links — dagegen sprechen die geringen Voltzahlen und die isoelektrische S-T-Linie. Oder um eine coronare Durchblutungsstörung links mit Erregungsverspätung — es weist sicher auf eine Coronarerkrankung hin. Oder um eine Durchblutungsstörung mit „Verletzungsströmen im elektrophysiologischen Sinne" nach SCHÜTZ? — wobei es schwer vorstellbar ist, daß jahrelang unverändert solche Ströme bestehen könnten. Es ist aber kein Zweifel, daß das Ekg:

Oben rechts. 7 Jahre nach der Erstbeobachtung aufgenommen, ein „coronares" Ekg ist. Klinisch anginöse Beschwerden und beginnende kardiale Dekompensation. QRS-Komplex ist verbreitert (muskuläre Herzschädigung mit verlangsamter Erregungsausbreitung nach SCHELLONG, Depression von S-T (Durchblutungsstörung, ähnelt den Bildern von SCHÜTZ, Beimischung monophasischer Ströme) neg. T_I, das viel näher am QRS-Komplex liegt als das frühere (vielleicht eben doch durch Erregungsverspätung bedingtes neg. T_I) und mit dem früheren neg. T_I wahrscheinlich gar nichts mehr zu tun hat.

Mitte links. Ekg einer etwa 30jährigen Frau mit chron. Nephritis, aufgenommen im urämischen Zustand. Auch hier RR sehr hoch (250/160 mm Hg), röntgenologisch keine deutliche Linksverbreiterung. Das Ekg ist dem darüberstehenden völlig gleich, ist aber wohl sicher — da das Herz nicht verbreitert und die neg. Finalschwankung in wenigen Tagen sich als reversibel erweist — kein „Verspätungs-Ekg", sondern das Ekg einer reversiblen coronaren Durchblutungsstörung. Damit tritt die SCHÜTZsche Deutung in den Vordergrund (Beimischung monophasischer Ströme), wobei zweifelhaft ist, ob diese Ströme Folge einer Schädigung des Herzmuskels durch coronare Anoxämie oder Folge der direkten Schädigung des Herzmuskels durch urämische Giftstoffe ist.

Mitte rechts. Bei demselben Fall sind nach 14 Tagen das neg. T_I und T_{II} verschwunden und wieder positiv geworden. Dem entspricht klinisch das Abklingen der urämischen Erscheinungen nach Therapie (Traubenzuckerinfusionen, Lumbalpunktion, Diät). Der Blutdruck ist dabei unverändert hoch. Dieselben Erscheinungen wiederholen sich $1/_2$ Jahr später im erneuten urämischen Anfall.

Unten links. Fall von extremer jahrelang bestehender renaler Hypertonie, RR um 240—250 mm Hg. Apoplexie. Keine kardialen Symptome, keine subjektiven Herzbeschwerden. Typisches HIGH-VOLTAGE-Ekg. Röntgenologisch erheblich Linksverbreiterung des Herzens. Hohe Voltwerte, Senkung von ST, neg. T_I und T_{II}, neg. Finalschwankung in großem Abstand vom QRS-Komplex. Wahrscheinlich als Übergang zum Schenkelblock-Ekg zu deuten. Erregungsverspätung und Leitungsstörung links — ob Störung der linksseitigen Coronardurchblutung dabei vorhanden ist, ist nicht zu entscheiden.

Unten rechts. Übergang in das Bild des rechtsseitigen Schenkelblocks. QRS-Komplex in Q-T verbreitert, die Reizleitungsstörung beherrscht völlig das Bild. Ob daneben Coronarschädigung besteht, ist nicht zu erkennen. Keine kardialen Erscheinungen. Extremer Hypertonus. Stark linkshypertrophisches Herz.

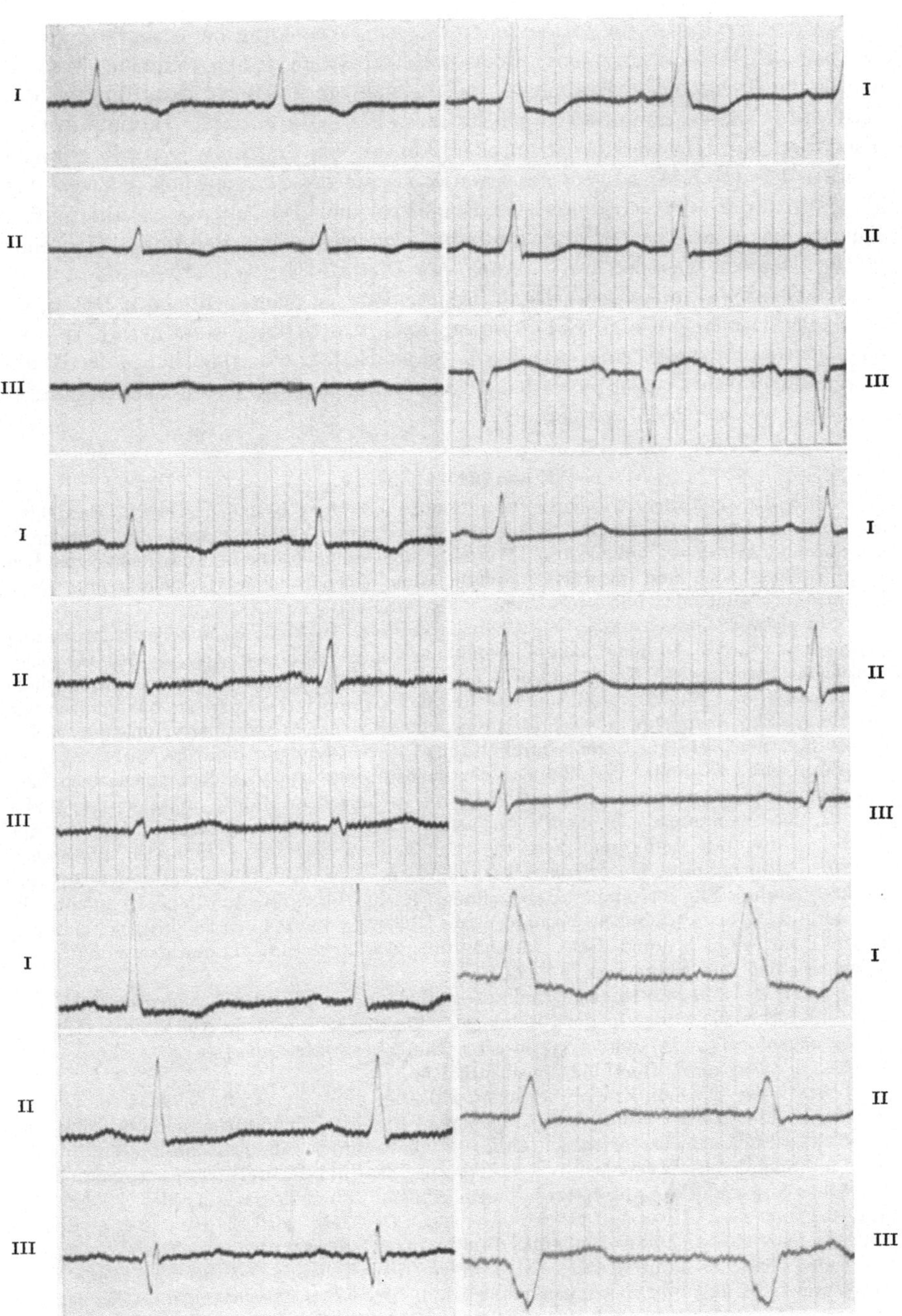

Abb. 12. Linksüberwiegen, Erregungsverspätung links und coronare Durchblutungsstörung links.

nach körperlichen Anstrengungen, beispielsweise an den Belastungs-Ekgs (siehe Abb. 27, S. 72).

SCHWINGEL findet ein Fortbestehen dieser S-T-Senkung bei wieder zur Norm zurückgekehrter Herzfrequenz, aber noch erhöhtem Schlagvolumen. WEBER deutet die Versuche in dem Sinne, daß es sich um einen Sauerstoffhunger des Myokards handele, nimmt also auch für diese Fälle eine coronare Durchblutungsinsuffizienz an. Die tierexperimentellen Kurven von SCHÜTZ zeigen bei geringen Graden der durch Ansaugen erzeugten Ischämie des Herzmuskels Kurven, die als „Anoxämie"-Kurven diesen bei Belastung und Tachykardie resultierenden Kurven des menschlichen Ekgs weitgehend gleichen, ohne daß damit eine endgültige Deutung gegeben wäre. Auch das Digitalis-Ekg mit seiner häufig vorkommenden S-T-Senkung bei Digitalisdarreichung in therapeutischen Dosen, ist in seiner Deutung dieser S-T-Senkung noch umstritten — während WEBER eine Durchblutungsstörung annimmt, weist SCHELLONG darauf hin, daß die Herzleistung dabei besser geworden ist und nimmt eine Änderung der Erregungsform an, wie auf S. 31 aufgeführt.

Erklärung zu Abb. 13.

Oben links. 45jähriger Pykniker, Emphysem. Jahrelang bestehende chron. Bronchitis mit Bronchiektasen. Sekundär erhebliche sklerotische Veränderungen der Pulmonalarterien und Arteriolen (Obduktion). Das Ekg zeigt lediglich das Bild des rechtstypischen Ekgs — R_{III} hoch und aufwärts gerichtet ohne Zeichen einer Herzschädigung. Man beachte aber schon das hohe gespaltene P (P-Pulmonale).

Oben rechts. 3 Jahre später. Q_I erheblich vertieft. In Abl. I ist die Finalschwankung verstrichen. In Abl. II findet sich eine Senkung von S-T mit neg. T_{II}. In Abl. III ebenfalls leicht gesenktes S-T-Stück und neg. T_{III}. Klinisch hochgradige Cyanose und kardiale Dekompensation. Eine Durchblutungsstörung des rechten Herzens ist sowohl klinisch wie nach dem Ekg anzunehmen (rechtss. Coronarinsuffizienz). (Erregungsverspätung rechts durch die verschlechterte Coronardurchblutung? „Verletzungsströme" rechts?)

Mitte links. Während bei Männern der obenstehende Typ des dekompensierten Emphysemherzens der chronischen Bronchitiker bei pyknischem Habitus häufiger ist, findet sich der hier registrierte Typ häufig bei asthenischen Frauen. Es handelt sich um eine 38jährige Frau mit Emphysem, sehr tiefstehenden Lungengrenzen, schmalem hängenden Herzen. Asthmaanfälle, paroxysmale Tachykardien. Ekg im Asthmaanfall aufgenommen. Rechtstypisches Ekg bei steiler Herzstellung. Kleine Voltwerte in Abl. I. T_I flach. In Abl. II und III hohe R-Zacken, bogenförmiger Übergang von R in das S-T-Stück. Senkung von S-T mit neg. T_{II} und T_{III}: Durchblutungsstörung rechts im Asthmaanfall („Verletzungsströme" im Sinne von SCHÜTZ?).

Mitte rechts. 3 Tage später außerhalb des Asthmaanfalles. T_I deutlich positiv. In Abl. II ist die S-T-Strecke wieder in der Nullinie, der Abgang R — S-T in Abl. II und III noch etwas bogenförmig. T_{II} und T_{III} positiv. Einfaches rechtstypisches Ekg ohne sichere Zeichen der coronaren Durchblutungsinsuffizienz.

Unten links. Es handelt sich um einen Fall, der klinisch vom 3. bis zum 40. Lebensjahr beobachtet wurde. Autoptisch „angeborene einseitige Herzhypertrophie im Sinne der bei HENKE-LUBARSCH beschriebenen Fälle — unbekannte vorübergehende Kreislaufhindernisse während der Embryonalzeit". Das Ekg zeigt das Bild der Rechtshypertrophie. Tiefes S_I, hohes R_{II} und R_{III} mit spitzwinkligem Abgang von S-T, Senkung des S-T-Stückes, neg. T_{II} und T_{III}. HIGH-VOLTAGE-Ekg rechts. Das Ekg wird als rechtsseitige Reizleitungsverzögerung, nicht als Ekg einer Durchblutungsstörung angesprochen.

Unten rechts. 8 Jahre später — 1 Jahr vor dem Exitus — ist das Ekg dieses Falles vollkommen in das Bild des schenkelblockähnlichen Ekgs übergegangen. QRS ist verbreitert. Die Senkung von S-T in Abl. II und III ist erheblich stärker geworden, ebenso das neg. T_{II} und T_{III} verstärkt. Kein Anhalt für coronare Durchblutungsstörung, weder klinisch noch im Obduktionsbefund, der lediglich eine extreme Hypertrophie des rechten Ventrikels aufwies. Das Ekg ist zum vollständigen Rechts-Ekg geworden, der linke Ventrikel tritt nicht mehr hervor, er erscheint relativ „blockiert" in seinem Reizleitungssystem. Die Veränderungen liegen im Gebiet der Erregungsleitung, nicht in dem der coronaren Durchblutung.

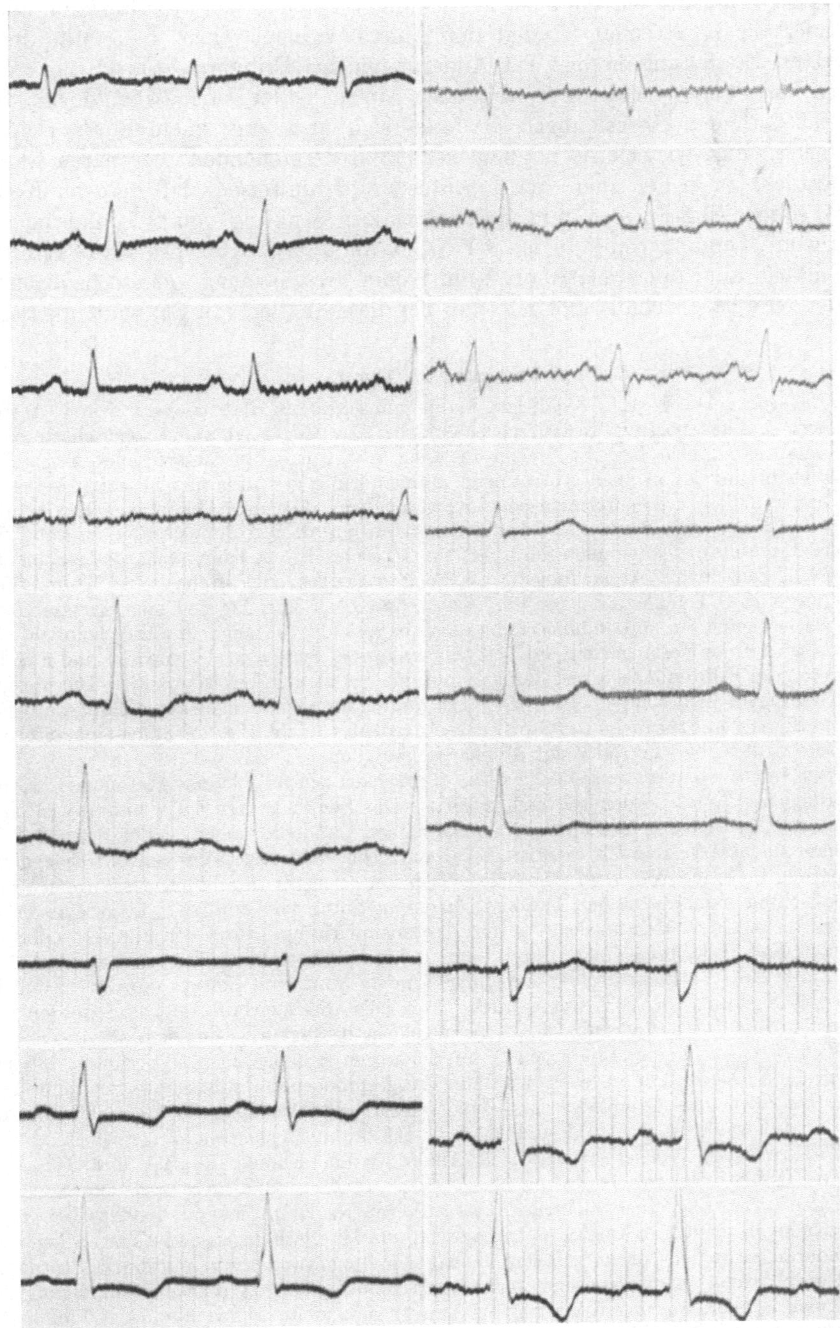

Abb. 13. Rechtsüberwiegen, Erregungsverspätung rechts und coronare Durchblutungsstörung rechts.

Wieweit nun diese von SCHELLONG postulierte Änderung des Ekgs auf Grund der Änderung der Erregungsform eine Rolle spielt, hat SCHÜTZ experimentell zu klären versucht. Er fand bei Erstickungsversuchen am Froschherzen, allerdings erst bei extremen Graden der Anoxämie nach einer 4—5 Min. fortgesetzten Erstickung in der Tat Änderungen der Erregungsform, ferner Auftreten von Plateauverlust und schließlich Alternans der Aktionsstromform. Die SCHELLONGschen Überlegungen erwiesen sich also experimentell als richtig, fraglich ist nur, wieweit sie bei den hier zur Rede stehenden „coronaren Ekgs in Betracht zu ziehen sind. Ich möchte darauf hinweisen, daß man im Koma nicht selten Ekg-Formen mit muldenförmiger Senkung von S-T und bogenförmigem Übergang von R in das S-T-Stück findet (vgl. Abb. 14), die zwar nicht regelmäßig, aber doch relativ oft beim Koma verschiedener Genese beobachtet werden. Es ist durchaus möglich, daß bei diesen Fällen von Ekgs mit mittlerer

Erklärung zu Abb. 14.

Oben links. Abl. I—III. 38jähriger Mann mit schwerem diabetischem Koma, Aceton und Acet-E. stark positiv. Insulin vorbehandelt. Das Ekg zeigt aufwärtsgerichtete Ventrikelanfangskomplexe bzw. R-Zacken in allen Ableitungen (rechtstypisches Ekg). Die Finalschwankung ist in allen Ableitungen muldenförmig gestaltet und negativ. WINTERNITZ hat auf diese muldenförmige Senkung von S-T in allen drei Ableitungen bereits hingewiesen. Sie tritt in Fällen auf, bei denen man eine diffuse doppelseitige Störung der Coronardurchblutung annehmen muß. HEGGLIN beschreibt ein Koma-Ekg, das regelmäßig durch S-T-Senkung, T-Abflachungen, oft auch negatives oder diphasisches T und Verlängerung von Q-T gekennzeichnet ist. ASCHENBRENNER hält dagegen eine primäre Herzmuskelschädigung im unkomplizierten Coma diabeticum für ganz unwahrscheinlich. Er weist aber auf die Verlängerung des Q-T-Abstandes als Symptom der Azidose und auf das Auftreten des P-Pulmonale als Stauungssymptome des kleinen Kreislaufs hin. Die übrigen Veränderungen, insbesondere des S-T-Stücks werden als Insulineinwirkungen angesprochen und im Sinne von Störungen des Stoffwechsels gedeutet, nicht aber im Sinne einer Störung der Coronardurchblutung oder der Myokardschädigung.

Oben rechts. Kurve desselben Falles, Blutzucker normal, keine Acetonurie. Koma abgeklungen. T_I ist wieder schwach positiv. Die Senkung von S-T_{II} und $_{III}$ ist ausgeglichen. Die Deutung dieses Ekgs mit reversibler, muldenförmiger Senkung von S-T ist durchaus ungeklärt: Handelt es sich um coronare Durchblutungsstörungen mit Erregungsverspätung im Sinne WEBERs? Handelt es sich um coronare Durchblutungsstörungen und beigemischten monophasischen Aktionsströmen im Sinne von SCHÜTZ? Liegt eine Stoffwechselstörung des Herzmuskels durch Acetoneinwirkung, durch Insulin — oder im nächsten Fall, Bild Mitte links, durch thyreotoxische Einwirkung auf den Herzmuskel — und damit eine Veränderung der Erregungsform im Sinne von SCHELLONG vor? Ähnliche Ekgs mit Senkung von S-T treten auch unter Digitaliseinwirkung auf und werden von SCHELLONG als durch Änderung der Erregungsform bedingt angesprochen.

Mitte links. Ekg einer 43jährigen Frau, der wegen eines mäßigen Hypertonus (180 mm Hg) größere Dosen Jod gegeben wurden. Ausgesprochener Jodbasedow mit schwerem Coma basedowicum, Grundumsatz $+110\%$ gesteigert. Im Ekg flache muldenförmige neg. Finalschwankung in Abl. I und II. Abl. III durch Muskeltremor verzittert.

Mitte rechts. 4 Wochen später nach Abklingen des Komas. T_I, T_{II} und T_{III} sind positiv. Q-T-Strecke relativ kürzer.

Unten links: Ekg einer 40jährigen Frau, die im desolaten Zustand, Kollaps bei einem wahrscheinlich grippösen Infekt, aufgenommen wurde. Pathologisch-anatomisch keinerlei Veränderungen an den Coronargefäßen. Es hat sich also entweder um funktionelle Störungen der Durchblutung (monophasische Verletzungsströme!) oder um toxische Schädigung des Herzmuskels (Veränderung der Erregungsform?) gehandelt. Einen ähnlichen Fall bildet ASCHENBRENNER[1] bei einem schwersten diabetischen Koma ab.

Unten rechts. Ekg eines 18jährigen Mädchens. Coma diabeticum. Hatte die angeordnete Insulinbehandlung nicht ausgeführt und wurde in schwerstem Koma aufgenommen. Muldenförmige Senkung von S-T in Abl. II und III.

---

[1] ASCHENBRENNER: Verh. dtsch. Ges. Kreislaufforsch. **1939**, 24.

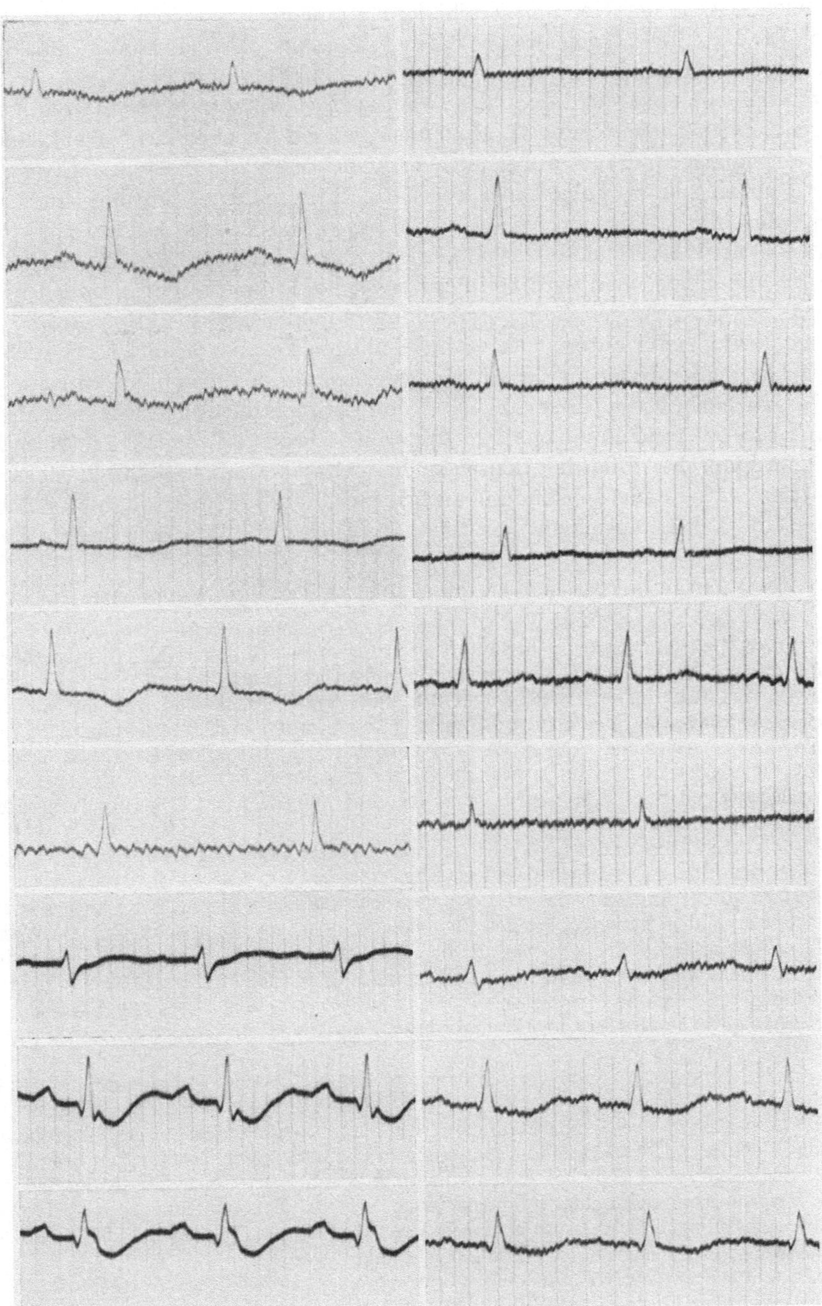

Abb. 14. Das Kollaps-Ekg (Coronarinsuffizienz beider Coronararterien bei Koma und Kollaps).

oder geringerer Volthöhe und muldenförmigem Verlauf des S-T-Stückes eine Änderung der Erregungsform eine Rolle zu spielen vermag. Ein Beweis, *ob* es so ist — nach den SCHÜTZschen Untersuchungen müßte man schon sehr erhebliche Grade der Herzmuskelschädigung annehmen — oder ob diese Ekgs ebenfalls den Ekgs ,,beigemischter monophasischer Aktionsströme" im Sinne von SCHÜTZ zu subsummieren sind, ist nicht zu erbringen.

Zusammenfassend wird man also *einseitige Erregungsverspätungen*, somit vorwiegend Reizleitungsstörungen, annehmen müssen bei mehr der Schenkelblockform angenäherten Ekgs, wobei noch nicht bewiesen ist, daß diese Erregungsverspätungen immer Folge einer coronaren Durchblutungsstörung sind, man wird beim *Infarkt-Ekg* und bei *allen Senkungen und Erhebungen von S-T* (ohne HIGH-VOLTAGE-Ekg) lokale Ischämien mit Verletzungsströmen im Sinne von SCHÜTZ annehmen, man wird bei den *reversiblen Senkungen* von T transitorische Durchblutungsstörungen (mit Beimischung monophasischer Aktionsströme zum normalen Ekg?) vermuten, man wird bei einigen Formen (Koma-Ekg) auch die Möglichkeit einer Änderung der Erregungsform erwägen müssen. Im ganzen: man wird versuchen müssen, diese möglichen und tierexperimentell erwiesenen Mechanismen des Zustandekommens von Änderungen von S-T und T im Einzelfalle mit dem klinischen Bild des Menschen, bei dem ein ähnliches oder gleiches Ekg registriert hat, in eine Verbindung zu bringen. Sehr oft lautet dann der Schluß so, daß die Erklärungsmöglichkeit dieser beobachteten Ekgs eine mehrfache ist.

Zusammenfassend ergibt sich etwa folgende Übersicht:

I. Senkungen von S-T und neg. T unabhängig von anoxämischen Vorgängen.
1. Die S-T-Senkungen bei ventrikulären Extrasystolen des linken oder rechten Herzens.
Erklärung. Abnormer Erregungsablauf, Erregungsleitungsänderung.
2. Die S-T-Senkungen bei Schenkelblock und Verzweigungsblock, bekannt aus alten Durchschneidungsexperimenten der Schenkel (ROTHBERGER und WINTERBERG).
Erklärung. Abnormer Ablauf der Erregungsleitung. Bei manchen Fällen von Verzweigungsblock ist es allerdings zweifelhaft, wieweit die S-T-Senkung auf abnorme Erregungsleitung oder auf Myokardschädigung mit gleichzeitiger Durchblutungsstörung bezogen werden muß.
3. S-T-Senkungen und neg. T_I bei starker Hypertrophie eines Ventrikels, wobei das Ekg sich den Bildern des Schenkelblock-Ekgs nähert.
Erklärung. Veränderung der Reizleitungsgeschwindigkeit (?) und der Länge des Reizleitungsweges in dem hypertrophischen Ventrikel (vgl. dagegen die Anschauung von WEBER).
II. Senkungen von S-T und neg. T, die vielleicht unabhängig von einer Anoxämie sind.
1. S-T-Senkungen bei Giftwirkung. Digitalis-Ekg, vielleicht Ekg im Koma, Kochsalzentziehung.
Erklärung. Nach SCHELLONG kommt unter Umständen eine Änderung der Erregungsform als Deutung in Frage.
2. S-T-Senkungen bei endokrinen Störungen. Ekg bei Tetanie, ADDISONscher Krankheit, Myxödem.
Erklärung? wie oben. Mitbeteiligung der Coronarien nicht erwiesen. Therapeutisch oft durch endokrine Präparate oder Änderung der Ionenzusammensetzung zu beeinflussen.
3. Senkungen von S-T bei Arbeitsbelastung, nach SCHWINGEL zu deuten als Folge einer Vergrößerung des Schlagvolumens (nach WEBER: Sauerstoffhunger des Myokards, also coronarbedingt). Die Deutung durch Vergrößerung des Schlagvolumens würde eher in Richtung einer Änderung der Erregungsleitung liegen.
III. Senkungen von S-T, die sicher Ausdruck einer anoxämischen Durchblutungsstörung des Myokards sind.
1. Ekg bei akutem a.-p.-Anfall, relative Coronarinsuffizienz bei Belastung, Coronarspasmen nach Trauma, Nicotin, Unterdruckkammerversuch, Höhenflug, CO-Vergiftung, Kollaps usw.
Erklärung. Monophasische Deformierung durch Verletzungsstrom im physiologischen Sinne nach SCHÜTZ.
2. Ekg bei chronischer Coronarinsuffizienz, bei Coronarsklerose, Coronarlues, Endarteritis der Coronarien, bei relativer Coronarinsuffizienz der Herzfehler, der Hypertonie.

Erklärung. Vielleicht dauernd anoxämisch veränderter Zustand des Herzmuskels mit dauernd vorhandenen Verletzungsströmen im Sinne von SCHÜTZ, Erklärung unsicher, vielleicht auch wie IV zu erklären.

IV. Senkungen von S-T und T, die wahrscheinlich auf Veränderungen der Erregungsleitung durch Anoxämie eines Herzteils beruhen.

1. Die linksseitige Coronarinsuffizienz bei Hypertonien usw.

Erklärung. Nach WEBER einseitige Erregungsverspätung durch anoxämische coronarbedingte Schädigung des Herzmuskels.

2. Die rechtsseitige Coronarinsuffizienz, z. B. der Mitralstenose.

Erklärung. Nach WEBER wie beim linken Herzen.

Hinzutreten zu III die sicher durch Beimischung von Verletzungsströmen zu deutenden Erhebungen und Senkungen von S-T beim Infarkt.

IX. Kapitel.

Das Ekg der Coronarerkrankungen: Lokalisation des Myokardinfarktes.

Prinzipiell muß man feststellen, daß eine klinische Lokalisation aus dem Symptomenkomplex in den wenigsten Fällen möglich ist. Vielleicht kann man sagen, daß beim linksseitigen Infarkt das klassische Bild der Enge und Beklemmung auf der Brust und das Ausstrahlen in den linken Arm häufiger ist, daß schmerzlose Fälle seltener sind, daß ein Lungenödem unmittelbar nach dem Infarkt mehr für linksseitigen Coronarverschluß spricht. Ebenso ist das perikarditische Reiben am linken Herzrand für Vorderwandinfarkt sprechend. Demgegenüber verläuft der Hinterwandinfarkt oft mehr larviert, unter akuten abdominalen Beschwerden. Projektion des Schmerzes in die Speiseröhre, starke Gasbildung und Durchfälle, akute Leberschwellung nach dem Anfall sprechen für Hinterwandinfarkt. Das Röntgenbild vermag — sofern überhaupt eine Frühaufnahme in Frage kommt — meist nichts auszusagen, es sei denn, daß das Bild der akuten Stauungslunge als mehr für Vorderwandinfarkt sprechend sichtbar ist.

Ferner ist zu sagen: Die herdförmige Nekrose von Teilen des Herzmuskels kann elektrokardiographisch zum Ausdruck kommen

1. als Muskelverletzungsstrom, als Beimischung monophasischer Aktionsströme zum normalen Ekg im Sinne von SCHÜTZ.

2. Als Störungen der Reizbildung oder Reizleitung, die unter Umständen die muskulär bedingten elektrokardiographischen Erscheinungen gänzlich überdecken oder aber sich ihnen zugesellen können.

Wenn wir die einzelnen Abschnitte des Herzens und die einzelnen Teile der Reizleitungssysteme ins Auge fassen, so werden versorgt von der

Art. coronaria dextra: a) folgende Herzabschnitte: rechter Ventrikel (Ram. descendens und Ram. circumflexus). Hinterer Teil des Septum interventr. (Ram. septi ventr.). Teil der Hinterwand des linken Ventrikels (Art. descendens post.). (Art. septi fibrosi.) — Muscul. papill. ant. des rechten Ventrikels (teilweise), Muscul. papill. post. et med. rechter Ventrikel, Muscul. papill. post. linker Ventrikel (z. kleinen Teil).

b) Folgende Abschnitte des Reizleitungssystems: Sinusknoten (Art. septi fibrosi, HAAS und GROSS; Art. ventr. necteur GERAUDEL). — ASCHOFF-TAWARA-Knoten. — Stamm des HISschen Bündels. — Hinterer Teil des linken Schenkels des HISschen Bündels.

Art. coronaria sinistra: a) Folgende Herzabschnitte: Linker Ventrikel, Vorder- und Seitenwand (Ram. descendens und Ram. circumflexus). Vordere Hälfte des Septum interventricul. — Rechter Ventrikel, streifenförmiger Abschnitt an der Vorderwand längs der Kammerscheidenwand. — Muscul. papill. ant. rechter Ventrikel (teilweise). — Muscul. papill. ant. linker Ventrikel. — Muscul. papill. post. linker Ventrikel (teilweise).

b) Folgende Abschnitte des Reizleitungssystems: Rechter Schenkel des Hisschen Bündels (einzige Blutversorgung!). (Ram. Limbi dextri von Gross.) — Linker Schenkel des Hisschen Bündels, vordere Partien. Feinere Verzweigungen des Reizleitungssystems.

Aus dieser Übersicht lassen sich die elektrokardiographischen Erscheinungen des Verschlusses eines dieser Gefäße weitgehend herleiten, d. h. wir haben aus einer großen Reihe von vergleichenden Untersuchungen gelernt, bestimmten Ekg-Formen bestimmte Lokalisationen des Myokardinfarktes zuzuordnen.

Der Verschluß der *Art. coronaria dextra* — meiner Ansicht nach die häufigste des Coronarverschlusses, wenn mir auch eine genaue statistische Bearbeitung meines Materials durch die Kriegsverhältnisse zur Zeit unmöglich gemacht worden ist und eine Überschlagsstatistik für Vorderwand- und Hinterwandinfarkte ein etwa gleich häufiges Vorkommen zeigt — lokalisiert sich nach den Untersuchungen von Weber, Büchner und Haager gewöhnlich im Anfangsteil des Stammes der Arterie — jedenfalls gilt das für die atherosklerotische Thrombose. Das Nekrosegebiet umfaßt die basale Hinterwand des Herzens, vorwiegend des rechten Herzens, aber auch bis zur Hinterwand des linken Ventrikels übergreifend. Diesem Hinterwandbasisinfarkt entspricht nach Barnes und Whitten der von Parkinson und Bedford aufgestellte Typ T_{III} des Ekgs, wie er schematisch in Spalte 4 der Abb. 41 dargestellt ist. Hohe kuppelförmige Welle (Pardee) in Abl. III, erhöhter Ansatz des S-T-Stückes im absteigenden Schenkel von R. Demgegenüber in Abl. I die umgekehrten Veränderungen: Senkung des S-T-Stückes. Hochrein weist darauf hin, daß dieses gegensinnige Verhalten Abl. III und Abl. I, wobei der Erhöhung von $S\text{-}T_{III}$ eine Senkung von $S\text{-}T_{I}$ entspricht, absolut charakteristisch für das Bild des Infarktes ist und nicht durch andere Prozesse, etwa Perikarditis oder Lungenembolie vorgetäuscht wird. In der Tat ist die Diagnose des Hinterwandinfarktes bei typischem T_{III}-Befund des Ekgs eine wohl 100%ige. Die Bedeutung der tiefen Q_{III}-Zacke wird von Weber, Büchner und Haager nicht absolut anerkannt — sie findet sich nach meinen Erfahrungen in fast allen Fällen von Hinterwandbasisinfarkt, wenn auch verschieden stark ausgebildet. Ob allerdings allein aus einem tiefen Q_{III} — das nach einem überstandenen Hinterwandinfarkt nicht mehr rückbildungsfähig ist und zu verbleiben pflegt — auf einen durchgemachten Hinterwandinfarkt geschlossen werden darf, ist noch sehr fraglich. Der weitere Verlauf des Hinterwandinfarktes geht aus Spalte 5 Abb. 41 hervor. Ich verfüge allerdings über einen Fall — dem einzigen — wo das Bild des frischen Hinterwandinfarktes mit tiefem Q_{III} und hoher Pardeescher Welle monatelang unverändert bestehen blieb (Muskelabsceß?). Papillarmuskelnekrosen und -abrisse sind bei Hinterwandinfarkten im rechten Ventrikel nicht ganz selten.

Die *Thrombose der Art. coronaria sinistra* sitzt demgegenüber meist nicht im Stamm des Gefäßes, sondern im Ram. descendens, und zwar in seinem oberen Teil unmittelbar nach seiner Abzweigung. Das Infarktgebiet kann ein mehr oder weniger großer Teil der Vorderwand des linken Ventrikels sein, es kann sich aber auch auf die ganze Vorderwand erstrecken, die Herzspitze miteinbeziehen

— die später in vielen Fällen Sitz des sich entwickelnden Herzaneurysmas wird —
und es kann endlich weitgehend die vordere Hälfte des Ventrikelseptums

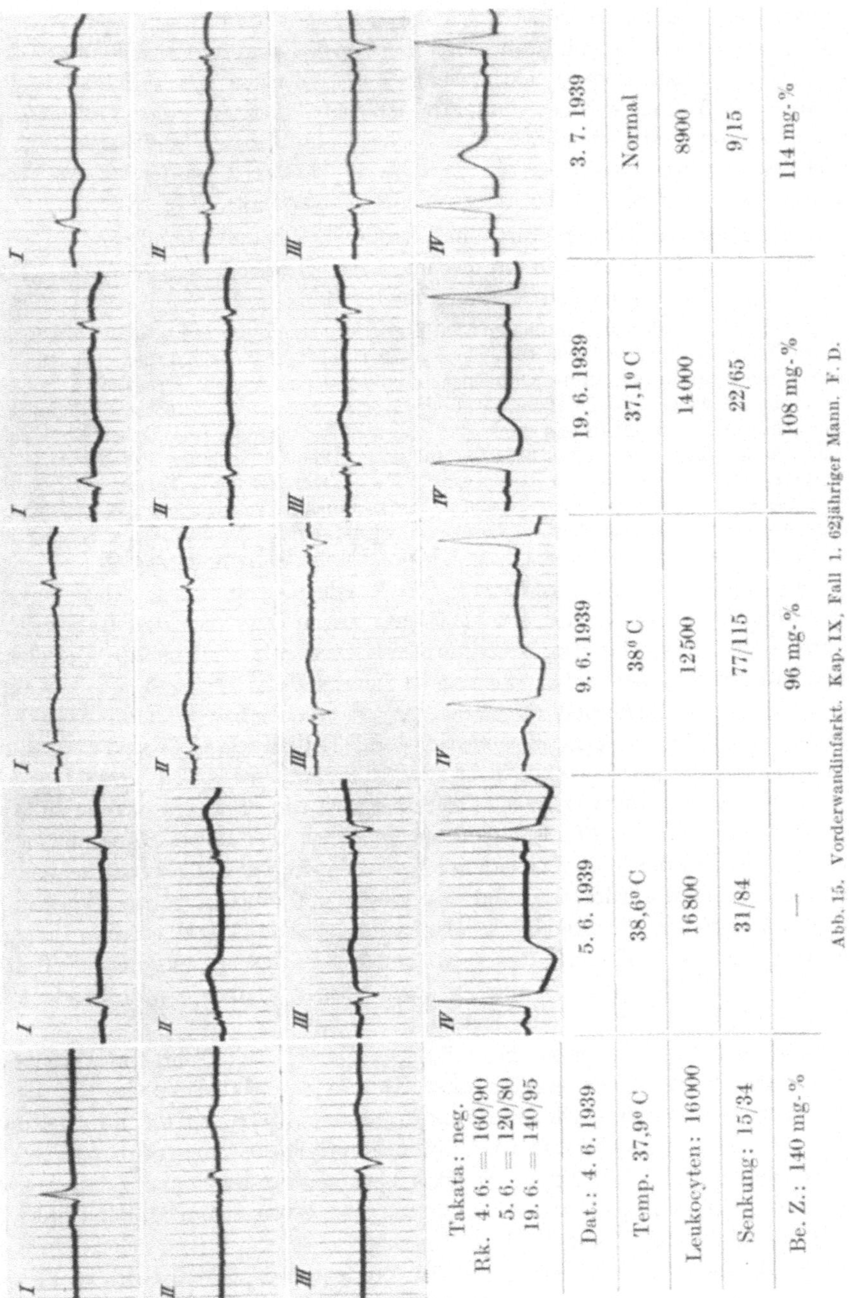

Abb. 15. Vorderwandinfarkt. Kap. IX, Fall 1. 62jähriger Mann. F. D.

miteinbeziehen. Reizleitungsstörungen des von der linken Kranzarterie versorgten
rechten Schenkels des Hisschen Bündels sind dabei relativ häufig, wogegen der

linke Schenkel wegen seiner doppelten Versorgung weniger empfindlich ist. Papillarmuskelnekrosen und -abrisse sind links seltener als rechts. Das charakteristische Ekg des Vorderwandspitzeninfarktes bei Verschluß des Ram. descendens der Art. coron. sinistra ist der T_I-Typ von BARNES und WHITTEN, d. h. coronare Welle in Abl. I mit Erhöhung von S-T und entsprechender Senkung von S-T$_{III}$. Dazu kommt als wesentliches Symptom die Verkleinerung der R-Zacke in Abl. I, weniger eindeutig ist das Auftreten einer vertieften Q_I-Zacke, während die vertiefte Q_{III}-Zacke beim Hinterwandbasisinfarkt ein meist konstanteres Symptom ist. In Abb. 41, Spalte 2 ist der frische Vorderwandinfarkt, in Spalte 3 der ältere Vorderwandinfarkt aufgezeichnet.

Der nachstehend aufgeführte Fall stellt in seinem Ablauf und in seinen klinischen und elektrokardiographischen Erscheinungen den geradezu „klassischen" Typ des Vorderwandspitzeninfarktes dar.

1. F. D. Es handelt sich um einen 62jährigen Amtmann, der am 4. 6. 39 aufgenommen wurde. Anamnestisch 1913 „nervöse Herzbeschwerden", 1918 Gelenkrheumatismus. 1938 im Frühjahr Beschwerden in der Gallengegend und mit dem Magen. Druckgefühl, schlechte Verdauung. Etwa seit 1 Jahr Druckgefühl am Herzen und zuweilen leichte Beklemmungen. Einen Tag vor der Einlieferung nach Radfahren Leibschmerzen und Durchfall, Übelkeit. Ging trotzdem zum Dienst, bekam aber auf seiner Dienststelle einen Anfall von starkem krampfartigem Schmerz in der Herzgegend. Er ging früher nach Hause, aß Abendbrot und legte sich zu Bett. Nachts intensive Herzschmerzen mit Todesangst und Krampfgefühl auf der Brust, Übelkeit, Erbrechen, Angstschweiß. Ausstrahlende Schmerzen in den linken Arm. Der Arzt gab in der Nacht mehrere Spritzen im Hause.

Man beachte in der Ekg-Kurve: Die Verkleinerung von R_I, das Auftreten der coronaren Welle in Abl. I und II erst am 2. Tag der Hospitalaufnahme, während am 1. Tag das Ekg noch durchaus uncharakteristisch ist. Die elektrokardiographischen Zeichen erscheinen in diesem Falle also erst am 3. Tag der Erkrankung mit Sicherheit nachweisbar. Wahrscheinlich wäre in Abl. IV der Infarkt schon früher zu erfassen gewesen — das Fehlen von Q IV und die Senkung von S-T$_{IV}$ ist immerhin schon sehr ausgesprochen, wo Abl. I und II erst beginnende Veränderungen zeigen. Der Übergang der coronaren Welle in Abl. I und II in die negative Finalschwankung in Abl. I und II bei allmählicher Senkung von S-T wieder in das Niveau der Nullinie geht aus den Kurven hervor. Die Abl. III ist beim Vorderwandinfarkt unverändert und im ganzen Verlauf des Infarkts wesentlich gleichbleibend. Dagegen zeigt Abl. IV sehr gut den Übergang der Senkung von S-T$_{IV}$ und des negativen T_{IV} in das isoelektrische S-T-Stück und die umgekehrte, d. h. in diesem Falle positiv werdende auffallende spitze T-Zacke (Abb. 15 der vorigen Seite).

Aus den klinischen Daten beachte: Der Verlauf der Temperaturkurve mit einem Anstieg auf 38,6° C axillar am 3. Infarkttage, dabei Anstieg der Leukocytenwerte auf 16800. Die Blutsenkung erreicht erst später ihr Maximum (am 7. Infarkttage), während die Blutzuckererhöhung nur vorübergehend am Aufnahmetag und in geringem Ausmaß nachweisbar ist. Takata negativ, RR 140/80 mm Hg, Wa.R. negativ. Röntgenologisch etwas schlaffes, nach links verbreitertes Herz mit 15 cm Trsdm.

Schenkelblock ist wie gesagt, beim Vorderwandspitzeninfarkt nicht ganz selten, während paroxysmale Tachykardien, Vorhofflimmern und ADAM-STOKESscher Komplex mehr der Symptomatologie des Hinterwandbasisinfarktes angehören. Dagegen finden sich Knotungen und Veränderungen im QRS-

Komplex, Verlängerung von QRS und von Q-T, also Veränderungen, die auf eine diffuse Myokardschädigung hindeuten, nicht ganz selten beim Verschluß des vorderen Ram. descendens als Hauptgefäß des muskelkräftigen linken Ventrikels. — WEBER, BÜCHNER und HAAGER obduzierten einen Fall dieser Art, dessen Ekg im übrigen wenig typisch war. Auch der Aborisationsblock ist vorwiegend ein Symptom des linksseitigen Coronarverschlusses (s. unten).

Der Verschluß des *Ram. circumflexus* der Art. coronaria sinistra ist erheblich seltener als der Verschluß des absteigenden Astes. Der Infarktbezirk liegt im basalen Teil der Herzhinterwand. HOCHREIN glaubt, mit einer gewissen Häufigkeit ein „Fehlen eines deutlichen Q-Punktes" zu finden, wobei von der P-Zacke das Ekg in einer bogenförmigen Linie zur R-Zacke ansteigt. Im Gegensatz zum Bild des Verschlusses des Ram. descendens kann beim Verschluß des Ram. circumflexus S-T in Abl. I gesenkt sein, dementsprechend S-T in Abl. III erhöht

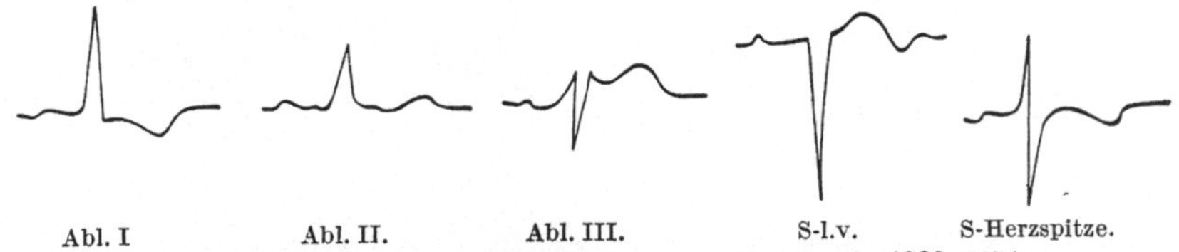

Abl. I   Abl. II.   Abl. III.   S-l.v.   S-Herzspitze.

Abb. 16. (Aus HOLZMANN: Verh. dtsch. Ges. Kreislaufforsch. **1939**, 207.)

abgehen und oberhalb der Nullinie liegen, ein Ekg, das also dem des Hinterwandinfarktes ähnelt. BARNES und WHITTEN, sowie BALL haben schon einen Mittelinfarkt vom Vorderwandspitzen- und Hinterwandbasisinfarkt abgetrennt und ihn auf einen Verschluß des linken Ram. circumflexus bezogen. FALEIRO und später HOLZMANN haben sich um seine nähere Kennzeichnung bemüht. Es handelt sich um eine relativ prognostisch günstige Form des Infarktes, der mit einer Serie gehäufter Anfälle von Angina pectoris statt einem schweren Status anginosus einhergeht und meist zur baldigen Besserung und Ausheilung führt.

Ich gebe obenstehend (Abb. 16) die Nachzeichnung des Ekgs eines der wenigen zur Obduktion gekommenen Fälle, der von HOLZMANN beschrieben wird. In Abl. I findet sich Senkung von S-T mit tiefer negativer Finalschwankung, in Abl. III triphasischer Ventrikelkomplex mit hohem Abgang von S-T und hohem T_{III}, ein Ekg, das man eher als Hinterwandinfarkt deuten würde oder wegen des nach unten konkaven S-T-Stückes als Perikarditis-Ekg, wenn man allein Abl. III berücksichtigen würde. Bei der Abl. Sammelelektrode = linker Sternalrand am Ansatz der 5. Rippe ergibt sich eine fehlende R-Zacke, dagegen bei Abl. Sammelelektrode = Herzspitze hohe R-Zacke und negative T-Zacke. Die beiden Ableitungen scheinen mit den genannten Befunden die Diagnose des Mittelinfarktes nach FALEIRO und nach Bestätigung von HOLZMANN zu ermöglichen, wobei letzterer den Mittelinfarkt in diesen Fällen als supraapikalen Vorderwandinfarkt nachweisen konnte und ihn von den seitlich gelegenen bzw. mehr basal gelegenen Mittelinfarkten und den Lateralinfarkten, wie WORD und WOLFERTH und BELLERS sie beschrieben haben, abgetrennt wissen will. Ein von HOCHREIN abgebildeter Fall von Verschluß des Ram. circumflexus der linken Kranzarterie zeigt ebenfalls in Abl. I tiefe Senkung von S-T mit spitzem, tiefem T_I in Abl. II Aborisationsblock mit kleinen Kammerkomplexen, in Abl. III tiefes S_{III} mit hohem Abgang des S-T-Stückes.

Der alleinige Verschluß des *Ram. anterior* bzw. *descendens* der rechten Kranz-
arterie ist selten und führt zur Nekrose der Vorderwand des rechten Ventrikels.
Im Ekg, so weit bekannt, ein wenig charakteristisches Bild, ähnlich dem des
Hinterwandbasisinfarktes. Beim alleinigen Verschluß des *Ram. posterior* der
rechten Kranzarterie ist der Sitz der Nekrose die Hinterwand des rechten und
des linken Ventrikels. Im Ekg Bild des Hinterwandinfarktes mit häufiger
Beteiligung des Septums, also Störungen im linken Teil des Hısschen Bündels.
Da isolierte Thrombosen des Ram. post. der rechten Coronarie relativ selten

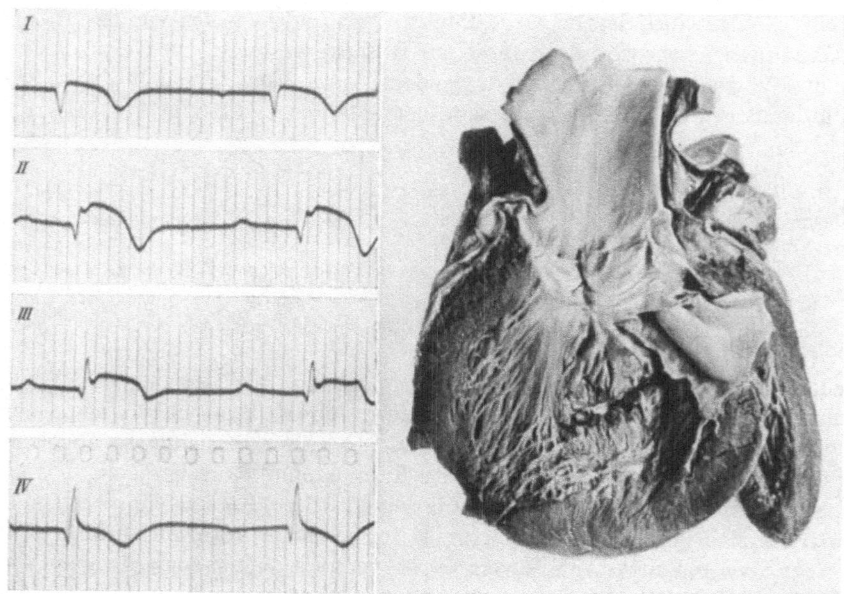

Abb. 17. Fall Wild. Heinr. 60 Jahre. Kap. IX, Fall 2. Thrombose r. Cornararterie. Ram. posterior. Myomalacie.
und Perforation der Hinterwand des l. Ventrikels. Der breite Einriß an der Hinterwand des l. Ventrikels
ist deutlich sichtbar.

sind, sei im folgenden ein Fall mit Ekg und Obduktionsbefund wiedergegeben,
der sowohl wegen seiner Anamnese, als wegen des klinischen und pathologischen
Befundes interessant ist (Abb. 17).

2. W. H., 60 Jahre, aufgenommen in kollabiertem Zustand am 31. 5. 39. Chirurgische
Abteilung.

Von den Anverwandten konnte nachträglich folgende Vorgeschichte erhoben werden:

Am Freitagabend, dem 26. 5. 39 hatte W. beim Abendessen plötzlich das Gefühl, als
ob etwas im Halse stecken geblieben sei. Es trat gleich starker Hustenreiz auf. In der
Magengegend verspürte er bald einen Schmerz. Nachts schlief er sehr unruhig und äußerte
immer Magenschmerzen. Am Samstag nahm er zur besseren Lösung des Hustens Lakritz.
Pfingstsonntag und -montag (28., 29. 5. 39) fühlte er sich wieder wohl und trank sogar am
Montag abend $^1/_2$ Liter Bier. Am Dienstagnachmittag (30. 5. 39) klagte er wieder über
Magenschmerzen. Gegen Abend wurden die Schmerzen so stark, daß er sich vor Schmerzen
auf den Boden legen mußte. Der hinzugezogene Arzt hatte Tabletten verordnet, die ohne
Wirkung waren. Am Mittwochmorgen (31. 5. 39) wurde Dr. K. zugezogen, der eine Spritze
machte. Am Nachmittag trat erstmalig Erbrechen auf. Gegen 15 Uhr trat Blässe, kalter
Schweißausbruch auf, ferner Atemnot und Frostgefühl. Am Spätnachmittag wies der Arzt
ihn wegen Verdacht auf perforiertes Magengeschwür ein.

Nicotin. 3—4 Zigarren pro die, Alkohol: mäßig.

Befund. Der chirurgische Assistent hielt auf Grund des Befundes eine Perforation für unwahrscheinlich, glaubte vielmehr, daß es sich um einen Herzinfarkt handeln könnte. Der hinzugezogene internistische Assistent erhob kurz folgenden Befund:

Stark cyanotischer Mann, Extremitäten kalt, feuchter Schweiß auf der Stirn, Puls an der Radialis *nicht* tastbar, nur an der Carotis tastet man etwa 60 Pulse/min. Blutdruck kaum meßbar, bei 55 mm Hg glaubt man leise Töne zu hören. Leib weich, Magengegend druckschmerzhaft. Acetongeruch, aber im Harn ließ sich kein Zucker oder Aceton nachweisen.

Nach subcutanen Sympatolgaben (3 ccm) wird für kurze Zeit auch der Radialispuls fühlbar. Gegen 21^{45} Uhr wurde ein Ekg angefertigt, das deutlich Veränderungen wie bei Hinterwandinfarkt erkennen ließ. Darauf wurden i. v. 0,25 Strophanthin + Traubenzucker (35%) gegeben. Danach hat man für eine Stunde den Eindruck einer Besserung des Kreislaufs (Rückgang der Cyanose, bessere periphere Durchblutung, Radialispuls besser gefüllt), aber trotz reichlicher Gaben Analeptica erfolgt gegen 2^{40} Uhr der Exitus.

Ekg. Schlagfolge regelmäßig, Pulsfrequenz zwischen 60 und 70.

Abl. I. P-Zacke klein und invertiert. Tiefe Q_I-Zacke bei fehlendem R und S. Von der Q_I-Zacke aus geht die Kurve in eine über der Nullinie liegende bogenförmige Erhebung über (S-T-Stück eleviert), der ein neg. spitzes tiefes T_I folgt.

Abl. II. P positiv, Überleitungszeit mit 0,31 Sek. deutlich verlängert. Tiefes Q_{II}, R-Zacke angedeutet. Dann hohe, über die Höhe von R hinaufgehende bogenförmige ,,coronare Welle'' mit hoch über der Nullinie liegendem S-T-Stück. Übergang in eine neg. tiefe spitze T_{II}-Zacke.

Abl. III. P_{III} positiv. Q_{III} angedeutet. R vorhanden. Im absteigenden Schenkel von R setzt eine ,,coronare Welle'' an mit hohem S-T-Stück und leicht neg. T_{III}.

Abl. IV. Neg. T_{IV}. Q_{IV} erhalten. R_{IV} am höchsten von allen Ableitungen. Bogenförmiger Übergang von R in das S-T-Stück mit breiter neg. T_{IV}-Zacke.

Dem Ekg nach handelt es sich um einen atypischen vorwiegend an der Hinterwand lokalisierten scheinbar ausgedehnten Infarkt.

Obduktion. 2. 6. 39 10 Uhr vorm. (Pathologisches Institut der Universität Köln, ausgeführt Dr. HESSE). Arteriosklerose der Kranzschlagader des Herzens mit Atherombildung im rechten querverlaufenden Ast und Verschluß der Lichtung. Fünfmarkstückgroßer anämischer Infarkt an der Hinterwand der linken Kammer mit myomalacischer Erweichung und Einriß der linken Herzkammer. Subepikardiale Blutung im Infarktbereich. Akute Dilatation der linken Herzkammer an der Ausflußbahn, allgemeine Stauung der Organe. Diffuse katarrhalisch-eitrige Bronchitis mit bronchopneumonischen Herden in beiden Lungenunterlappen. Spitzen- und Randemphysem beider Lungen. Pyelonephritische Schrumpfniere rechts mit Obliteration des rechten Nierenbeckens und Ureters. Kompensatorische Hypertrophie der linken Niere. Zahlreiche kleinste Schleimhauterosionen im unteren Drittel des Magens. Fibrose und Struma kolloides cystica des rechten Schilddrüsenlappens.

Für den Verschluß des *Ram. septi* gibt HOCHREIN an, ein Ekg ähnlich dem im Anfangsstadium eines Verschlusses des Ram. descendens der linken Coronarie gefunden zu haben, dabei in Abl. II einen tiefen wellenförmigen Abgang von T.

Eine besondere klinische Bedeutung haben diese Verschlüsse kleinerer Coronargefäße nicht — abgesehen vielleicht davon, daß sie prognostisch günstiger sind, z. B. der Mittelinfarkt — als der Verschluß der Hauptstämme. Darüber hinaus ist zu sagen, daß keineswegs immer nur *ein* Ast oder ein Gefäß von einer Thrombose betroffen sein kann, sondern gar nicht selten Infarktherde an verschiedenen Stellen des Herzens gleichzeitig oder kurz nacheinander auftreten — wie aus dem pathologisch-anatomischen Befund ohne weiteres ersichtlich ist. Auch im Ekg sieht man nicht selten einen Wechsel der Lokalisation, etwa daß ein Patient im ersten Anfall mit dem Bild eines Vorderwandinfarktes zur Behandlung kommt und nach dem nächsten Anfall das Ekg des Hinterwandinfarktes bietet (Abb. 24, Spalte 3). Jede Coronarthrombose disponiert zu erneuten Thrombosen in anderen Herzgefäßen, schon weil an die anderen Gefäße erhöhte Anforderungen gestellt werden. Das Bild multipler Infarkte ist pathologisch-anatomisch beinahe häufiger, als das Bild des einmaligen, sehr ausgedehnten Infarktes.

Eine neuartige Methode zur Lokalisation des Infarktsitzes auf elektrokardiographischem Wege hat neuerdings SCHELLONG gegeben — die *Vektordiagraphie* vermag vielleicht in Zukunft den Weg zu einer schärferen Lokaldiagnose des Infarktes zu eröffnen, weshalb sie hier kurz gekennzeichnet sei:

Die von SCHELLONG erstmalig auf dem Kongreß für Innere Medizin im Jahre 1936 vorgetragene Methode der Vektordiagraphie geht von folgenden Überlegungen aus: Beim normalen Ekg läßt sich nach dem EINTHOVENschen Dreieckschema in jedem Augenblick bei einer Ableitung die manifeste Potentialdifferenz im Herzen in ihrer Größe darstellen, indem man das Lot auf die Verbindungslinie zweier Ableitungsstellen fällt. Umgekehrt läßt sich aus den drei so erhaltenen Strecken bzw. aus den im Ekg aufgezeichneten Potentialdifferenzen in jedem Augenblick die im Herzen herrschende Potentialdifferenz nach Größe und Richtung rekonstruieren. Diese Potentialdifferenz ändert dauernd ihre Richtung, sie führt eine Drehung aus, der manifeste Vektor ändert sich in gesetzmäßiger Weise. Die Darstellung der manifesten Potentialdifferenz mußte dann direkt möglich sein, wenn es gelang, zwei Ableitungen, aus denen sich nach dem EINTHOVENschen Schema die Dritte gesetzmäßig ergibt, gleichzeitig in einem Registrierinstrument zu verzeichnen. Die Möglichkeit ergab sich in gemeinsamen Versuchen mit HELLER aus der Verwendung des BRAUNschen Rohres, dessen Lichtpunkt beliebig in allen Richtungen einer Ebene, nicht nur wie bei der bisherigen Registrierung in einer Richtung, ablenkbar ist. Der durch zwei gleichzeitige Ableitungen bewirkte Ausschlag des Lichtpunktes in jedem Moment stellt also direkt die Richtung und Größe der Potentialdifferenz am Herzen, den manifesten Vektor dieses Augenblickes dar. Das gilt für die Darstellung in einer Ebene. Will man zur räumlichen Darstellung der Potentialdifferenz einer Herzrevolution kommen, so muß man die gleiche Aufnahme des manifesten Vektors in einer zweiten, zur ersten senkrechten Ebene vornehmen. Aus diesen beiden auf stehender photographischer Platte in der frontalen wie in der sagittalen Ebene aufgenommenen Vektordiagrammen läßt sich dann ein räumliches Bild des Ablaufs der Herzpotentiale geben. Die Schwierigkeit, die Vektordiagramme bei Aufnahmen in zwei aufeinander senkrechten Ebenen anschaulich zu einem Bilde zu vereinigen, veranlaßte SCHELLONG eine andere und die einzige mögliche Methode der anschaulichen Darstellung eines nach Lage der Dinge nun einmal räumlichen Vorganges zu wählen, nämlich die stereoskopische Darstellung. Danach mußte die Aufnahme in der sagittalen, senkrechten Ebene abgeändert werden. Das Vektordiagramm zur stereoskopischen Darstellung wird für das rechte Auge abgeleitet aus den Ableitungsstellen: rechtes Schlüsselbein — linke Schulter, zum linken unteren Rippenbogen, also 2 Ableitungen in frontaler Ebene. Für das linke Auge ist gewählt: rechtes Schulterblatt — linke Schulter, linker unterer Rippenbogen, also 2 Ableitungen in einer gewissermaßen nach rückwärts bis zum spitzen Winkel herüber geklappten Sagittalebene. Die Bilder sind damit stereoskopisch zu betrachten. Die obere Abbildung (Abb. 18) zeigt die beiden für das rechte und linke Auge bestimmten, zwecks räumlicher Erfassung des manifesten Vektors stereoskopisch zu betrachtenden Vektordiagramme. Die kleinste Schleife dicht am Nullpunkt stellt die P-Zacke dar, die große Schleife entspricht dem QRS-Komplex, die mittlere stärker gezeichnete Schleife der T-Zacke. Es läßt sich stereoskopisch erkennen, daß die QRS-Schleife in einer Ebene verläuft, die von links vorne nach rechts hinten liegt. Die darunter stehende Abbildung, die ich gleichfalls der Liebenswürdigkeit des Herrn Professor SCHELLONG verdanke, zeigt, daß bei dem hier vorliegenden Fall eines frischen Coronarinfarktes die QRS-Schleife nicht in einer Ebene verläuft, sondern in sich spitzwinkelig abgebogen ist und eine Einbuchtung zeigt. Dieses Verhalten bezeichnet SCHELLONG als Allodromie, d. h. es besteht

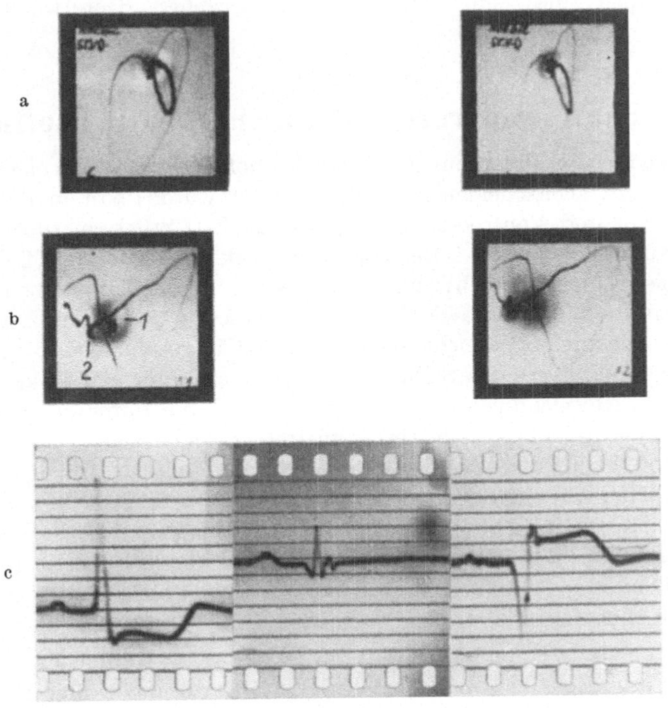

Abb. 18 a—c. Die Vektordiagraphie des Coronarinfarktes. (Nach SCHELLONG.)

eine Störung bzw. ein Umweg bei der intraventrikulären Erregungsausbreitung. Für die Lokalisation des Infarktes ist die Stelle wichtig, an der der Lichtpunkt während des S-T-Stückes verweilt. Diese Stelle ist mit 2 bezeichnet, sie liegt von dem Nullpunkt 1 gesehen, ein wenig nach rechts, d. h. in der rechten Körper· seite, sie liegt etwas nach unten und sie liegt auch bei der stereoskopischen Betrachtung ein klein wenig nach hinten. Wenn man den Nullpunkt 1 des Vektordiagramms (VKG) als in der Mitte des Herzens gelegen annimmt, so würde man den Sitz dieses elektrisch unerregten Gebietes dadurch erhalten, daß man vom Nullpunkt eine Linie auf diesen Punkt 2 des S-T-Stückes zieht. Daraus würde sich ergeben, daß der Infarkt dem linken Ventrikel angehört und rechts seitlich liegt. Die Abb. 18 c zeigt von links nach rechts die Abl. I—III des gleichen Falles mit dem EINTHOVEN-Ekg aufgenommen. Das Bild entspricht mit tiefer Senkung von S-T$_\mathrm{I}$, tiefem Q$_\mathrm{III}$ und hoher coronarer Welle in Abl. III dem Bilde, das wir bei der klassischen Elektrokardiographie als Bild des frischen Hinterwandinfarktes deuten würden.

Es ist wahrscheinlich, daß die Methode der Vektordiagraphie von SCHELLONG mit ihrer sehr anschaulichen Darstellung des räumlichen Verlaufs der Herzpotentiale uns einerseits eine genauere Lokalisation des Sitzes des Myokardinfarktes ermöglichen wird, wenn auch autoptische Kontrollen noch nicht in genügender Zahl vorliegen — daß sie andererseits für die theoretische Deutung des klassischen Ekgs bei den Coronarerkrankungen noch von Wert sein dürfte.

In der 1939 erschienenen Monographie von SCHELLONG[1] findet sich auf S. 737 auch ein Beispiel eines einige Monate zurückliegenden Hinterwandinfarktes.

X. Kapitel.

Das Ekg der Coronarerkrankungen: Der Vorhofinfarkt.

Naheliegend ist die Frage, inwieweit der Vorhof als Sitz des Myokardinfarkts in Frage kommt. Entscheidende Veränderungen würde man in der Strecke zwischen Vorhof und Ventrikelkomplex, also im P-Q-Stück zu suchen haben, wenn man von der Ta-Welle — der der Vorhofzacke folgenden, der T-Welle des Kammerkuplexes analogen Schwankung — absieht. In der Tat glauben L. HAHN und R. LANGENDORF, daß die Veränderungen dieses P-Q-Segments, das sie als „erstes Zwischenstück" bezeichnen, in vielen Fällen ähnliche diagnostische Hinweise geben kann wie das S-T-Stück. Sie finden unter 150 Fällen 26 Fälle, bei denen eine Abweichung dieser Strecke besteht, die durchweg nach unten liegt und um als pathologisch bewertet zu werden, den Wert von 0,05 mV im Ruhe-Ekg, von 0,1 mV im Arbeits-Ekg überschreiten müßte. Von den 26 Fällen mit pathologischer Abweichung des P-Q-Stückes sind 9 Fälle Kranke mit Coronarsklerose und Mesaortitis (Abweichungen teils in Abl. I und II, teils in II und III) und ferner 7 Fälle mit Hypertonus (Abweichungen überwiegend in II und III oder auch I, II und III). Andererseits finden sich in diesem Material auch 4 Fälle ohne jeden klinischen Befund.

Tierexperimentelle Untersuchungen von LAMBERT an Kaninchen zeigten bei künstlicher Vorhofischämie im Ekg neben Leitungsstörungen und Heterotopie eine Senkung und oft kuppelförmige Bildung des P-Q-Segments, in einem Fall auch eine Elevation, worauf LANGENDORF hinweist. Eine Differenzierung in Schädigung des rechten oder linken Vorhofes war nicht möglich. Nach Aufhebung der Ischämie waren die Veränderungen reversibel. Amerikanische Autoren, ABRAMSON, FENICHEL und SHOOKHOFF stellten Versuche mit Kauterisation der Vorhöfe an. Beim Kautern des linken Vorhofes trat eine gegensinnige Reaktion in Abl. I und III auf, Erhöhung von P-Q in Abl. I, Senkung in Abl. III. Rechtsseitig waren die Ergebnisse weniger konstant. Die Versuche beweisen uns in der Tat, daß bei Infarkten des Vorhofes Veränderungen im P-Q-Stück zu erwarten sind, die wie beim Kammerinfarkt zum Teil auch das Kriterium der Gegensinnigkeit der Veränderungen in Abl. I und III aufweisen können, wenigstens bei Läsionen des linken Vorhofes. Wenn man bedenkt, wie leicht in den Versuchen von E. SCHÜTZ Senkung und Hebung von S-T durch nur graduell verschiedene Maßnahmen zu erzielen sind, so wird man berechtigt sein, sowohl ein Überschreiten wie ein Unterschreiten der Nullinie als pathologisch anzusehen.

---

[1] SCHELLONG: Grundzüge einer klinischen Vektordiagraphie des Herzens. Berlin: Julius Springer 1939.

Ich beschreibe hier einen Fall, bei dem ich glaube, klinisch die Diagnose eines Vorhofinfarktes stellen zu dürfen:

R. Sp., 42jährig, Offizier, im Weltkrieg 1918 Lungen- und Leberschuß mit Rippenfelleiterung, Empyemoperation, Ausgang in ausgedehnte Verschwartung der rechten Lunge mit vikariierendem Emphysem links. Nachfolgend: Nierenbeckeneiterung. 50% Kriegsdienstbeschädigung. Nach der Reaktivierung 1936 im allgemeinen Wohlbefinden, jedoch stark nervös, ermüdbar, mangelnde Konzentrationsfähigkeit, Schlaflosigkeit, Ende April 1939 unklarer Infekt, Halsschmerzen, als Grippeangina angesehen, nachfolgend unerklärlicher Schwächezustand, die geringste Anstrengung wurde zuviel. Anfälle von Herzklopfen und Beengung der Brust. Verstopfung. Hämorrhoidalblutungen, die sonst nie aufgetreten waren. Mai 1939 Erholungskur. Herzbefund eher verschlechtert nach Bäderbehandlung. Erst nach mehreren Monaten klangen die Beschwerden ab. Keine Herzsensationen mehr, wohl Allgemeinstörungen, Schlaflosigkeit, Depressionen. Blutdruck 130/80 Hg. Blutbild, Urin o. B., Wa.R. neg.

Ekg vom 5. 5. 1939 (s. Abb. 19). In Abl. I findet sich eine Senkung in der P-Q-Strecke, die in der zweiten Hälfte des Segments beginnt und aussieht wie

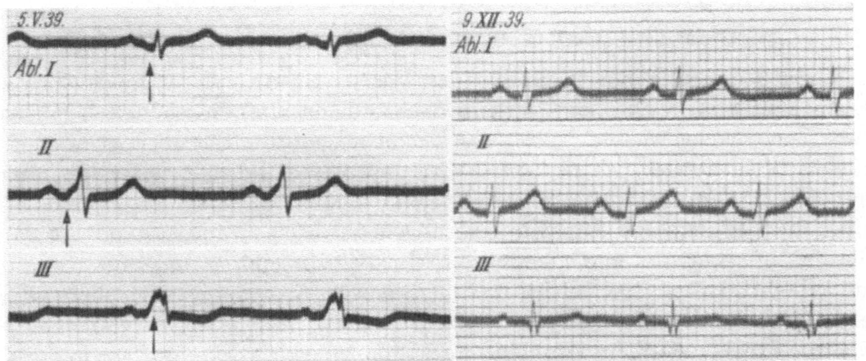

Abb. 19. Frischer Vorhofinfarkt (linker Kurventeil), völlige Rückbildung (rechter Kurventeil).

eine erheblich verbreiterte Q_I-Zacke (etwa wie die S-Zacke beim WILSON-Block des Ventrikelkomplexes). In Abl. II steigt unmittelbar nach dem normalen P_{II} das Zwischenstück P-Q steil und etwas bogenförmig nach unten gerichtet zur R_{II}-Zacke an. Die Überleitungszeit im ganzen ist mit 0,2 Sek. normal. In Abl. III ist die Elevation von P-Q am ausgesprochensten. 0,05 Sek. hinter P_{III} findet sich ein hoher kuppelförmiger Anstieg im P-Q-Stück, ähnlich einer „coronaren Welle", die dann nach einer kurzen Senkung in die R_{III}-Zacke übergeht. $S\text{-}T_{III}$ ist leicht gesenkt, T negativ. Das Ekg wurde als Anlageanomalie aufgefaßt, und es wurde ein sog. KENTsches Bündel, d. h. eine neben dem HISschen Bündel bestehende Zacke muskulärer Verbindung mit dem rechten Vorhof zum Ventrikel verlaufend angenommen[1].

Ekg vom 9. 12. 1939 (rechte Kurve) zeigt vollkommen normale Verhältnisse, abgesehen vielleicht von der lagebedingten Vertiefung von S_{II} und S_{III}.

Dem ganzen Verlauf nach: Akuter Beginn mit tachykardischen Herzanfällen nach Infekt bei alten, schweren intrathorakalen Verwachsungen, Mitbeteiligung des S-T-Stückes (Abl. III vom 5. 5. 39!) also wahrscheinlich Hinterwandinfarkt, Ausbildung einer Art von coronaren Welle, die absolut einem „Verletzungs-

---

[1] Vgl. dazu WEBER: Verh. dtsch. Ges. Kreislaufforsch. **1939**, 59.

strom" entsprechen würde, Gegensinnigkeit der Veränderungen in Abl. I und III, endlich vollkommene Reversibilität nach einigen Monaten scheidet die Annahme einer Anlageanomalie von vornherein aus, und möchte ich einen Vorhof-Hinterwandinfarkt mit großer Wahrscheinlichkeit annehmen.

Leider reicht die vorhandene Literatur nicht aus, um Belege oder Analogien für den Menschen heranzuziehen, die Hinweise durch den Tierversuch sind oben erwähnt. Die fünf in der Literatur publizierten Fälle von autoptisch kontrolliertem Vorhofinfarkt sind zum Teil durch Perikarditis kompliziert, zum Teil ist das Ekg. zu lange vorher aufgenommen, zum Teil sind die Befunde negativ. In einem Fall von FEIL, CUSHING und HARDESTY fand sich Vorhofflimmern, in einem Fall von LANGENDORF findet sich in Abl. II und III Senkung und Treppenbildung des P-Q-Intervalls.

<h2 style="text-align:center">XI. Kapitel.</h2>

Das Ekg der Coronarerkrankungen: Störungen der Reizbildung und Reizleitung.

Gelingt im Ekg der Nachweis des Verletzungsstromes in Form der typischen coronaren Welle oder wird im Vektordiagramm die elektrisch unerregbare Zone nachgewiesen, so ist die Diagnose meist mit großer Sicherheit zu stellen. Schwieriger ist es, wenn Störungen des Reizleitungssystems nicht nur diesen Veränderungen beigesellt sind, sondern als alleinige Manifestation eines durchgemachten Infarkts Störungen im Reizleitungssystem auftreten, die die Infarktsymptome überdecken. Im Prinzip gibt es, um mit HOCHREIN zu reden, „kaum eine elektrokardiographische Anomalie, die nicht durch einen Myokardinfarkt ausgelöst werden kann", angefangen von den einfachen Extrasystolen im Anschluß an kleine Infarktbezirke, die vorübergehend auftreten und bald nach dem Angina pectoris-Anfall wieder verschwinden. Es kann sowohl der große landkartenähnliche massive Infarkt Teile des Reizleitungssystems schädigen, wie der Anfall von Coronarinsuffizienz mit seiner lokalen Ischämie und den sekundären kleinen Nekrosen, wie BÜCHNER und seine Mitarbeiter sie nachgewiesen haben. In beiden Fällen kommen auch reversible Reizleitungsstörungen vor, sowohl bei Infarktherden in der Nähe des Reizleitungssystems, wie bei anginösen Anfällen mit dem Bilde der coronaren Durchblutungsstörung kann es zum transitorischen Auftreten von Blockbildung kommen, von denen der mehrfach beschriebene funktionelle Schenkelblock im Angina pectoris-Anfall ein nicht ganz seltenes Beispiel ist. COELHO teilt die Myokardinfarkte ein in 7 Typen des elektrokardiographischen Befundes: Typ I und II entspricht dem Vorderwand-Spitzeninfarkt, Typ III und IV dem Hinterwand-Basisinfarkt, als Typ V bezeichnet er die Bilder des Schenkelblockes mit T-Veränderungen, Typ VI ist totaler a-v-Block mit T-Veränderungen, Typ VII die Fälle mit ventrikulärer Tachykardie. Diese Typen V—VII schreibt COELHO den Septumformen des Infarkts zu. Im ganzen scheinen mir die Fälle mit Vorhofstachykardien als Ausdruck der Coronarschädigung nicht sehr häufig zu sein, wenn man auch manchmal im Zweifel ist, ob nicht bei manchem Fall von paroxysmaler Tachykardie eine Schädigung des den Sinusknoten versorgenden Astes der rechten Coronararterie, wie er von HAAS, GERAUDEL u. a. beschrieben ist, die Ursache des Krankheitsbildes ist. Vorhofflattern und Vorhofflimmern können im Gefolge eines Coronarverschlusses als oft vorübergehendes Phänomen auftreten. Gehäufte Kammerextrasystolien, Kammertachykardien bis zum Kammerflimmern und Kammerwogen kommen vor, jede Kammertachykardie nach bzw. im Angina pectoris-Anfall ist ein prognostisch schlechtes

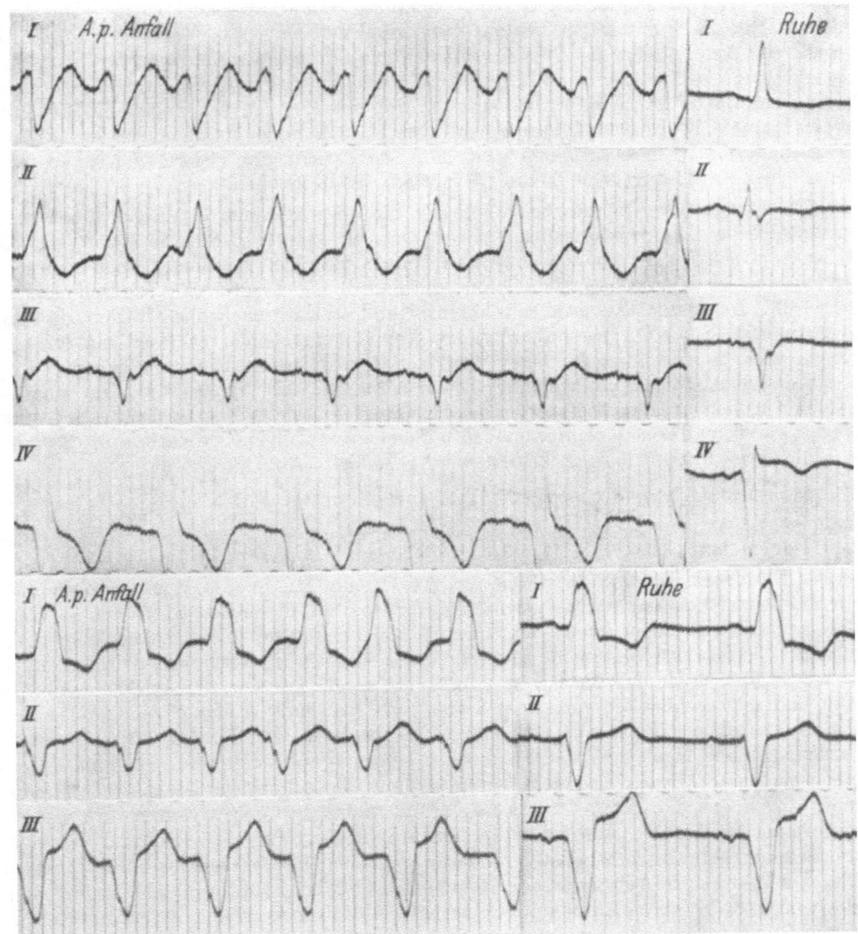

Abb. 20. *Oben:* Kap. XI Fall 1 (H. Ded.). 64jähriger Mann. Im Angina pectoris-Anfall minutenlanger Zustand von Kammerflimmern (linker Kurventeil). Außerhalb der Anfälle: Typ der linkss. Coronarinsuffizienz mit Interventrikularblock (r. Kurventeil). Abl. I—IV von oben nach unten.
Unten: Kap. IX Fall 2 (P. Zig.). 79jähriger Mann. Linker Kurventeil: aufgenommen nach einem erstmaligen schweren Angina pectoris-Anfall. Tachykardie mit Schenkelblock. Rechter Kurventeil: Die Veränderungen erweisen sich als irreversibel, der Schenkelblock bleibt bestehen.

Zeichen. Coelho[1] bildet einen Fall von Adam-Stokes bei Coronarschädigung ab, bei dem zeitweise Strecken von Kammerextrasystolie auftreten. Ein Fall von Hochrein, neben anderen beschriebenen Fällen, der bei der Obduktion eine Stenose der rechten Coronararterie aufwies und einen frischen Myokardinfarkt im rechten Ventrikel, zeigte ebenfalls eine anfallsweise paroxysmale Flattertachykardie (Hochrein: Der Myokardinfarkt S. 114).

---

[1] Coelho: A pathologia da circulacáo coronária, S. 152/153. 1937.

Ich beobachtete folgenden Fall:

Fall 1. H. Ded. 64jähriger Mann, Kriegsinvalide. Schwere Angina pectoris-Anfälle seit $^1/_2$ Jahr mit intensiven ausstrahlenden Schmerzen in den linken Arm. Die Anfälle werden durch Erregungen und Kälte ausgelöst, mit Sicherheit aber durch körperliche Bewegung. Nach 100—200 Schritten setzt der Anfall ein, so daß er stehen bleiben muß. Dauer des Anfalls 1—3 Minuten. Die Anfälle treten 1—2mal täglich auf, aber auch nachts. Blutdruck 165/90 mm Hg. Herz mit 15 cm Trsdm. übernormal und nach links verbreitert. Das Ekg außerhalb des Anfalls zeigt das Bild der linksseitigen Coronarinsuffizienz mit diffuser Myokardschädigung. S-T in Abl. I und II gesenkt, T_I und T_{II} neg. QRS-Komplex verbreitert. Pulsfrequenz um 75 Min. Im Anfall setzt sofort mit Eintritt des anginösen Zustandes eine paroxysmale Kammertachykardie von wenigen Sekunden bis zu mehreren Minuten, zeitweise in Kammerflimmern übergehend, ein. Der Patient ging etwa 2 Monate später in einem solchen Anfall zugrunde (keine Obduktion) (Abb. 20 oben).

Fall 2. Der darunter reproduzierte Fall (Pe. Zig.) betrifft einen 79jährigen Rentner mit Aortenaneurysma der Aorta ascendens. Wa.-R. pos. MKR $+++$, RR 135/85 mm Hg. Der Patient hatte sich bisher immer wohlgefühlt, brach plötzlich bei dem Besuch seines mit Pneumonie in der Klinik liegenden Sohnes zusammen und klagte über Herzschmerz und Angstgefühl. Der Schmerz wurde sehr intensiv und strahlte nach oben in den Hals und beide Arme aus. Sofortige Hospitalaufnahme. Das Ekg ergab einen rechtsseitigen Schenkelblock mit anfangs sehr unregelmäßiger Ventrikeltätigkeit, später Übergang in eine Tachykardie mit Schenkelblock, nach einigen Tagen beruhigte sich der Zustand, der Schenkelblock blieb jedoch im Ekg bestehen. Da niemals irgendwelche Herzerscheinungen vorangegangen waren, hat es sich wahrscheinlich um einen erstmaligen Coronarinfarkt, der unter dem Bilde eines Schenkelblocks larviert war, gehandelt (Abb. 20 unten).

Komplizierter liegen die Störungen im nächsten Fall:

Fall 3. He. Ha. 79jähriger Mann. Eltern an Altersschwäche gestorben. Früher immer gesund. Wa.R. neg. Seit 6—7 Jahren Beschwerden auf der Basis allgemeiner Arteriosklerose. Blutdruck seit Jahren erhöht um 200/110 mm Hg. Vor 3 Monaten Zusammenbruch mit Bewußtlosigkeit, starkem Schweißausbruch. Seit dieser Zeit treten alle 1—7 Tage Anfälle auf, die mit einem intensiven Krampf- und Schmerzgefühl über dem Herzen, Beengung und Todesangst beginnen. Die Schmerzen strahlen in den linken Arm und in das Kinn aus. Dann werde ihm übel. Der Puls sei stets sehr langsam, der Arzt habe 16 Pulse gezählt und setze schließlich ganz aus. Dabei tiefe röchelnde Atmung. Wir haben dieses völlige Aussetzen des Pulses bis zu 55 Sek. beobachtet. Der Kranke wird bewußtlos, die anfangs blasse Haut cyanotisch, zuweilen setzen tonisch-klonische Krämpfe ein, die Pupillen sind starr. Nach einigen Minuten beginnt der Pulsschlag wieder, und zwar mit hohen Pulsfrequenzen von 120—160 Schlägen und zahlreichen Extrasystolen. An manchen Tagen treten die Anfälle mehrmals stündlich auf. Exitus am 15. 6. 39 in einem Anfall. Autoptisch nur arteriosklerotische Veränderungen beider Coronargefäße, links stärker als rechts, kein Infarkt. In Abb. 21 ist der Ablauf eines Anfalls in Abl. I und Abl. II dargestellt. Kurve vom 9. 6. 38 (obere Abl. I und II) zeigt in Abl. I einen erheblich verbreiterten und deformierten Ventrikelkomplex aufwärts gerichtet, Abl. II zeigt Verlängerung des P-Q-Intervalls auf 0,3 Sek. Abl. II und III haben stark deformierten, verbreiterten und abwärtsgerichteten Ventrikelkomplex — rechtsseitiger Schenkelblock. Die Kurve ist außerhalb des Anfalls aufgenommen. Am 10. 6. 38 (mittlere beiden Kurven Abl. I und II) setzt ein Anfall ein. Auftreten eines kompletten a-v-Blocks mit Beginn des Angina pectoris-Anfalls. Sehr unregelmäßige Ventrikelschläge, die immer seltener werden, bis es zum vollkommenen Ausfall jeder Ventrikeltätigkeit bis zu 1 Min. Dauer kommt (untere Kurve Abl. I und II). In der asystolischen Zeit des Ventrikels schlägt der Vorhof mit erhöhter Frequenz von etwa 120 Schlägen, bis (rechter Kurventeil) die Ventrikel nunmehr mit einer Frequenz von 130 Schlägen einsetzen. In dieser folgenden den Anfall beendenden tachykardischen Periode beträgt die Überleitungszeit 0,2—0,25 Sek. (Abb. 21).

Nach COELHO, GERAUDEL, SCHWARTZ u. a. ist der Coronarinfarkt, und zwar der Verschluß der rechten Kranzarterie in einem erheblichen Prozentsatz am Zustandekommen eines totalen a-v-Blocks und in den Fällen von ADAM-STOKESscher Krankheit ursächlich beteiligt, $^1/_3$ der Fälle von atrioventrikulärer Dissoziation von SCHWARTZ waren durch Coronarinfarkt bedingt. Mir liegen die Ekgs von 6 Fällen von a-v-Block vor, 2 davon sind Hinterwandbasisinfarkte,

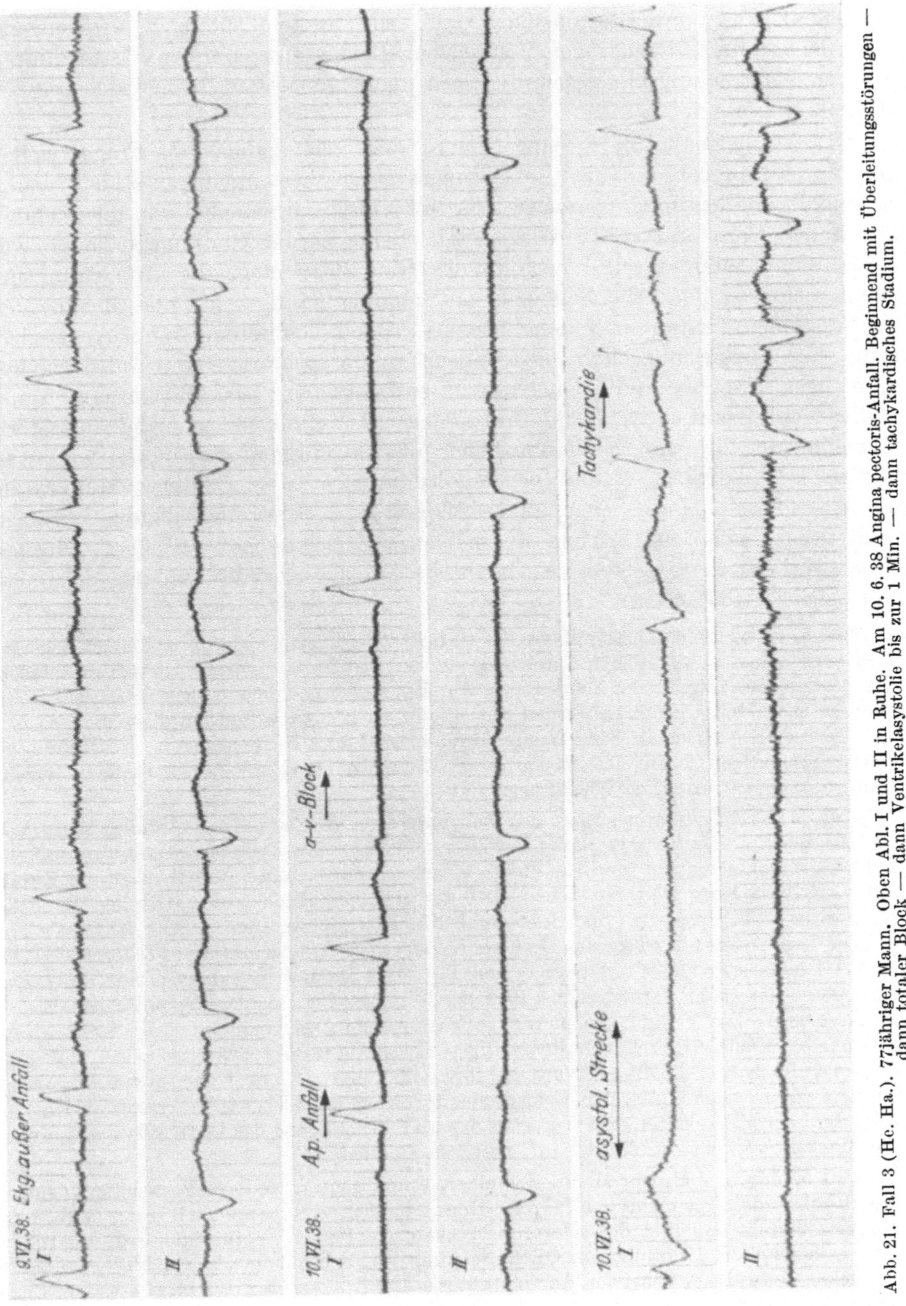

Abb. 21. Fall 3 (Hc. Ha.). 77jähriger Mann. Oben Abl. I und II in Ruhe. Am 10. 6. 38 Angina pectoris-Anfall. Beginnend mit Überleitungsstörungen — dann totaler Block — dann Ventrikelasystolie bis zur 1 Min. — dann tachykardisches Stadium.

ohne daß ich eine allgemein gültige Angabe über die prozentuale. Häufigkeit machen könnte.

Der Fall 8 der Anamnesen Kap. II gehört hierher (Ekg in Abb. 14 linke Spalte). Der Hinterwandinfarkt drückt sich im Ekg vom 1. 2. 38 nur in einer coronaren Welle in Abl. III mit tiefem Q_{III} aus. Am 4. 2. zeigt sich kompletter a-v-Block. Dazu Aborisationsblock mit sehr breitem, doppelt M-förmigem Ventrikelkomplex von geringen Voltwerten. Beides, sowohl die a-v-Dissoziation wie der Verzweigungsblock erweisen sich nach monatelanger Beobachtung als rückbildungsfähig.

Als tieferliegende Blockierung kommt der Schenkelblock in Frage, wobei aus der Blutversorgung des Reizleitungssystems hervorgeht, daß der rechte Schenkel von der linken Coronarie, der linke breitere Schenkel von der rechten *und* linken Coronararterie versorgt wird. Beim Vorderwandinfarkt finden wir daher nicht selten durch Verschluß des Ram. descendens der Art. coron. sin. einen rechtsseitigen Schenkelblock, zahlenmäßig häufiger als die Blockierung im besser blutversorgten linken Schenkel. Die Blockbildung kann irreversibel sein, die Blockierung kann nach einem Angina pectoris-Anfall auftreten als einmaliges Ereignis und sich langsam zurückbilden; die Blockierung kann endlich anfallsweise als Folge funktioneller Durchblutungsstörung auftreten. Dasselbe gilt für den Aborisationsblock, der im übrigen ebenso wie der linksseitige Schenkelblock sowohl bei Vorderwand- wie bei Hinterwandinfarkten auftreten kann. Daß Schenkelblockbildung auf Septumbeteiligung hinweist und daher meist ein Zeichen ausgedehnter Infarkte ist — isolierte Thrombosen des Ram. septi kommen kaum in Frage — ergibt sich aus den anatomischen Verhältnissen.

Fall 4. E. H. Ein 48jähriger Mann, der als Schweißer in einem Metallwerk beschäftigt ist, wird nach einem sonntäglichen Kirchgang auf der Straße von einem Unwohlsein befallen mit plötzlichem intensivem Schmerz in der Herzgegend. Nach einigen Stunden Ruhe kann er nach Hause gefahren werden und nimmt nach etwa 4 Wochen die Arbeit wieder auf. Da er sich dazu nicht mehr imstande fühlt, wird er z. B. eingewiesen. Das Ekg zeigt einen rechtsseitigen Schenkelblock, der irreversibel ist bei röntgenologisch normalem Herzen. Blutdruck 160/80 mm Hg. Wa.R. neg.

Fall 5. P. Sch. 60jähriger Mann mit Schrumpfniere. Angina pectoris-Anfälle. Blutdruck 220/130 mm Hg. Wa.R. neg. Mäßig Eiweiß, reichlich hyaline Zylinder, einzelne granulierte Zylinder und Leukocyten im Urin. Nach einem schweren Anfall Aufnahme in die Klinik mit dem Bilde einer schweren Schädigung des rechten Schenkels des Hisschen Bündels. Nach etwa 14 Tagen ist das Bild des Schenkelblocks verschwunden und für die Dauer von einigen Tagen bietet das Ekg das Bild des linksseitigen Coronarinfarkts — coronare Welle in Abl. I noch angedeutet mit neg. T_I und T_{II} — ein Befund, der dann erneut durch das nunmehr nicht mehr veränderliche Bild der Wilsonschen rechtsseitigen Schenkelläsion abgelöst wird. Der Verlauf spricht für die Mahaimsche Anschauung, daß der rechtsseitige Schenkelblock meist durch den linksseitigen Coronarverschluß ausgelöst wird, wobei in diesem Falle primär die Blockierung nur funktionell und reversibel war — vorübergehend wurden die Erscheinungen der Reizleitungsstörungen im Ekg wieder ersetzt durch das reine Bild der Muskelläsion, um später als dauernde Schädigung des Leitungssystems, wobei die Muskelschädigung verdeckt wird, bestehen zu bleiben.

Fall 5. J. K. 54jähriger Mann. Pykniker, Emphysem, chronische Bronchitis, anginöse Herzbeschwerden seit mehreren Jahren. Herz erheblich verbreitert nach rechts und links. Im Ekg besteht das Bild der schweren Myokardschädigung. Vorhofflimmern, Ventrikel-Ekg rechtstypisch, Knotung von QRS. Senkung von S-T mit neg. T_{II} und T_{III} bei hoher R-Zacke. Zeitweise geht bei den Angina pectoris-Anfällen das Ekg (s. Abl. II etwa am Ende des ersten Drittels der Kurve Abb. 22) für mehrere Minuten in das Bild des Verzweigungsblocks über: Der Ventrikelkomplex ist W-förmig deformiert, nach abwärts gerichtet, ihm folgt ein hohes S-T-Stück. Es handelt sich um einen funktionellen Verzweigungsblock bei Störungen der Coronardurchblutung bzw. bei einer Myodegeneratio cordis mit vorwiegend rechtsseitig anzunehmender Coronarinsuffizienz.

Fall 6. R. B. 32jährige junge gravide Frau, in der Jugend schwerer Scharlach. Als junges Mädchen häufig Herzbeschwerden und wenig leistungsfähig. Vor $^{1}/_{2}$ Jahr erste Geburt, die an sich gut verlief, aber in dieser Zeit auch viel Herzbeschwerden. Jetzt Gravidität Mens. VI. Seit dem 3. Schwangerschaftsmonat treten Anfälle von Herzklopfen und Schwindel auf, sie kann auch leichte Arbeit nicht mehr leisten. Wa.R. neg. RR 115/80 mm Hg. Herz röntgenologisch normal konfiguriert, Trsdm. 12 cm, Herztöne beschleunigt und rein. Blutbild bis auf eine Eosinophilie von 5% o. B. Im Ekg das Bild der linksseitigen Coronarinsuffizienz: Abl. I kleines P, bogenförmiger Übergang von P- in die R-Zacke. Senkung von S-T, neg. T_I. In Abl. II kleiner vorwiegend abwärts gerichteter Ventrikelkomplex. Abl. III abwärts gerichteter Ventrikelkomplex mit leicht erhöhtem S-T-Stück. Bei und nach den geklagten Anfällen tritt im Ekg das typische Bild des linksseitigen Schenkelblocks auf, das vorübergehend wieder (nach Beendigung der Schwangerschaft) für einige Wochen in den Ekg-Befund der linksseitigen Coronarinsuffizienz übergeht und schließlich als Dauerzustand in das

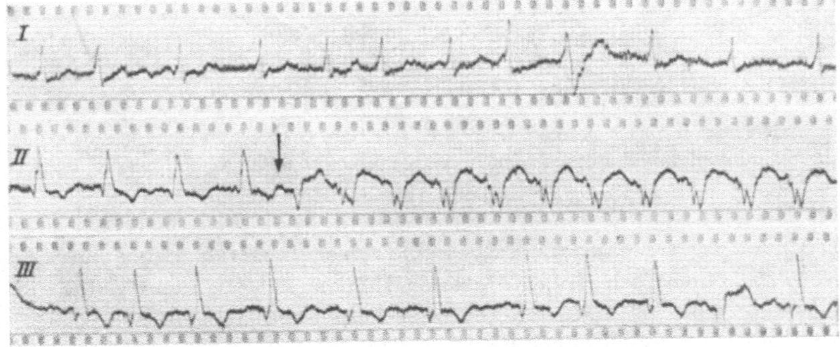

Abb. 22. Fall 5. J.K. Funktioneller Verzweigungsblock.

linksseitige Schenkelblock-Ekg übergeht. Hier handelt es sich also um einen Fall von funktionellem Schenkelblock infolge coronarer Durchblutungsstörungen, wobei allerdings eigentlich schwere anginöse Zustände nicht aufgetreten sind.

Neben den Reizleitungs- und Reizbildungsstörungen sei noch auf einen nicht ganz seltenen Befund im Ekg hingewiesen: das ist die Erhöhung oder Doppelung der P-Zacke. Ich habe den Befund in 10% der Fälle erheben können. Er dürfte der Überlastung des kleinen Kreislaufes entsprechen, wobei offenbar eine gewisse chronische pulmonale Stauung vorhanden sein muß, um zur Vorhofhypertrophie und Dilatation zu führen: bei Fällen mit alten und wiederholten Infarkten ist das Zeichen häufiger — beim akuten Vorder- oder Hinterwandinfarkt wird man es meist vermissen.

Einen statistischen Überblick über die elektrokardiographischen Symptome des Coronarinfarkts zu geben, fällt mir derzeit schwer, da der größte Teil meines klinischen Materials durch die Kriegsverhältnisse mir nicht zugänglich ist. Wenn ich auf Grund von *63* Fällen von sicherem Infarkt, deren Ekgs, Krankengeschichten und zum Teil Obduktionsbefunde ich in Händen habe, eine Differenzierung der elektrokardiographischen Erscheinungen zu geben versuche, so ergibt sich etwa folgende Verteilung auf die einzelnen Bilder:

Fälle mit „klassischem" T_I-Typ (Vorderwandinfarkt)	24	38%
Fälle mit „klassischem" T_{III}-Typ (*Hinter*wandinfarkt)	23	36,5
Fälle mit sicherem gleichzeitigem Infarkt *beider* Coronararterien .	3	4,76%
Septum-Typ (Infarkttyp + Block)	2	3,17%
Schenkelblock als alleiniges Symptom	4	6,35%
Aborisationsblock als alleiniges Symptom	4	6,35%
Low-Voltage-Ekg bei sicheren Infarkten	3	4,76%
Zusammen	63	100%

Daraus ergibt sich, wenn auch bei der geringen Zahl der Fälle nur als Anhalt — eine etwa gleichmäßige Häufigkeit des klassischen Vorderwandspitzen- und Hinterwand-Basistyps, des T_I- und T_{III}-Typs von WHITTEN und BARNES, die zusammen rund 75% der sicheren Myokardinfarkte ausmachen. Die restlichen 25 Fälle verteilen sich auf sicher doppelseitige Infarkte, sichere Infarkte mit LOW-VOLTAGE-Ekg-Fälle, die oft nur der Obduzent als „sicheren Infarkt" deuten kann — ferner Fälle mit Septumtyp, Schenkelblock und Aborisationsblock. Betrachtet man die Dinge von dem Gesichtspunkt, wie häufig Reizleitungs- oder Reizbildungsstörungen oder andere elektrokardiographische Zeichen dem an sich typischen Infarkt-Ekg beigemischt waren, so ergibt sich folgendes:

<pre>
            a-v-Block . . . . 6mal = 9,52% der Gesamtzahl
Aborisationsblock . . . . 9mal = 14,30% ,,   ,,
Hohe P-Zacke . . . . 6mal = 9,5%   ,,   ,,
Ventrikuläre Tachykardien . . . . 5mal = 8%   ,,   ,,
            Low-VOLTAGE-Ekg . . . . 5mal = 8%   ,,   ,,
            Rechtsseitiger Schenkelblock . . 4mal = 6,35% ,,   ,,
            Linksseitiger Schenkelblock . . . 1mal = 1,59% ,,   ,,
</pre>

Von den genannten Fällen war ferner 16mal, d. h. in 25,40%, mit Sicherheit durch Aufnahme verschiedener Ekgs und einer längeren Beobachtung nachzuweisen, daß mehrfach Infarkte stattgefunden hatten, eine Zahl, die bei Verwendung von pathologisch-anatomischem Beobachtungsmaterial wahrscheinlich noch erheblich höher liegen würde. Es kamen im Laufe eines Jahres von den behandelten 63 Fällen 23 Fälle = 36,50% zum Exitus, von diesen Fällen liegen größtenteils Obduktionsbefunde vor.

Die Frage, ob der Myokardinfarkt in jedem Falle elektrokardiographisch nachweisbar wird, kann man dahin beantworten, daß dieser Nachweis von der Zeit nach dem Infarkt, der Größe des infarzierten Bezirks, der Lage des Infarkts, dem vorherigen Zustand des Herzmuskels und der evtl. Überlagerung durch Reizleitungsunterbrechungen abhängig ist. Wenn somit bei weitem der größte Teil aller Myokardinfarkte eindeutig im Ekg sich manifestiert, so gibt es immerhin Fälle, wo man bei typischer Infarktanamnese im Ekg zunächst nichts findet.

Die Fälle, bei denen der Infarkt *noch keine* elektrokardiographischen Erscheinungen macht, sind relativ häufig. Ich habe 2 Fälle beobachtet, die nachmittags bzw. gegen Abend einen schweren Angina pectoris-Anfall bekamen und nach dem klinischen Bild sicher als Infarkt angesprochen werden mußten. In beiden Fällen war das am gleichen Tage aufgenommene Ekg atypisch, erst am nächsten Morgen zeigte sich die typische coronare Welle, es handelte sich beide Male um Vorderwandinfarkt. In dem in Abb. 15 näher beschriebenen Fall (F. D.) wird erst das Ekg am 2. Aufnahmetag, d. h. am 3. Infarkttag, charakteristisch für den Vorderwandinfarkt. Am frühesten und stärksten reagiert beim Vorderwandinfarkt die Abl. IV. In einem von HEINRICH beschriebenen Fall von akutem Hinterwandinfarkt ist beispielsweise noch 24 Stunden das Ekg noch völlig normal. In anderen Fällen sehen wir lange Zeit, oft wochenlang, gehäufte anginöse Anfälle mit dem elektrokardiographischen Bild der Coronarinsuffizienz. Erst nach Wochen findet sich ein typischer hoher Ansatz von S-T — offenbar sind immer wieder Gefäßschädigungen aufgetreten mit lokalen kleinen Ischämien, bis schließlich diese kleinen konfluierenden Nekroseherdchen zu einem größeren

Infarktherd wurden — klinisch und elektrokardiographisch ist das Bild der Coronarinsuffizienz mit seinen lokalen Nekrosen im Sinne BÜCHNERs in das Bild des Myokardinfarkts mit größerem Gewebsnekroseherd übergegangen — ebenso wie umgekehrt nach einem akuten einmaligen Coronarinfarkt das Bild der chronischen Coronarinsuffizienz folgen kann und oft folgt.

Fall 7. Wipp. M. 58 Jahre. Seit 2 Jahren Angina pectoris-Beschwerden. Hypertonus 180/100 mm Hg. Wa.R. neg. Die früher sehr tätige Frau ist wegen ihrer gehäuften Anfälle praktisch arbeitsunfähig. Im Ekg vom 7. 1. 39 typisches Bild der linksseitigen Coronarinsuffizienz, $S\text{-}T_I$ und $S\text{-}T_{II}$ gesenkt mit verstrichener T-Zacke in Abl. I. Im Laufe zahlreicher Anfälle, alle 2 bis 3 Tage, später seltener, bleibt das Ekg fast unverändert. Erst das Ekg vom 15. 3. 38 weist mit vertieftem Q_{III} und coronarer kleiner Welle in Abl. III erstmalig auf den stattgehabten Infarkt hin. In diesem Falle völlige Rückbildung des tiefen Q_{III} und des erhöhten S-T-Stückes in einigen Tagen.

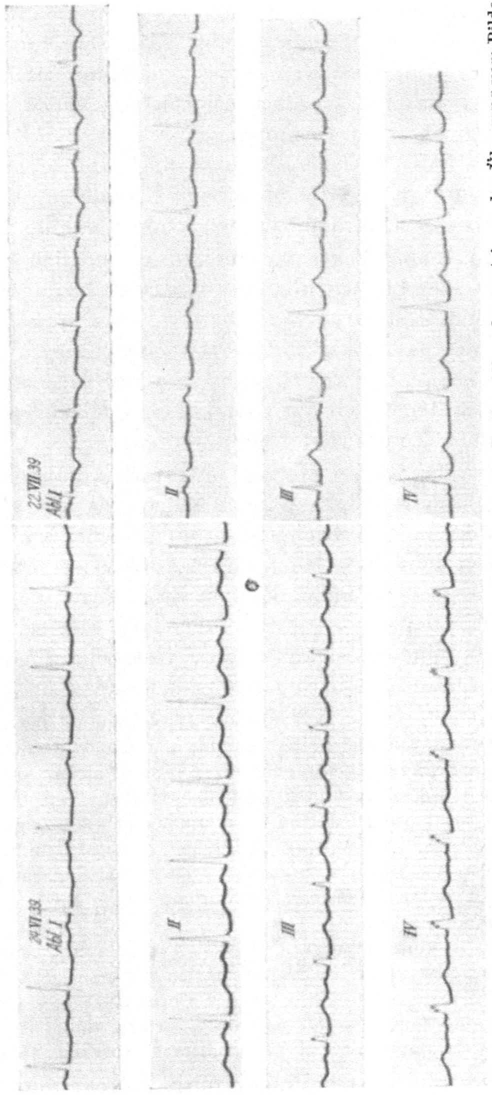

Fall 8. Hüs. B. 62jähriger Heilpraktiker. Seit 4 Wochen Anfälle von Angina pectoris. Heute nachmittag schwerer Anfall mit starken ausstrahlenden Schmerzen. Wa.R. neg. RR 190/100 mm Hg. Im Ekg typische linksseitige Coronarinsuffizienz. Tiefe muldenförmige Senkung von S-T in Abl. I und II bei linkstypischem Ekg. Nacheinander entwickelte sich: Q_{IV} verschwindet, T_{IV} wird positiv nach vorübergehender Senkung von $S\text{-}T_{IV}$. In Abl. I tritt eine leichte Welle im absteigenden Schenkel von R auf. Das gesenkte $S\text{-}T_{IV}$ geht höher, wird nach oben konkav und es bildet sich eine typische neg. T-Zacke aus. Ferner treten mehrfach veränderliche Knotenbildungen im QRS-Komplex bis zum vorübergehenden Verzweigungsblock auf. Hier haben zweifellos zahlreiche Anfälle von funktionellem Coronarverschluß zu bald hier, bald dort lokalisierten kleinen ischämischen Nekrosen geführt, die schließlich als vorwiegend an der Herzvorderwand lokalisiert, das elektrokardiographische Bild des Vorderwandinfarkts hervorgerufen (Abb. 23).

Abb. 23. Fall 8. Hüs. B. Ekgs Abl. I—IV vom 24. 6. 39 und 22. 7. 39. Die beiden Ekgs demonstrieren den Übergang vom Bilde der linksseitigen Coronarinsuffizienz zum Bilde des alten linksseitigen Coronarinfarkts (verkleinertes R_I neg. T_1, Q_{IV} fehlt, hohes T_{IV} positiv).

In anderen Fällen liegt der Infarkt *schon einige Wochen* zurück, im allgemeinen ist nach 4 Wochen das Stadium des „alten Infarkts" im Ekg erreicht und es ist diagnostisch schwieriger, eine sichere Diagnose zu stellen. Immerhin: kleines R_I mit S-T-Stück in der Nullinie und negatives T_I darf man bei vorhandener

Infarktanamnese mit hoher Sicherheit als abgelaufenen Vorderwandinfarkt ansprechen, wenn fehlendes Q_{IV}, gesenktes S-T_{IV} oder positives T_{IV} hinzukommen, ist die Diagnose sicher. Vertiefung von Q_I fehlt meist. Schwieriger ist die Folge des Wochen oder Monate zurückliegenden Hinterwandinfarktes zu deuten, die Infarktnarbe. Wegweisend ist das tiefe Q_{III} mit kleinem R_{III}, zuweilen auch einfach bogig in das negative T_{III} übergehend. Aber die Ableitung IV versagt hier. Aus dem Ekg allein ist die Diagnose nicht zu sichern, wohl aber wenn typische anamnestische Angaben vorliegen und andere Zeichen da sind — etwa Zeichen von Verzweigungsblock — mit großer Wahrscheinlichkeit zu vermuten.

Die Fälle, in denen sich der Infarkt hinter einem akut auftretenden *Schenkelblock* verbirgt und die aus diesem Grunde nur aus klinischem Bild und Anamnese diagnostiziert werden, wurden schon erwähnt, das gleiche gilt für den Astblock.

Ob *stumme Zonen* im Herzmuskel möglich sind und Infarkte an dieser Stelle unwirksam bleiben können, wird verschieden beurteilt. COELHO ist skeptisch, während MORAWITZ und HOCHREIN das Vorkommen solcher Zonen, die CHAVEZ und MENDEZ am Hundeherzen nachgewiesen haben, auch für den Menschen anzunehmen und der Meinung sind, daß es sich meist um lokale Infarkte handelt. Bei Zuhilfenahmen der thorakalen Ableitungen dürften jedenfalls die Fälle mit stummen Zonen sehr selten werden.

Endlich ist bei Herzen mit stark verändertem Ekg der Nachweis des Infarktes nicht möglich, insbesondere bei dem Ekg von absolut sehr niedrigen Voltwerten. Ich beobachtete eine Reihe von Fällen mit dem klinischen Bild der Coronarinfarzierung und autoptischer Kontrolle, ohne daß an dem Ekg, das nur aus minimalen kleinen Erhebungen bestand (unter 5 mm), irgendwelche Veränderungen auftraten. Folgender Fall sei dazu angeführt, der sowohl die völlige Schmerzlosigkeit wie die elektrokardiographische Nicht-Nachweisbarkeit eines schweren, durch Obduktion bestätigten Infarktes demonstriert.

M. C., 64 Jahre. Seit Oktober 1937 Atemnot bei körperlichen Anstrengungen. Abends Anschwellungen der Beine. Nachts zunehmende Atemnot, wenig Urin, Appetit schlecht. Leib aufgetrieben, keine Schmerzen irgendwelcher Art. Der Patient kam unter zunehmender Dekomposition und allgemeinen Hydrops am 14. 3. 38 zum Exitus.

Das Ekg am 12. 2. und kurz vor dem Exitus zeigte in Abl. I eine kleine Zacke (2 mm) als R-Zacke, kein Vorhof und keine Finalschwankung erkennbar. In Abl. II fand sich lediglich ein kleiner aufgesplitterter abwärts gerichteter Ventrikelanfangskomplex von 1 mm Tiefe, Abl. III bestand nur aus einer abwärts gerichteten Zacke von 3 mm Tiefe (1 Millivolt = 10 mm).

Die Obduktion ergab: starke Hypertrophie und mäßige chronische Dilatation der linken und rechten Herzkammer (bei fortgeschrittener Nephrosklerose) in ihrer Ausflußbahn. Hochgradige Sklerose der Coronarien mit völligem Verschluß des vorderen absteigenden Astes der linken Coronararterie und frischeren ausgedehnten myomalacischen Herden in deren Bereich sowie älteren schwieligen Einlagerungen im Herzmuskel.

Die umgekehrte Frage würde lauten: Gibt es ähnliche *Veränderungen am Ekg, wie sie der Verschluß der Coronarien hervorruft*, bei anderen Zuständen, ohne daß eine anatomisch nachweisbare Coronarschädigung vorliegt. Hier ist einmal auf die Veränderungen bei der Perikarditis hinzuweisen, die unter Umständen denen des Coronarinfarktes im Ekg sehr ähnlich sein können. Wahrscheinlich ist es das Ekg der Schädigung der Durchblutung der gesamten *äußeren* Myokardpartien.

Es ist aber zu sagen, daß bei der Perikarditis die Elevation und der hohe Ansatz von S-R an der R-Zacke in allen Ableitungen gleichsinnig ist und meist eine mehr nach oben konkave Form des S-T-Stückes aufweist im Gegensatz zur nach unten konkaven „coronaren Welle" und ferner, daß beim Coronarinfarkt demgegenüber Ab. I und III sich gegensinnig verhalten, der Erhöhung von S-T in einer der beiden Ableitungen entspricht regelmäßig die Senkung in der anderen Ableitung. Demgegenüber ist bei Pericarditis das S-T-Stück meist in allen Ableitungen gehoben. Daß die Lungenembolie ein dem Infarkt-Ekg ähnliches Bild hervorrufen kann, wird noch zu erwähnen sein.

Andererseits gibt es funktionelle Zustände der Blutabsperrung in den Coronargefäßen oder mangelnder Blutzufuhr zu den Coronarien, die, wenn auch selten in ausgesprochenem Maße, ein dem Coronarinfarkt ähnliches Ekg verursachen können. Es kann, wie gesagt, hierbei auch zu infarktähnlichen Bildern kommen, ohne daß diesem Ekg ein entsprechendes pathologisch-anatomisches Substrat zugrunde läge.

L. H., 46jährige Frau. In desolatem Zustand eingeliefert, angeblich grippöser Infekt vorangegangen. Kollapszustände. Das im Bett registrierte Ekg zeigte in Abl. II tiefe muldenförmige Senkung von S-T, in Abl. III hoher Ansatz von S-T im absteigenden Schenkel von R_{III} nach Art einer coronaren Welle, Übergang in eine tiefe muldenförmige Senkung von S-T mit fehlender T-Zacke. Autoptisch wurden am Herzen keinerlei Veränderungen gefunden, weder am Herzmuskel noch an den Coronarien, so daß man einen vorübergehenden funktionell spastischen Zustand der Coronargefäße annehmen muß (vgl. Abb. 14 unten links).

Zusammenfassung.

Störungen der Reizbildung und der Reizleitung können als alleinige Folge eines Coronarinfarktes auftreten, oder sich den Zeichen der Herzmuskelschädigung hinzufügen, angefangen von einfachen Extrasystolien bis zu den Krankheitsbildern der paroxysmalen Tachykardie und des ADAM STOKESschen Komplexes, bis endlich zum Auftreten vom Kammerflimmern.

Atrioventrikulärer Block findet sich vorwiegend bei Infarkten der rechten Kranzarterie, rechtsseitiger Schenkelblock ist häufiger als linksseitiger und ist meist Folge eines Verschlusses des absteigenden Astes der linken Coronararterie. Vorübergehende Durchblutungsstörungen der Coronarinsuffizienz können zu sog. funktionellen Blockerscheinungen führen, meist Schenkelblock, seltener Astblock. Blockierungen in den feineren Verzweigungen des HISschen Bündels sind als Folge kleinerer Infarkte oder als Folge lokaler Herzmuskelschädigung nach Coronarinsuffizienz nicht selten. In manchen Fällen kann das elektrokardiographische Bild der Coronarinsuffizienz in das Bild des Infarktes übergehen. Es werden eine Reihe einschlägiger Fälle beschrieben.

XII. Kapitel.
Die Verwendung der thorakalen Ableitungen zur Diagnose der Coronarerkrankungen.

Die Brustwandableitung ist die älteste Ableitung des Ekgs und wurde ursprünglich schon von WALLER und auch von EINTHOVEN vor der Ableitung des Extremitäten-Ekgs verwandt. Die erste Anwendung zur Diagnose der Coronarerkrankungen fand die thorakale Ableitung durch WOLFERTH und WOOD, die im Tierexperiment bei experimentell erzeugten Myokardläsionen bei thorakaler Ableitung noch typische Veränderungen fanden, wenn die Extremitätenableitungen stumm blieben. Spätere Arbeiten von WOOD, BELLET, McMILLAN und WOLFERTH stellten typische Abweichungen bei Vorder- und Hinterwandinfarkt fest. Man darf heute den Stand der Forschung dahin kennzeichnen, daß für die Diagnose der Coronarerkrankungen die thorakale Ableitung eine sehr wesentliche Ergänzung der alten Methodik der Extremitätenableitung darstellt, nicht aber einen Ersatz. Sie erhöht zweifellos die Zahl der erkennbaren Coronarschädigungen wesentlich, ohne eine völlige Sicherheit zu geben. Sie verdient die Einführung in die allgemeine Praxis, aber sie hat vorläufig noch einen Nachteil, nämlich daß jeder Autor mit seinen Elektroden beliebig um die Brustwände kreist, und daß es fast so viel Ableitungsmethoden wie Publikationen auf diesem Gebiet gibt.

Man kann hier im wesentlichen unterscheiden:

I. Eine Gruppe von Autoren, die eine fixierte Dorsoventralableitung mit bestimmten Ableitungsstellen als wesentlich ansieht und verwendet.

II. Eine Gruppe von Autoren. die je nach der Lage des Falles versucht, mit einer Reihe wechselnder Ableitungen und vielfachen Variationen das Herzpotential abzufangen, um eben schließlich doch in der einen oder anderen Ableitung noch Abweichungen zu erfassen.

III. Eine Gruppe von Autoren, die aus technischen Gründen wegen der Unbequemlichkeit der Brustwand-Rückenableitung im Liegen von vornherein auf eine dorsale Ableitung verzichtet und eine differente Elektrode auf die Herzgegend legt, eine indifferente an die Extremitäten.

Erklärung zu Abb. 24.

Linke Spalte von oben nach unten. Ab. I—III. Frischer Hinterwandinfarkt unter dem Bilde eines Magenulcus bei einem 45jährigen Mann. — Ekg vom 6. Tage nach dem Infarkt. — Darunter in der Mitte: Derselbe Fall, Ekg 9 Tage nach dem Infarkt. Es ist ein kompletter a-v-Block, sowie ein Aborisationsblock aufgetreten. Pulsfrequenz: 38—42. Darunter untere Kurven: Endstadium. Ekg nach 10 Wochen. Es verbleibt neg. T_{II} und T_{III} mit verbreitertem Ventrikelkomplex. Klinisch nach 8 Monaten wieder voll arbeitsfähig als Ingenieur. (Anamnesenfall 8.)

Zweite Spalte von links von oben nach unten. Abl. I—III. Frischer Vorderwandinfarkt unter dem Bilde eines Asthmaanfalles bei einer 48jährigen Frau. Auffallend kleines R_I und angedeutete coronare Welle in Abl. I. — Darunter Ekg 8 Tage später. Deutliches Negativwerden von T_I und T_{II}. — Darunter: 10 Wochen später: Endstadium. Kleine Ventrikelkomplexe, isoelektrisches T_I und $_{III}$, auch bei späteren Kontrollen nicht mehr veränderlich. Für leichte Hausarbeit fähig. (Anamnesenfall 5.)

Dritte Spalte von links, von oben nach unten. Abl. I—III. Anamnestisch 5 Tage zurückliegender sehr schwerer Angina pectoris-Anfall bei einem 68jährigen Hypertoniker, wahrscheinlich Hinterwandinfarkt. — Darunter mittlerer Teil: Ekg vom nächsten Tag nach einem nächtlichen sehr bedrohlichen und noch fortdauernden Angina pectoris-Anfall mit rein abdominellen Symptomen. Auftreten von Q_I und neg. T_I, Aufsplitterung von QRS in II, T_{III} ist nunmehr (nachdem jetzt ein Vorderwandinfarkt anzunehmen ist) positiv geworden. — Darunter unten: Endstadium. Kontrolle nach 1 Jahr nicht mehr verändert. Klinisch latenter anginöser Zustand mit Neigung zu Dekompensation. (Anamnesenfall 6.)

Spalte rechts, von oben nach unten. Abl. I—III. Hinterwandinfarkt, 1 Tag alt, bei einem 72jährigen Manne. Sehr typische Veränderungen in Abl. I und III. — Darunter mittlere Kurve: Ekg 12 Tage später. T_{II} ist neg. geworden. T_{III} stark neg. Rückbildung der coronaren Welle in Abl. III Verstärkung von Q_{III}. — Darunter untere Kurve: Endzustand. Kontrolle nach 8 Monaten unverändert. Q_{III} verkleinert. T_{II} isoelektrisch, T_{III} wieder positiv. Klinisch zu kleinen Gängen fähig bei gelegentlichen anginösen Beschwerden.

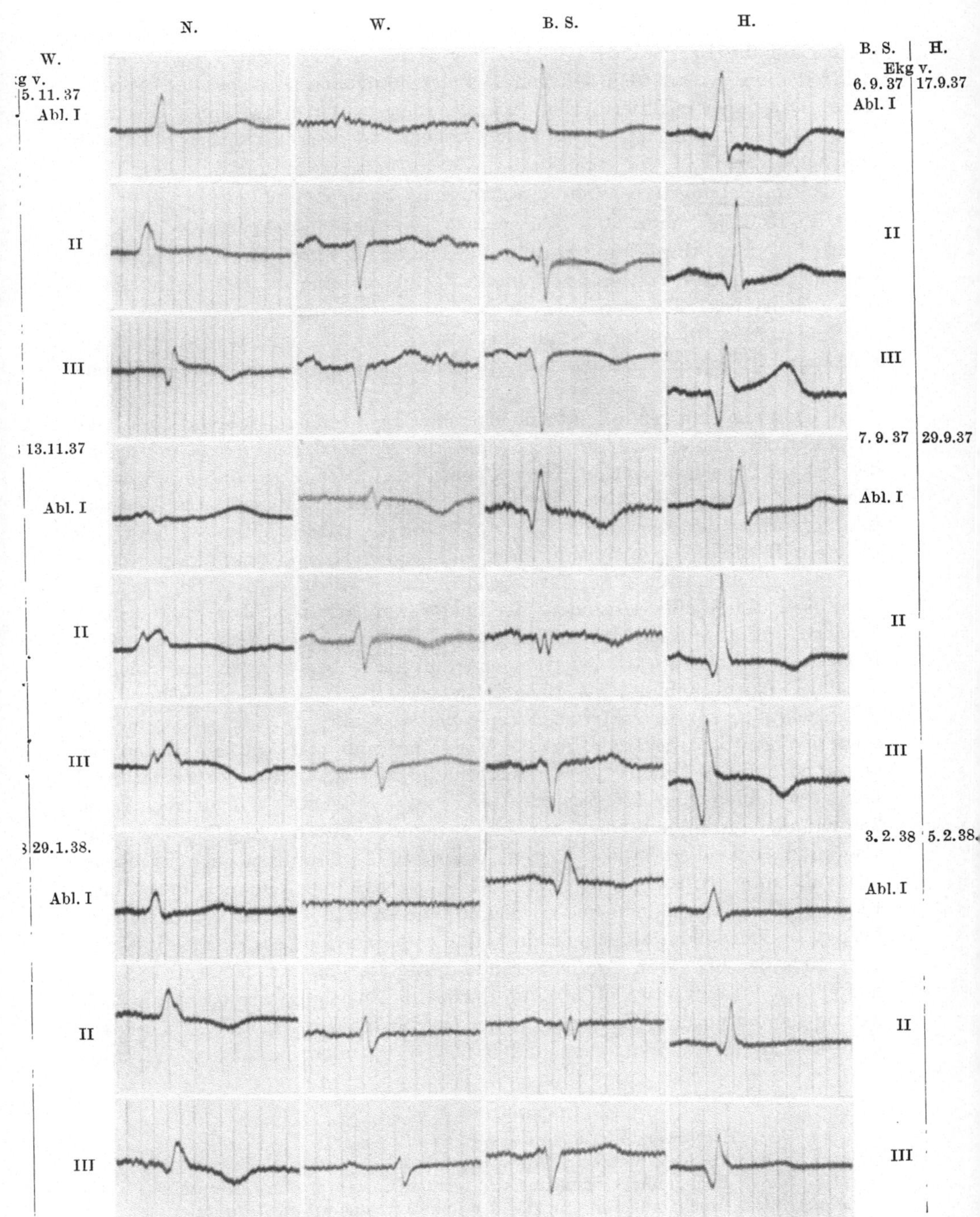

Abb. 24. Verlaufsbilder von Myokardinfarkten in Abl. I—III.

Zu der ersten Gruppe würde man WOLFERTH, WOOD und Mitarbeiter rechnen, die eine Abl. IV, V und VI unterscheiden, dabei aber der Abl. IV den größten diagnostischen Wert einräumen. Die rechte Armelektrode wird hierbei auf die Brustwand in Gegend der Herzspitze angelegt, die linke Armelektrode kommt auf den Rücken zwischen Angulus scapulae und Wirbelsäule. Das dabei resultierte Ekg, Abl. IV, zeigt negative P_{IV}, einen Kammerkomplex mit tiefem Q_{IV} etwa gleich hohem R_{IV} isoelektrischem S-T-Stück und negativem T_{IV}.

Als Abweichungen bei Coronarschädigung wurden gefunden: QRS-Komplex ohne Q_{IV}, S-T gesenkt, T fehlend oder positiv.

Eine weitere Abweichung bei Coronarschädigung stellt dar: QRS-Komplex beginnt mit spitzer aufwärts gerichteter Zacke, der eine starke negative Zacke folgt. P ist pos., T abgeflacht.

Eine weitere Abweichung stellt eine positive P-Zacke mit stark aufwärts gerichtetem QRS-Komplex, fehlender Q-Zacke und spitz und tief gesenktem T dar.

A. JERVELL arbeitet mit der umgekehrten Elektrodenanlage, d. h. die linke Armelektrode kommt auf die Herzspitze, die rechte Armelektrode in Gegend des linken Angulus scapulae. Diese Form der Ableitung hat insofern gewisse Vorteile, als man sich in das Kurvenbild schneller hineinliest. Das Normalbild entspricht der Abl. II des EINTHOVEN-Ekgs. P ist positiv. Q fehlt. Es folgt ein R (dem Q_{IV} von WOLFERTH entsprechend!) und anschließend ein S von fast gleicher Höhe. S-T ist isoelektrisch, T wird positiv. Bei Coronarthrombose des Ramus descendens der linken Coronarie fand JERVELL negative P-Zacke, tief abwärts gerichteten negativen QRS-Komplex ohne vorangehende R-Zacke. Starke Aufwärtsdeviation von S-T nach oben konvex mit fehlender T-Zacke. Langsam bildet sich danach die negative T-Zacke aus, während das S-T-Stück sich zur isoelektrischen Linie wieder senkt. D. HALL gibt eine besondere Form der Elektrode für die Abl. IV an und bestätigt ihre Bedeutung an Hand von 17 Fällen von Coronarschädigung. L. TOCHOWICZ findet, daß bei Verwendung der klassischen Abl. IV von WOLFERTH und WOOD auf 280 Kranke mit Stenokardien nur 42 „stumme" Fälle im Ekg kommen, daß also rund 80% aller Fälle mit stenokardischen Beschwerden auch im Ruheintervall unter Hinzuziehung von Abl. I—IV und eventuell des Belastungs-Ekgs als Coronarschädigungen zu diagnostizieren sind. Wenn man nach den bisherigen Statistiken annehmen darf, daß mit dem üblichen EINTHOVEN-Ekg etwa 55% der Fälle von Coronarveränderungen erfaßbar waren — EDENS gibt nur 45% an, LEWY etwa 50% — so dürfte die Zuziehung der thorakalen Ableitung eine wesentliche Verbesserung der Diagnostik sein. Spätere Arbeiten von J. EDEIKEN, CH. CH. WOLFERTH und F. C. WOOD weisen darauf hin, daß unter

Erklärung zu Abb. 25.

Oben links. Hinterwandinfarkt (Autopsie).
Oben rechts. Vorderwandinfarkt (Autopsie).
Mitte links. Hochgradige Verengung der rechten Coronararterie (Autopsie).
Mitte rechts. Hochgradige Verengung der linken Coronararterie (Autopsie).
Unten links. Arteriosklerose beider Coronarien. Myofibrosis. Alter thrombotischer Verschluß des Ramus descendens der linken Coronararterie. Kommt im Ekg nicht mehr zum Ausdruck (Autopsie).
Unten rechts. Ausgedehnte arteriosklerotische Veränderungen beider Coronarien. Zahlreiche Myokardschwielen. Arteriolosklerose vgl. S. 20 (Autopsie).

(Obduktionen.)

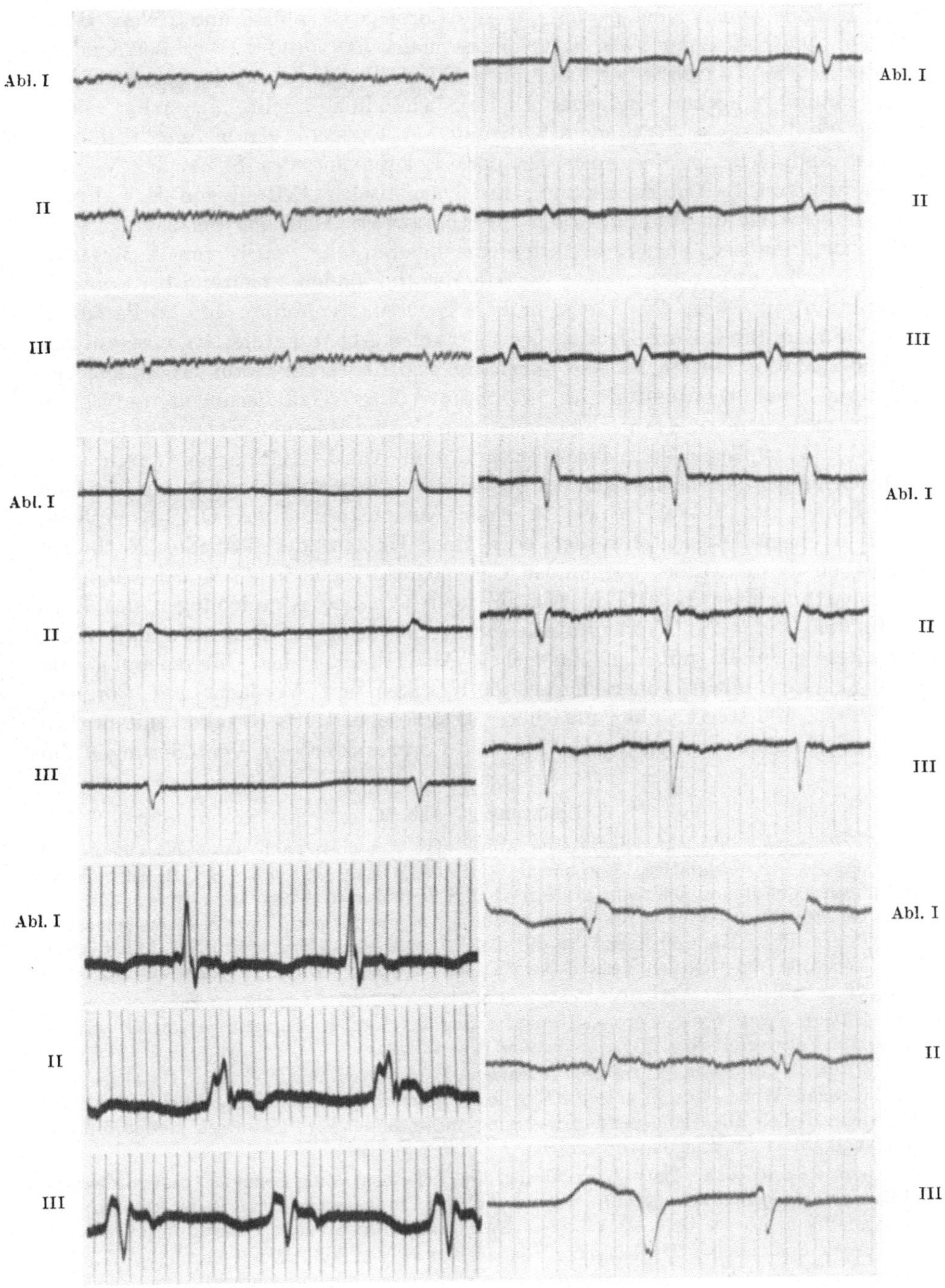

Abb. 25. Ekgs obduzierter Fälle von Coronarinfarkt, Coronarinsuffizienz und Arteriolosklerose der Coronarien.

Umständen eine aufrechte oder diphasische Finalschwankung in Abl. IV das einzig sichere Zeichen einer durchgemachten Coronarschädigung sein kann.

Sie fanden unter 26 Ekgs von Erwachsenen mit positivem oder diphasischem T_{IV} 17 Fälle von Angina pectoris, 4 alte Coronarverschlüsse und andere Herzleiden. Die Hälfte der Fälle hatte ein normales EINTHOVEN-Ekg. Bei Kindern findet sich in etwa 25% der Fälle ein positives T_{IV}, bei Erwachsenen ist es nur bei voraufgegangener intensiver Digitalisbehandlung nicht verwertbar, sonst stark verdächtig auf Coronarschädigung. A. FALEIRO glaubt mit Hilfe der Brustwandableitung eine noch genauere Lokalisation des Sitzes des Vorderwandinfarktes treffen zu können. Ein kasuistischer Beitrag von E. T. FREEMANN bestätigt die Brauchbarkeit der thorakalen Ableitung bei 3 Fällen von Coronarthrombose, ebenso bestätigt eine ausführliche Arbeit von A. WILLCOZ und J. L. LORIBAND die großen Vorteile der thorakalen Ableitung bei Coronarerkrankungen. Von W. HAUSS und B. STEINMANN konnte bei 25 Patienten in 17 Fällen durch Hinzuziehung der thorakalen Ableitung die Diagnose auf Zustand nach Coronarinfarkt, also Herznarbe gestellt werden, während am gleichen Material nur 8 Patienten im EINTHOVEN-Ekg Veränderungen aufwiesen. A. ALLEN GOLDBLOOM fand bei 4 Fällen von Coronarthrombose ebenfalls lediglich in Abl. IV typische Veränderungen, während Abl. I—III normal waren. Die Abweichungen in Abl. IV nach der Methode von WOLFERTH und WOOD bestehen im Fehlen der T-Welle sowie in einer Aufsplitterung des QRS-Komplexes und in einem Diphasischwerden oder einer Umkehr der T-Welle. Nach den Angaben dieses Autors werden bei Coronarinsuffizienz in 7,5% der Fälle, bei Coronarthrombose in 30% in Abl. IV noch typische Abweichungen des Ekgs gefunden, wenn die Extremitätenableitungen versagen. BOLZNING und KATZ arbeiten ebenfalls mit der klassischen Abl. IV. Bei der Untersuchung von 200 Kranken mit Coronarsklerose, 50 Kranken mit Verdacht auf Coronarsklerosen, 100 Herzkranken unsicherer Diagnose und 133 Kranken mit organischem Herzfehler zeigte sich, daß bei Coronarsklerosen Veränderungen im

Erklärung zu Abb. 26.

Linke Spalte. 3 Elektrodiagramme Abl. I—III von oben nach unten bei einem Fall von Pericarditis exsudativa. Coronarinfarkt-ähnliche Ekgs. *Oben* ist S-T in allen 3 Ableitungen eleviert und setzt am absteigenden Schenkel von R an. Dabei pos. T-Zacken. Das coronarinfarkt-ähnliche Bild entsteht durch Anämie der peripheren Herzmuskelpartien bei Perikarditis. Kennzeichnend ist die gleichsinnige Veränderung in allen Ableitungen. Mittleres Bild: im weiteren Verlauf wird T_I und T_{II} neg. Unten: Restitutio. Normales Ekg nach Ablauf der Perikarditis.

Mittlere Spalte oben. Coronar-ähnliches Ekg bei totaler Concretio pericardii. Kleine absolute Voltwerte. Neg. T-Zacke in llen Ableitungen.

Mittlere Spalte mitte. Autoptisch bestätigter Hinterwandinfarkt. In Abl. III tiefes Q_{III} und coronare Welle. Unten: dasselbe Ekg unmittelbar darauf nach einer tödlich verlaufenen Lungenembolie. Die Lungenembolie vermag wahrscheinlich reflektorisch coronarinfarktähnliche Bilder im Ekg hervorzurufen!

Rechte Spalte oben. Tiefe Q_{III} und neg. T_{III} bei einem völlig gesunden, außerordentlich leistungsfähigen Sportsmann ohne jeden Anhalt für Coronarschädigung, weder klinisch noch anamnestisch. Dieses Q_{III} als *alleiniges* Symptom ist nicht verwendbar.

Rechte Spalte mitte. Triphasischer Ventrikelkomplex in Abl. III mit neg. T_{III}. Klinisch anginöse Beschwerden. Arteriosklerose. Kann Zeichen von Coronarschädigung sein.

Rechte Spalte unten. Normales Ekg bei einem Fall mit autoptisch stark arteriosklerotisch veränderten Coronargefäßen, multiplen kleinen Coronarthrombosen. Im Ekg weder Zeichen der Durchblutungsstörung, noch der Erregungsablaufverlängerung, noch der Reizleitungsstörung.

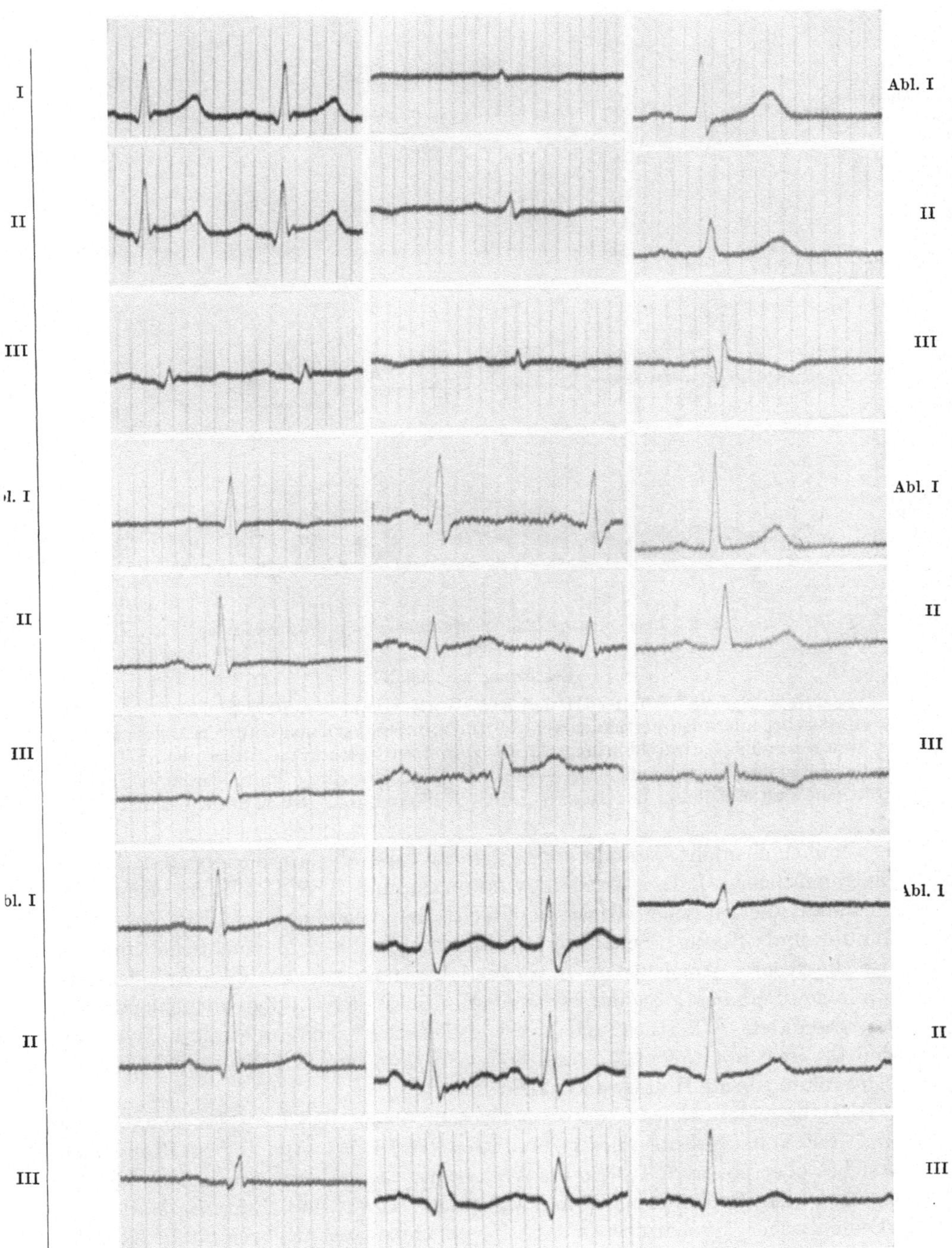

Abb. 26. Die Differentialdiagnose der coronaren Elektrokardiogramme.

Sinne eines positiven QRS-Komplexes, eines tief gesenkten S-T-Stückes und einer positiven oder diphasischen T-Zacke auftraten. Die Abl. I—III zeigten zwar

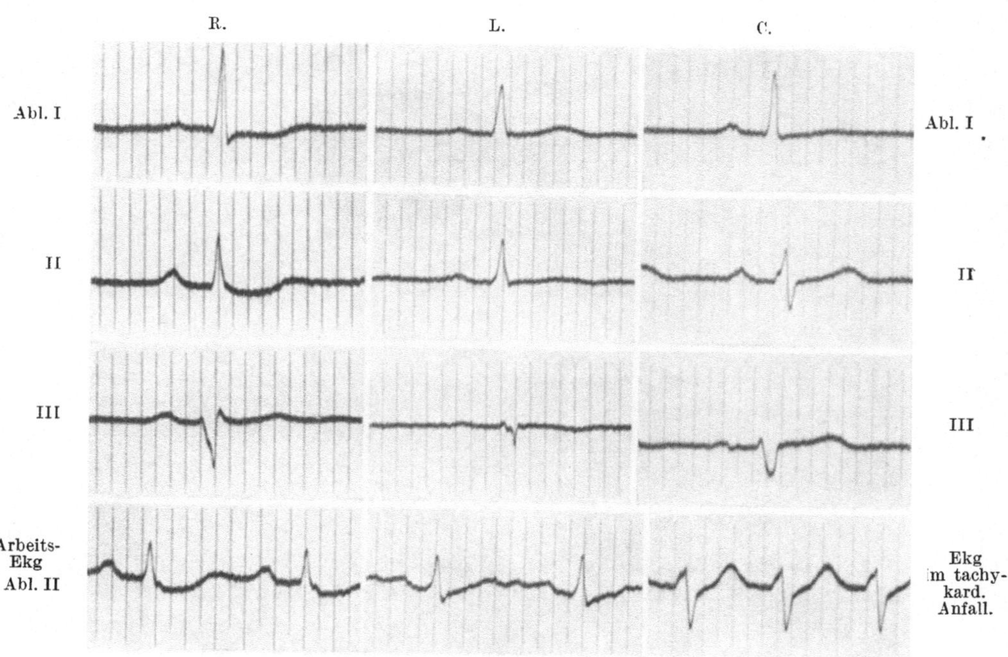

Abb. 27.   Dem coronaren Ekg ähnliche Bilder nach Arbeitsbelastung.

Erklärung zu Abb. 27.

Senkrechte Spalten. Abl. I—III und Abb. II als Arbeits-Ekg nach 25 Kniebeugen. Die verstärkte bogenförmige Vertiefung von S-T (links unten) bei einem Fall von Angina pectoris ist wahrscheinlich als Durchblutungsstörung zu werten. Der schräge Anstieg von S-T (unten mitte und rechts) ist nicht sicher zu verwerten. (Erklärbar durch Vergrößerung des Schlagvolumens und Erhöhung der Herzfrequenz. E. SCHWINGEL: Dtsch. med. Wschr. 1937 I.)

gewöhnlich ebenfalls Veränderungen, jedoch waren die Abweichungen in Abl. IV meist deutlicher. C. L. C VAN NIEUWENHUIZEN und H. A. P. HARTOG verwenden gleichfalls die typischen Brustwandableitungen, allerdings mit der WOLFERTH-WOOD- und JERVELL-Schaltung wechselweise, außerdem eine Schaltung, bei der die rechte Armelektrode in Gegend des Herzens, die linke Armelektrode am linken Bein liegt. Sie unterscheiden in Abl. IV den C_{II}-Typ mit fehlendem Q, tief gesenktem S-T-Stück und positiver T-Zacke beim Vorderwandinfarkt und den C_{IV}-Typ mit tiefem Q_{IV} und hohem Abgang von S-T bei fehlender Finalschwankung beim Hinterwandinfarkt.

Ein besonders tiefes T_{IV} entgegengesetzt dem QRS-Komplex und oft von größerer Voltstärke als dieser, fand sich häufig bei organischem Herzleiden. Flaches oder positives T_{IV} (in der WOLFERTHschen Ableitung) wird als sicheres Zeichen der Myokardschädigung aufgefaßt. LEVY und BRUENN fanden bei rheumatischer Myokarditis in Abl. IV ebenfalls aufwärts gerichtete T-Zacke, vertiefte negative T-Zacke, sowie Knotung von QRS und Hebung oder Senkung des Zwischenstückes, so daß auch bei der Abl. IV die Abweichungen des Ekgs nur den lokalen Myokardschaden, nicht aber seine Ursache aufdecken können, wie es ohne weiteres selbstverständlich ist. IRVING R. ROTH steht der Bedeutung der Abl. IV skeptischer gegenüber als die bisher genannten Autoren.

Sicher scheint ihm zu sein, daß Fehlen von Q_{IV} auf einen alten Infarkt der Herzvorderwand hinweist. Andererseits weist ROTH darauf hin, daß ein abnormes T_{IV} zwangsläufig ein abnormes T_I bedingt und daß in bei weitem der Mehrzahl der Myokardinfarkte auch in Abl. I—III Veränderungen vorhanden sind, wenn Abl. IV pathologische Abweichungen zeigt, ja in vielen Fällen Abl. IV versagt, wenn I—III Abweichungen aufweisen.

DEL CASAL findet, daß der Hinterwandinfarkt auch bei Brustwandableitung häufig nicht erfaßbar ist. In keinem Falle waren *allein* im Brustwand-Ekg beim Myokardinfarkt pathologische Abweichungen vorhanden, wohl waren sie manchmal in Abl. IV eindrucksvoller, als in den Extremitätenkurven. Andererseits zeigen 3 von 12 Fällen, daß im Extremitäten-Ekg Myokardinfarktzeichen auftreten, wo das Brustwand-Ekg „stumm" bleibt.

A. BÖHMING und KATZ verwenden eine Abl. IV mit der differenten Elektrode am linken Sternalrand im 4. Intercostalraum, der indifferenten Elektrode am linken Bein. Die Prüfung von 200 Fällen bestätigt den Verff. die ausgezeichneten Resultate unter Zuhilfenahme dieser Ableitung bei frischen Fällen von Coronarverschluß. Abweichend von den meisten Angaben der Literatur erblicken sie auch für den Hinterwandinfarkt eine verbesserte Erkennungsmöglichkeit.

SISTO findet das Ekg der Abl. IV nicht unbedingt spezifisch für den Myokardinfarkt, erblickt aber doch einen erheblichen Vorteil in der Methode, um Zonen zu erfassen, die in den anderen Ableitungen „stumm" bleiben. LANGENDORF und PICK befürworten die Verwendung multipler Brustwandableitungen, wobei die Brustwandelektrode im 4. Intercostalraum links parasternal, sowie am äußersten Rand des Herzspitzenstoßes angebracht wird. Die Q_{IV}-Zacke ist diagnostisch besonders bedeutsam für die Vorderwandinfarktdiagnose.

Es wurde schon erwähnt, daß WOLFERTH und WOOD außer der Abl. IV später weitere Standardableitungen verwandten, nämlich: Abl. IV = Herzspitze zur 1. Scapula, Abl. V = Herzspitze zum linken Bein, Abl. VI = 1. Scapula zum linken Bein. In einer späteren Arbeit (1934) sprechen die Autoren die Vermutung aus, daß eine ungewöhnlich hohe Nachschwankung in Abl. IV und V einem Infarkt der Vorderwand des linken Ventrikels entspricht, eine ungewöhnlich tiefe Nachschwankung in IV und V einem Infarkt der Hinterwand des linken Ventrikels. Von anderen Autoren wurde nun von dieser Methode der Standardableitungen und der Festlegung bestimmter Numerierung der Ableitungen abgegangen und mit einer Extremitätenelektrode und einer Suchelektrode gearbeitet, so von KOSSMANN, der die größten Änderungen des Ekgs erhielt, wenn die Suchelektrode direkt über dem infarzierten Herzteil zu liegen kam und damit Infarkte der Vorderwand gut erfassen konnte, während Hinterwandinfarkte „stumm" blieben. Während die Bezeichnung der Abl. IV in der amerikanischen Literatur allgemein üblich geworden ist, wird in der europäischen Literatur diese Bezeichnung teilweise abgelehnt und durch die Beschreibung der bei den einzelnen Autoren allerdings recht variablen Ableitungsstellen ersetzt. M. HOLZMANN beschreibt die Ableitungsstellen beginnend mit der rechten Armelektrode als herzferner Elektrode, schließend mit der linken Armelektrode als herznaher Elektrode. Ableitungsstellen sind neben einer dorsoventralen Ableitung (d. v. Abl.) vom Rücken links der Wirbelsäule zum Anfang der 5. Rippe am Sternum: linker Arm, linkes Bein, rechte Axillarlinie, linke Axillarlinie, rechte und linke Medioclavicularlinie in Höhe des 5. ICR, rechter und linker Sternalrand am Anfang der 5. Rippe. Die sich ergebenden Einzelformen der Ekgs in den verschiedenen Ableitungen zu beschreiben, ist unmöglich, und ich habe Zweifel, ob der Vorteil größer ist, daß man mit zahlreichen Variationen der Ableitungen doch noch kleine Infarktherde entdecken könnte — und dazu müßte man in der Deutung außerordentlich vorsichtig sein — oder der Nachteil, daß die x-fache Variation der Ableitungen die Einführung der an sich guten und richtigen thorakalen Ableitungen in die Praxis so gut wie ganz bisher verhindert hat. Die bei der dorsoventralen Ableitung erzielten Typen: niedriges R bei tiefem S und abnorm hohes T streifen schon stark das pathologische Ekg der Abl. IV. Relativ gut erkennbar ist der frische Vorderwandinfarkt: Reduktion oder Verschwinden von R (dem Q_{IV} von WOL-FERTH), tiefes S (dem hohen R_{IV} von WOLFERTH), Hebung und Konvexität von S-T und Plateauform von S-T. Dann folgt Rückgang der abnormen Hebung von S-T und Ausbildung der T-Negativität. Wichtig ist der Hinweis von HOLZMANN, daß zu hohes Anlegen der herznahen Elektrode in Höhe des 3.—4. Rippenansetzens am Sternum ein Verschwinden der R-Zacke bedingen kann. WILSON hat auf das Auftreten von Q_I im Zusammenhang mit dem Schwinden von R (= Q_{IV}) in der d. v. Abl. (Abl. IV) hingewiesen.

Es finden sich also beim alten Vorderwandinfarkt neben den von WILSON sowie von McLEAD, BARKER und JONSTON beschriebenen Zeichen: Q_I verstärkt, kleines R_I, negatives T_I, überwiegendes S_{II} und S_{III}, das Verschwinden von R_{IV} (= Q_{IV}) und spitzes positives T_{IV}. Umkehr der Zackenfolge in der d. v. Abl. scheint scheint für Störungen der Erregungsfolge zu sprechen und bei Mitbeteiligung des Septums vorzukommen. Beim Herzhinterwandinfarkt findet HOLZMANN sehr viel weniger typische Bilder, wie überhaupt aus allen Publikationen die Unsicherheit der Diagnose der Hinterwandinfarkte in der Abl. IV hervorgeht. Bei Fällen mit typischem Q_{III} und T_{III} findet sich am ehesten noch ein gesenktes und leicht konkaves S-T-Stück, wenn überhaupt Veränderungen da sind. R_{IV} ist dabei eher hoch als niedrig, T_{IV} kann negativ werden, aber auch abnorm hoch. Vergleiche dazu die differentialdiagnostische Tabelle der Abb. 41.

Erklärung zu Abb. 28.

Die Spalten enthalten untereinander: Abl. I, Abl. II, Abl. III, Abl. IV u. (JERVELL) (li. Armelektrode Herzspitze — re. Armelektrode li. Schulterblatt) und Abl. IV (WOLFERTH und WOOD) (re. Armelektrode Herzspitze — li. Armelektrode zwischen Schulterblatt und Wirbelsäule).

1. Spalte von links. Normalfall.

2. Spalte von links. Coronarinsuffizienz. Aufsplitterung des Ventrikelkomplexes in den thorakalen Ableitungen.

3. Spalte von links. Linksherz. Angina pectoris. Abl. I—III lassen die Frage einfacher Linkshypertrophie (Erregungsverspätung links) offen. Abl. IV u. und IV zeigen schwere Veränderungen des Ventrikelkomplexes aus Umkehr der T-Zacken, sowie Veränderungen des S-T-Stückes.

4. Spalte von links. Klinisch schwerste Angina pectoris-Anfälle. Kurz darauf Exitus im Anfall. Abl. I—III sind völlig uncharakteristisch. Die thorakalen Ableitungen zeigen Depression bzw. Elevation von S-T und Umkehr der Finalschwankung.

5. Spalte von links und 6. Spalte von links. Zeitlich aufeinanderfolgende Ekgs eines Falles von Endarteriitis obliterans mit schwersten anginösen Zuständen. Die Abweichungen in den thorakalen Ableitungen (Fehlen von Q_{IV}, Depression von S-T_{IV}, pos. T_{IV}) sind wesentlich deutlicher als in Abl. I—III (neg. T_I, isoelektrisches T_{II}).

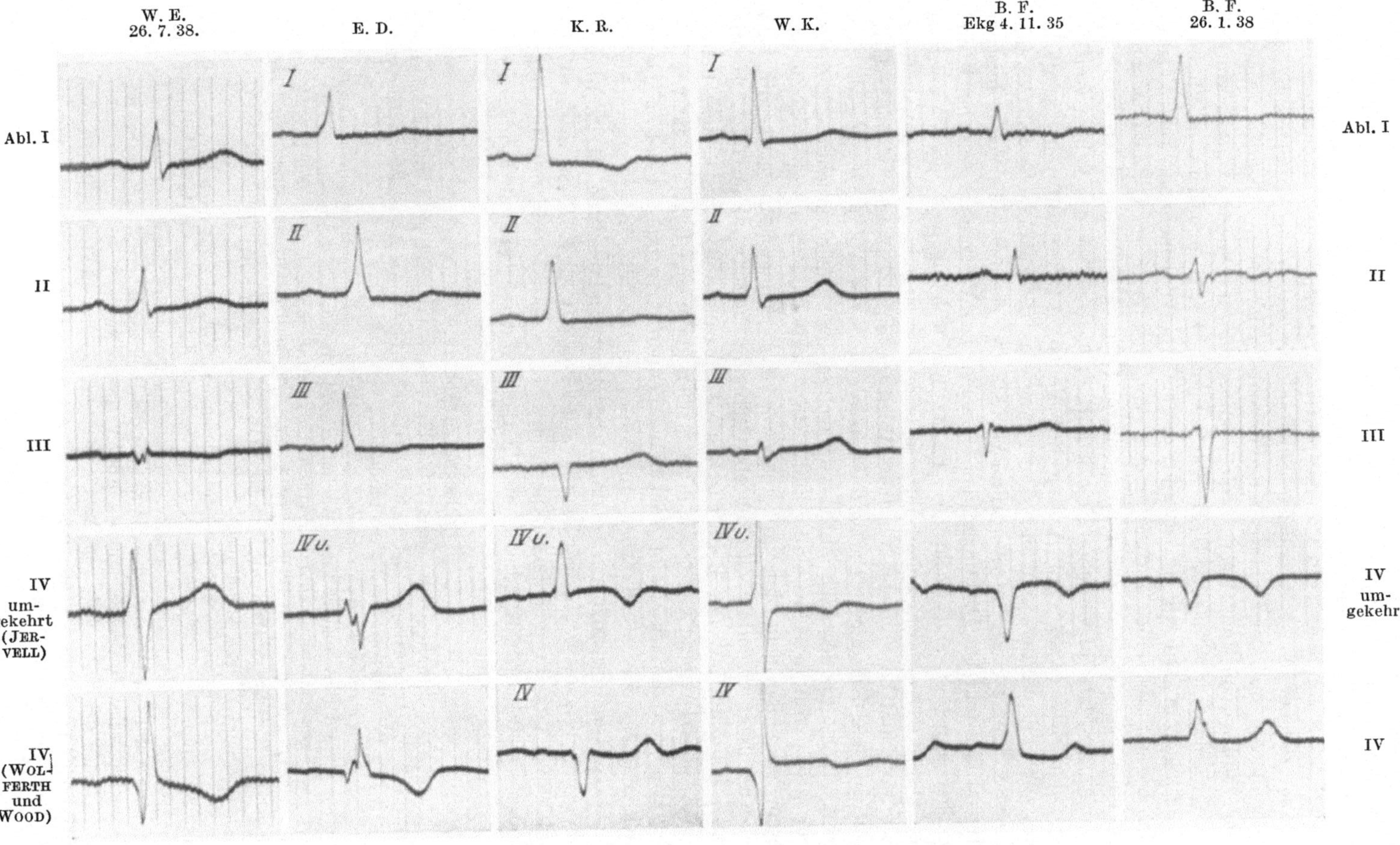

Abb. 28. Erkennung der Coronarschädigung in der thorakalen Ableitung.

M. Holzmann findet als Zeichen der Coronarinsuffizienz das Auftreten einer Q-Zacke bei dorsoventraler Ableitung, ferner abnorme Kleinheit oder Fehlen von R, ein Zeichen, das jedoch beim Hypertonieherzen nicht verwertbar ist. Hebung von S-T kann Coronarinsuffizienz sein, kommt aber auch beim Linksherzen vor, S-T-Senkung ist beim Linksherzen immer pathologisch, beim Rechtsherzen und bei Digitalis mit Vorsicht zu bewerten. Negative, abnorm hohe, biphasische und flache T-Welle sprechen für Durchblutungsstörungen.

A. M. Master, S. Dack, H. H. Kalter und H. L. Jaffe arbeiten mit einer Ableitung vom Arm zur Brustwand, die sie Abl. IV benennen. Das Normal-Ekg besteht aus einer Aufwärtszacke (von den Autoren Q-Zacke genannt) und einer negativen (R-) Zacke mit positiver Finalschwankung. Auch bei diesem sehr großen Material von 4500 Ekg deutete in $^2/_3$ der Fälle das Fehlen von R_{IV} (Q_{IV} = positive Zacke am Anfang des Ventrikel-Ekgs) auf Coronarinfarkt, und zwar der Vorderwand hin. Sonst fand sich diese Anomalie bei Coronarsklerose, Hypertonus, intraventrikularem Block, rheumatischer oder luischer Myokarditis und bei Drehungen des Herzens. Die Veränderungen von T sind weniger konstant und flüchtiger. Franz Kisch leitet nach dem Vorschlag von D. Scherf ab vom linken Unterschenkel zur Gegend der absoluten Herzdämpfung und bezeichnet auch diese Ableitung mit IV (besser ist sicher U-H-Ableitung zur Klärung!). Die Normalkurve gleicht der Abl. I oder II des Eint-hoven-Ekgs: kleine, nach unten oder selten nach oben gerichtete P-Zacke, sehr große Anfangsschwankung mit zuerst aufwärts, dann abwärts gerichtetem Ausschlag, dem ohne größeres Zwischenstück meist eine etwas oberhalb der Nullinie ansetzende hoch nach oben gehende Endschwankung folgt. Häufig findet sich eine U-Welle. Beim frischen Vorderwandinfarkt findet sich: Fehlen von R, hoher Abgang von S-T mit nach oben konvexem Bogen, negatives T_{IV}. Der Hinterwandinfarkt ist oft nicht zu erkennen, manchmal findet sich leicht nach oben konkaves S-T-Stück mit kaum angedeuteter oder „gigantischer" T-Zacke. Die hier angewandte unipolare Brustwandableitung ist im übrigen schon von Wilson geübt worden und wird von Irving R. Roth in der Weise empfohlen, daß die erste herznahe Elektrode in die Gegend des Herzspitzenstoßes angebracht wird, die zweite herzferne an den rechten Arm angelegt.

Erklärung zu Abb. 29.

Die Spalten enthalten untereinander: Abl. I, II und III. Abl. IV u. (li. Armelektrode Herzspitze re. Armelektrode li. Schulterblatt) und Abl. IV (re. Armelektrode Herzspitze i. zwischen Schulterblatt und Wirbelsäule li.).

1. Spalte von links, 2. Spalte von links, 3. Spalte von links. Zeitlich aufeinanderfolgende Kurven eines Falles mit schweren Angina pectoris-Anfällen (Anamnesen, Fall 1), wobei Abl. I—III zunächst wenig charakteristisch sind, erst allmählich mit tiefem Q_{III}, Knotung und Verbreiterung des Ventrikelkomplexes auf den Ausfall von Myokardteilen und Schädigungen der Erregungsausbreitung hinweisen. In Abl. IV fehlt schon frühzeitig die Q-Zacke, S-T ist gesenkt, T angedeutet pos.

4. und 5. Spalte von links. Schwerste Angina pectoris-Anfälle, die nach wenigen Monaten zum Tode führten. In Abl. I neg. T_1, war bei der gleichzeitigen Hypertonie mit Linkshypertrophie nicht sicher zu verwerten. Das Fehlen von Q_{IV} ist wegen der Linkshypertrophie ebenfalls nicht verwertbar, wohl aber die Depression von $S\text{-}T_{IV}$ (in Spalte 4) und die isoelektrische Finalschwankung in Abl. IV (in Spalte 5).

6. Spalte von links. Fall von Angina pectoris, der nur in einer Abl. (Herzspitze zur Wirbelsäule) eindeutige Veränderungen aufweist. Abl. III ist auf Hinterwandinfarkt verdächtig (coronare Welle, Q_{III} vertieft).

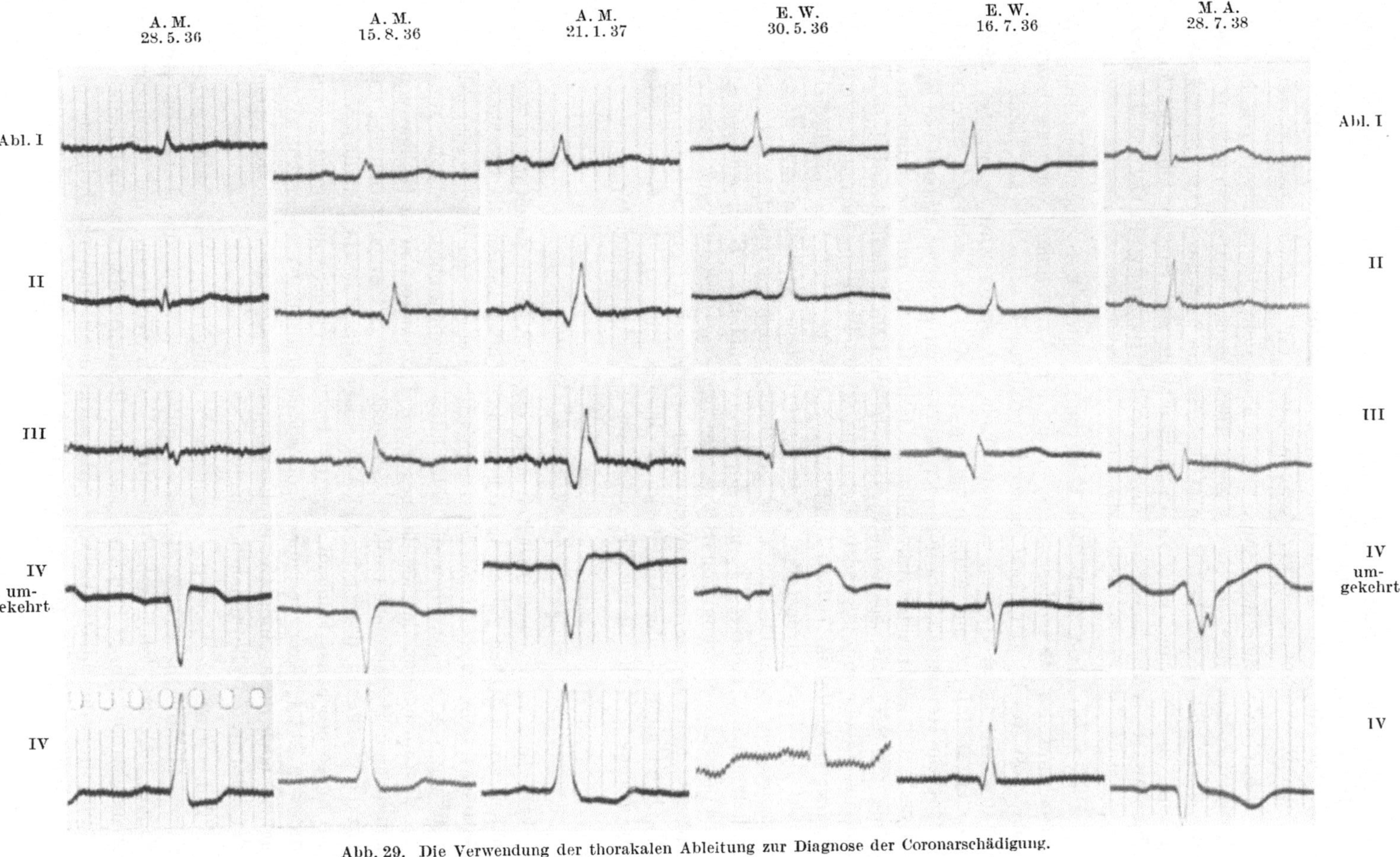

Abb. 29. Die Verwendung der thorakalen Ableitung zur Diagnose der Coronarschädigung.

M. B. Whitten wendet endlich eine mittelaxillare Ableitung zur Diagnose des Herzinfarktes an: linke mittlere Axillarlinie zur rechten mittleren Axillarlinie. Die Abl. ist der Einthoven-Abl. I sehr ähnlich, läßt aber unklare Bilder bei Vorderwandinfarkten (T_I-Veränderungen) oft deutlicher hervortreten.

Nebh hat neuerdings empfohlen, neben dem „großen Herzdreieck" der Extremitätenableitungen ein „kleines Herzdreieck" mittels thorakaler Ableitungen zu bilden. Die Ecken dieses Dreiecks sind: zweites rechtes Sternocostalgelenk (rechte Armelektrode), Projektionsstelle des Herzspitzenstoßes in die linke hintere Axillarlinie (linke Armelektrode), Herzspitze in Gegend des Herzspitzenstoßes (linke Beinelektrode).

Die Ableitungen sind: Abl. D = vom rechten 2. Sternocostalgelenk zur Projektion des Herzspitzenstoßes in die l. h. Axillarlinie. Normales Kurvenbild: positives P. Q fehlend, hohes R, positives T, beim frischen Hinterwandinfarkt tritt tiefes Q_D und coronare Welle auf, später wird T_D negativ. Beim Vorderwandinfarkt nur Abflachung von T_D. Abl. A = rechtes 2. Sternocostalgelenk zur Herzspitze. Im normalen Kurvenbild positives P, positives R, positives T mit gedoppelter Schwankung. Beim frischen Hinterwandinfarkt: Senkung von S-T_A mit negativen T_A, beim frischen Vorderwandinfarkt: tiefes Q_A, coronare Welle mit folgendem tiefen negativen T_A, beim älteren Vorderwandinfarkt verbleibt das tiefe Q_A und das negative T_A. Abl. J = vom Projektionspunkt des Herzspitzenstoßes in die linke hintere Axillarlinie zur Herzspitze. Normales Kurvenbild = aufwärts gerichteter, manchmal aufgesplitterter Ventrikelkomplex, positives T_J mit doppelter Erhebung. Beim frischen Hinterwandinfarkt: Senkung von S-T_J, negativen T_J, beim frischen Vorderwandinfarkt: tiefes Q_J, coronare Welle in dieser Abl. mit folgendem tiefen negativen T_J, beim alten Vorderwandinfarkt bleibt das tiefe Q_I, R_I verschwindet oft, die coronare Welle flacht sich dabei ab, T_J bleibt dauernd negativ.

Zusammenfassung.

Die sehr zahlreichen Arbeiten über die thorakalen Ableitungen des Ekgs haben grundsätzlich Neues nicht gebracht. Gutes leisten die thorakalen Ableitungen beim frischen Vorderwandinfarkt (Fehlen von Q_{IV} in der Abl. IV, Senkung von S-T_{IV}), ebenfalls beim alten Vorderwandinfarkt, der sonst nur aus dem unsicheren Zeichen des negativen T_I zu erkennen ist (Fehlen von Q_{IV}, sofern kein Hypertonus vorliegt, Senkung von S-T_{IV}, positivem T_{IV} bezogen auf die Wolferth-Woodsche Abl. IV). Insbesondere ist die Senkung von S-T_{IV} ein ausgesprochenes Frühsymptom des frischen Vorderwandinfarkts, wenn sich dieser in Abl. I (deren Veränderungen weitgehend mit denen der Abl. IV parallel gehen) noch nicht eindeutig manifestiert oder wegen zu schwacher Ausbildung der coronaren Welle undeutlich bleibt.

Mit verwendbar sind die, wenn auch vieldeutigen Abweichungen bei der Coronarinsuffizienz. Beim Hinterwandinfarkt versagen die thorakalen Ableitungen. Grundsätzlich sollte die Abl. IV von Wolferth und Wood (rechte Armelektrode Herz- — l. Armelektrode Rücken) oder eine präkordiale Ableitung (l. Armelektrode Herz — r. Armelektrode l. Oberschenkel) bei Verdacht auf Coronarerkrankungen mit vorgenommen werden.

XIII. Kapitel.

Die Röntgendiagnostik der Coronarerkrankungen: Durchleuchtungsbild, Herzaufnahme und Kymogramm.

Die röntgenologische Untersuchung bei den Coronarerkrankungen hat folgende Punkte zu berücksichtigen:

1. Form des Herzens, sehr oft uncharakteristisch, schlaffes breit aufsitzendes dreieckiges Herz mit Maßen an der oberen Grenze der Norm.

2. die Fortentwicklung dieser Herzform insbesondere das Auftreten einer zunehmenden Herzdilatation im Laufe monate- und jahrelanger Beobachtung.

3. die Beobachtung akuter Stauungserscheinungen, insbesondere der Nachweis der akuten Stauungslunge nach einem Infarkt.

4. die Beobachtung der röntgenkymographischen Exkursionen des Herzens, Nachweis von Veränderungen der Randzacken, Nachweis sog. „stummer Zonen", d. h. nicht mehr muskulär tätiger Herzpartien.

5. Nachweis arteriosklerotischer Veränderungen der Coronargefäße bei der Durchleuchtung und der gezielten Aufnahme.

6. Nachweis des Folgezustandes eines Coronarinfarktes, nämlich der Ausbildung aneurysmatischer Herzerweiterung.

Die einfache Durchleuchtung des Brustkorbes sowie die Herzfernaufnahme bzw. das Orthodiagramm spielen unter den diagnostischen Hilfsmitteln der Coronarerkrankungen eine gegenüber dem klinischen Befund und der Elektrokardiographie durchaus untergeordnete Rolle. Bei der chronischen Coronarinsuffizienz resultiert im allgemeinen eine allmählich fortschreitende Dilatation des Herzens, das Bild der Myodegeneratio cordis mit allseitiger Zunahme der Herzmaße, pathologisch-anatomisch den multiplen Schwielenbildungen und Muskelatrophien entsprechend. Die Arteriolosklerose der Coronarien zeigt enorme Herzmaße in auffallendem Gegensatze zu den minimalen Ausschlägen des Ekgs bei dieser Form der Coronarschädigung. Die akute Coronarinsuffizienz zeigt, wie zu erwarten, keinerlei Veränderungen der Herzsilhouette. Einen Hinweis vermisse ich allerdings in der Literatur, nämlich, daß man im Zweifelsfall, z. B. bei der Differentialdiagnose zwischen Coronarverschluß und abdomineller Erkrankung, Gallenkolik oder Ulcus, aus der akut aufgetretenen Stauungslunge oft mit größerer Sicherheit als aus dem in den ersten Stunden noch atypischem Ekg die Diagnose auf eine akute schwere Herzschädigung stellen kann. In Abb. 34 ist ein Fall von akuter Coronarinsuffizienz bei schwer toxischem Krankheitsbild, in Abb. 35 ein Fall von ganz akuter Stauungslunge bei 2 Stunden altem völlig schmerzlosem Coronarinfarkt dargestellt. Es handelt sich um einen Vorderwandinfarkt, der elektrokardiographisch nur sehr geringe Erscheinungen — Verkleinerung von R_I und angedeuteter erhöhter Ansatz von S-T in Abl. I — gemacht hatte. Beim frischen Coronarinfarkt ist die Beobachtung von verminderter Amplitude der Herzkontraktion bei der Durchleuchtung meist erfolglos. Meist bleibt nach nicht großen Myokardinfarkten die Herzgröße auch bei nachfolgender monate- und jahrelanger Beobachtung unverändert. HORINE und WEISS haben 20 Fälle von Coronarthrombose zum Teil jahrelang röntgenologisch kontrolliert und halten es mit Recht für ein prognostisch gutes Zeichen, wenn keine Herzdilatation eintritt.

LEVENE, WHEATLEY und HELEN MATHEWS weisen darauf hin, daß bei der durch Coronarveränderungen hervorgerufenen Herzinsuffizienz der linke Herzrand gerade oder konkav statt konvex erscheint. Die Amplitude des linken Ventrikels erscheint oft geringer als die der Vorhöfe.

Abb. 30. Aorteninsuffizienz auf luischer Basis. Alter Vorderwandinfarkt. Schwere Angina pectoris-Anfälle. Kymographischer Ausfall der Bewegungen der Spitzenteile. Abstumpfung der Randzacken.

Einen wesentlichen Fortschritt in der Röntgendiagnostik der Coronarerkrankungen bedeutet die Einführung der Röntgenkymographie durch PLEIKART STUMPF, die durch HECKMANN, HENNING u. a. für die Herzdiagnostik weiter ausgebaut worden ist. Im normalen Kymogramm drückt sich die Ventrikelpulsation aus als langsame bogenförmige Lateralbewegung und schnelle geradlinige Medialbewegung. Im Mittel ist das Ausmaß dieser Bewegungen etwa 3—5 mm, wobei meist beim gesunden leistungsfähigen Herzen das Ausmaß der Bewegungen des Herzrandes spitzenwärts, also caudal, an Größe zunimmt, der sog. Typ I, während bei den Herzen einer zweiten Gruppe, der oft weniger leistungsfähige Herzen angehören, ein Bewegungstyp auftritt, bei denen die

Ausmaße der Pulsationen spitzenwärts abnimmt, der sog. Typ II. Allerdings fanden HOLST, KLIONER, KOPPELMANN und SPERANSKY unter ihrem Material beide Bewegungstypen auf gesunde und kranke Herzen ungefähr gleichmäßig verteilt und lehnen eine Funktionsdiagnose auf Grund dieser Typeneinteilung

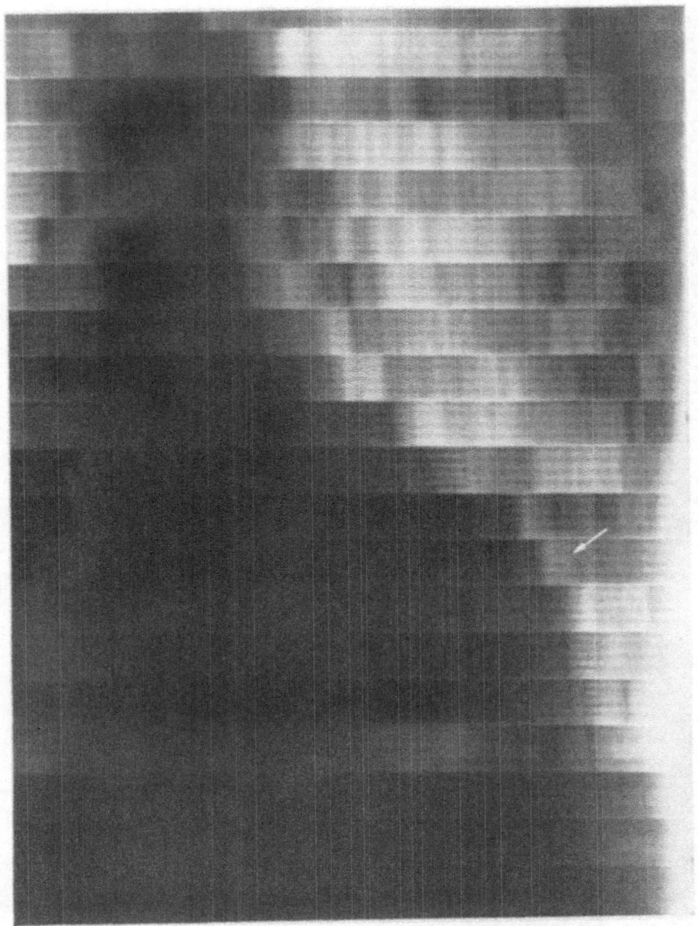

Abb. 31. Stumme Zone am linken Herzrand bei Vorderwandinfarkt. Stufenkymogramm.
Der Pfeil bezeichnet die Ausfallzone.

ab. STUMPF vertritt den Standpunkt, daß an sich der Typ II nicht pathologisch ist, wohl aber der sog. fixierte Typ II, d h. wenn die beschriebene Pulsationsform bei Einatmung und Ausatmung sowie bei Arbeitsleistung unverändert erhalten bleibt. Beim Myokardinfarkt kommt es zunächst zu einer Ausschaltung des infarzierten Herzmuskelbezirkes aus der funktionellen Tätigkeit. Die Kontraktionen des Herzmuskels an dieser Stelle hören auf, im Kymogramm kommt es zur Bildung einer „stummen Zone". Hier ist für die diagnostische Bewertung die Tatsache, daß schon normaliter in manchen Fällen die Kontraktionen der Herzspitze von sehr geringem Ausmaß sind, sehr erschwerend, Ausfall der Spitzenbewegung kann nur dann mitbewertet werden, wenn auch klinische

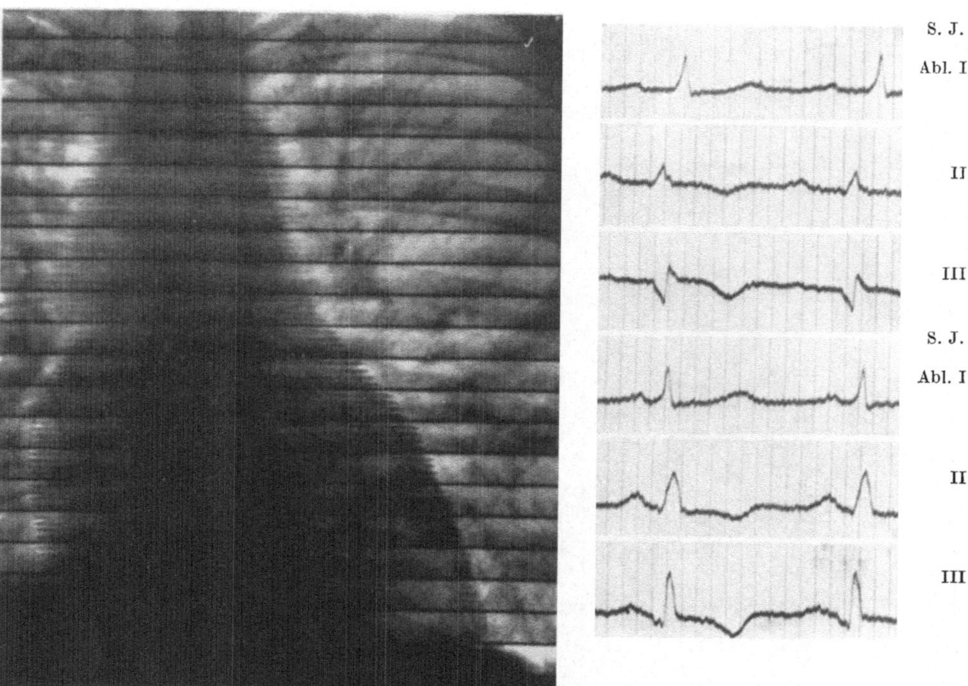

Abb. 32. Links Kymogramm mit stummer Zone am linken Herzrand. Rechts: Im Ekg erscheint der Fall als Hinterwandinfarkt. Die oberen und unteren 3 Ableitungen liegen 10 Tage auseinander.

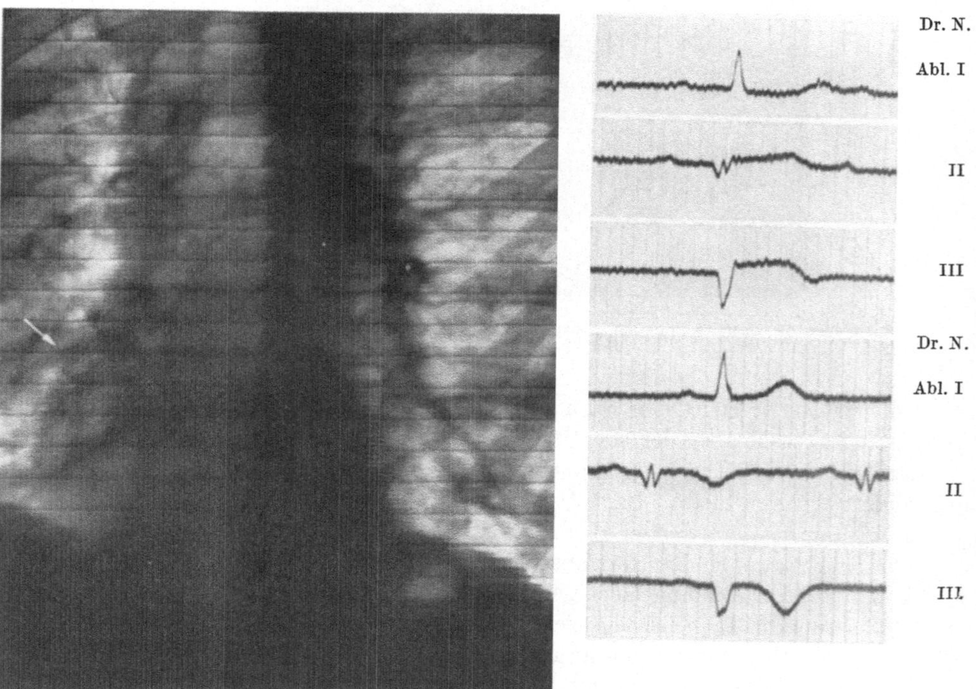

Abb. 33. Kymogramm. Hinterwandinfarkt. II. schräger Durchm. Ausfallszone. Im Ekg: Die oberen und unteren Ableitungen I—III folgen sich zeitlich im Abstand von 8 Tagen.

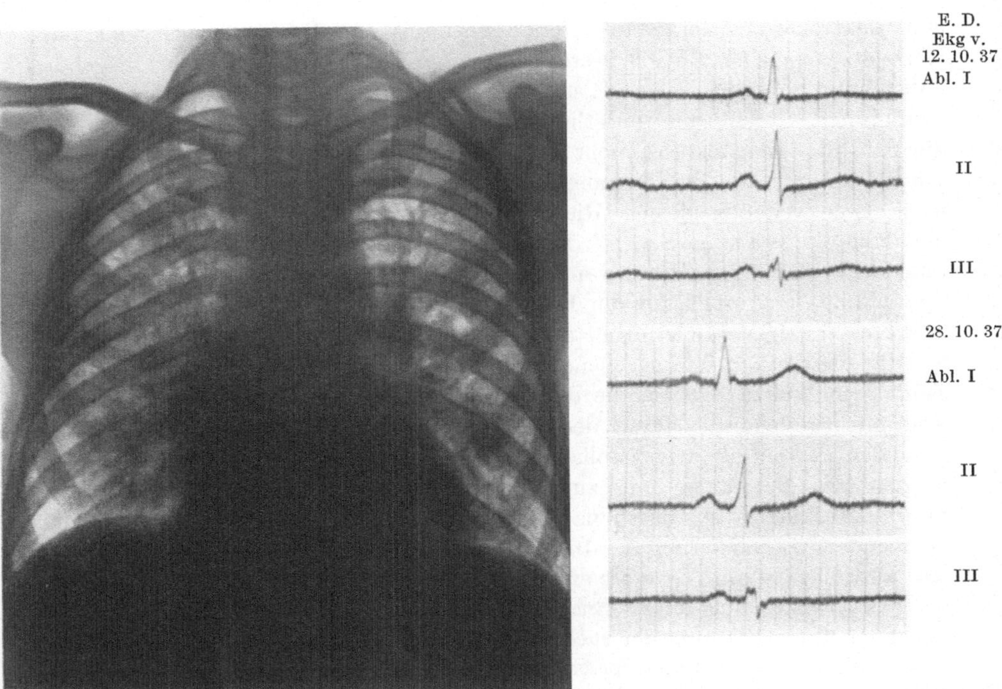

Abb. 34. Akute Stauungslunge. Toxische Herzmuskelschädigung nach Angina. Afebril: Das zeitlich dem Röntgenbild entsprechende Ekg rechts oben zeigt lediglich abgeflachtes T_I und T_{II}.

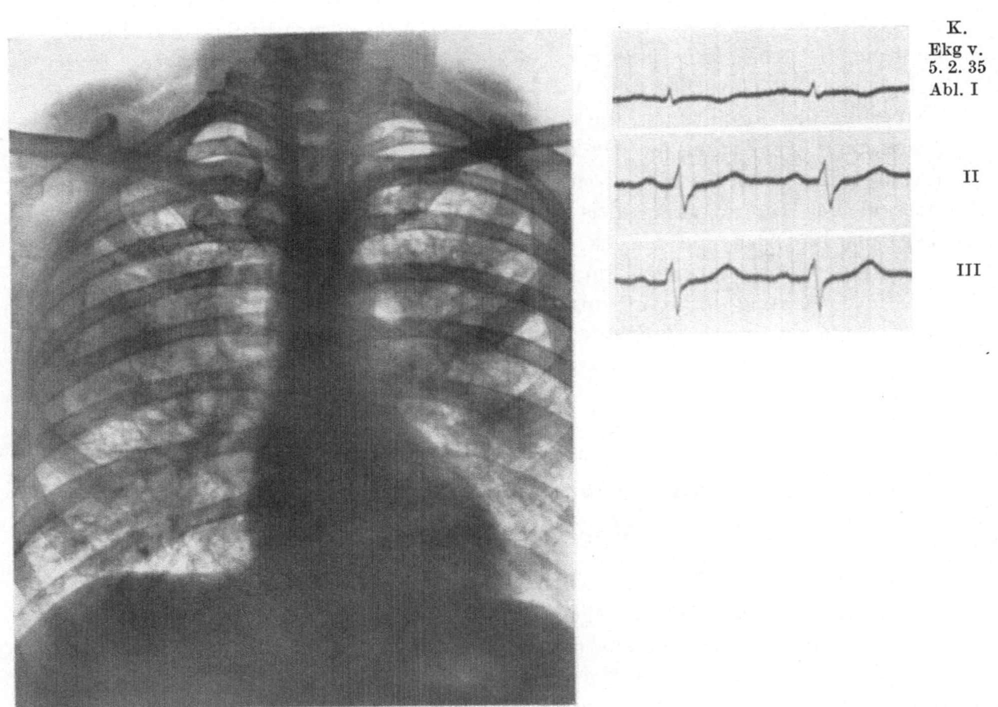

und elektrokardiographische Befunde ebenfalls für Infarkt in Gegend der Herzspitze sprechen. Weit besser zu diagnostizieren ist der höher liegende „Mittelinfarkt", eine isolierte „stumme Zone" am linken Herzrand mit guten Amplituden oderhalb und unterhalb der Infarktstelle. Einen solchen Fall zeigt die Abb. 31. Diagnostisch nicht ungünstig liegen auch die Verhältnisse beim Hinterwandinfarkt. Bei Drehung in den zweiten schrägen Durchmesser, besser noch etwas weiter in gleicher Richtung, wird der rechte Ventrikel randbildend und läßt oft „stumme Zonen" deutlich erkennen. Bei elektrokardiographisch und klinisch sicheren Hinterwandinfarkten sieht man oft eine deutliche Einschränkung der Amplituden der Herzspitze. Im weiteren Verlauf des Myokardinfarktes treten Veränderungen auf, wie sie von STUMPF beschrieben wurden und für die die von ihm gegebene anatomische Deutung zutreffen dürfte. Man sieht kleine spitze Zacken, die durch Ausmessung des Abstandes von der jeweiligen Streifenunterteilung des Kymogramms und im Vergleich mit den gesunden Partien als herzsystolische Lateralbewegungen zu erkennen sind. Es werden also die Partien mit zugrunde gegangener nicht mehr kontraktionsfähiger Muskulatur systolisch nach auswärts gedrängt. Später treten mit zunehmender Konsolidierung des Infarktes Doppelbewegungen auf, bedingt durch eine zunächst passive Lateralbewegung, der eine schwache aktive Medialbewegung als Einkerbung folgt. Endlich folgt, zum Teil in die früheren Stadien übergehend, ein Stadium der ruckweisen, nicht gleichmäßigen, daher gezackten und aufgesplitterten Lateralbewegung der Amplituden, wie sie aus der Vorstellung eines narbig veränderten Myokards verständlich wird. Beim Herzaneurysma oder bei einer dem Infarkt folgenden hochgradigen Atrophie der Muskulatur der Herzspitze bleiben die systolischen Lateralbewegungen als Dauerzustand bestehen. Bei der chronischen Coronarinsuffizienz mit Bildung multipler Nekroseherde und bei der Arteriolosklerose der Coronarien findet sich neben der Vergrößerung der kymographischen Herzsilhouette eine Verkleinerung der Amplituden, die auf Werte unter 2 mm zurückgehen, eine Aufsplitterung der Zacken in der diastolischen Lateralbewegung, Auflösung der Exkursionen in kleine Medial- und Lateralbewegungen. Oft bleiben als Restzustand der Infarktperikarditis Zonen mit totalem Ausfall der Amplituden lokal als Dauerzustand zurück. Von HENNING werden die von STUMPF beschriebenen Veränderungen im wesentlichen bestätigt, auch HENNING fand die Einschränkung der Bewegung der Herzspitze im wesentlichen bei myokardgeschädigten Fällen. Ebenso schließen sich B. FABER und KJAERGAARD der Meinung an, daß bei chronischen Myokardschädigungen der Typ II gewöhnlich gefunden wird.

XIV. Kapitel.

Die Röntgendiagnostik der Coronarerkrankungen: Nachweis der Verkalkung der Coronargefäße.

Ein Versuch, Erkrankungen bzw. sklerotische Veränderungen mit Verkalkung der Coronargefäße röntgenologisch zu erfassen, wurde 1933 von PARADE und KUHLMANN unternommen, denen es gelang, mittels besonderer Ausblendetechnik Veränderungen der Coronarien direkt nachzuweisen. KUHLMANN berichtet 1938 über eine Reihe weiterer Fälle. In den meisten Fällen wurden pathologische Befunde am Ramus descendens der linken Kranzarterie gefunden, eine Stelle, die besonders gut darstellbar ist, während isolierte Veränderungen der rechten Coronarie nie nachgewiesen werden konnten. Mehrfach wurde bei klinisch sicherem oder sehr wahrscheinlichem Herzinfarkt an der Stelle, wo der Ramus descendens der linken Coronarie abzweigt, ein kleiner inhomogener konkrementartiger Schatten von länglicher Form gefunden, der als verkalkter Thrombus angesprochen wurde.

Neuerlich haben sich H. A. SNELLEN und J. H. NAUTA mit der röntgenologischen Diagnose der Coronarverkalkungen erfolgreich beschäftigt. Sie haben im Laufe eines Jahres in 40 Fällen eine Verkalkung der Coronarien in vivo diagnostiziert, von diesen Fällen wurden 5 durch Autopsie bestätigt. Auch diesen Autoren gelang es nicht, eine isolierte rechtsseitige Verkalkung nachzuweisen, während 37 von den untersuchten Fällen allein ein isoliertes Befallensein der linken Coronarie aufwiesen. Offenbar liegen hier noch technische Schwierigkeiten vor.

Die Technik von v. SNELLEN und NAUTA ist so, daß zunächst der Hauptwert auf die Durchleuchtung gelegt wird, die bei sehr guter Adaptierung des Untersuchers und bei Atemstillstand in tiefster Inspiration des Patienten vorgenommen werden muß. Erst wenn bei der Durchleuchtung Kalkschatten gesehen werden, wird der Befund durch die gezielte Aufnahme festgelegt, am besten eignet sich dazu ein Duodenalgerät mit Drehstromanode und möglichst kurzer Belichtungsdauer (die von den Autoren angegebenen Werte lauten: Belichtungszeit 0,02 Sek., 85 kV Scheitelspannung 400 Mill.-Amp. 70 cm FPD, Drehanode mit 40 kW Kapazität).

Die größten Chancen zur Erkennung von Coronarverkalkungen bietet die Durchleuchtung im 2. schrägen Durchmesser. Die wiedergegebene Abbildung 36 läßt die Lage der Coronargefäße von der Aorta aus nach Kontrastfüllung mit der von LAUBRY angegebenen Methode dargestellt erkennen. Die linke Coronararterie ist hierbesonders gut zu erkennen, der Ram. desc. anterior steht hier nahezu senkrecht, ist stark verkürzt und stellt infolgedessen einen sehr intensiven Röntgenschatten dar, während der Ram. circumflexus der linken Coronararterie mehr waagerecht verläuft und von länglicher Form ist. Die Stelle, auf die es ankommt, nämlich der Anfangsteil des Ram. desc. der linken Coronararterie ist also besonders gut darstellbar und erscheint unter Umständen halbmond- oder kreisförmig im Schnitt getroffen. Die rechte Coronararterie liegt erheblich näher am r. Zwerchfell und bildet einen Kreisbogen, auch für sie ist die Durchleuchtung und Aufnahme im 2. schrägen Durchmesser die günstigste Position. Die 2. obenstehende Abbildung (Abb. 37) ist ebenfalls der Arbeit v. SNELLEN und NAUTA entnommen und läßt eine Verkalkung des Ram. desc. der linken Coronararterie an typischer Stelle bei *a* und eine Verkalkung der rechten Coronararterie bei *b* erkennen. In besonders günstigen Fällen sieht man allerdings auch im 1. schrägen Durchmesser röhrenförmige Bildungen, wie sie uns aus der röntgenologischen Darstellung etwa der arteriosklerotischen Gefäße des Unterschenkels und Fußes bekannt geworden sind. Im ganzen ist aber der 1. schräge Durchmesser weniger geeignet, weil bei der linken Coronararterie die Verkürzung nicht eintritt und daher die Schattendichte geringer ist und weil bei der rechten Coronararterie das Gefäß in den Wirbelsäuleschatten hineinprojiziert wird. Für die Darstellung der verkalkten Herzklappen ist dagegen der 1. schräge Durchmesser die günstigere Stellung. Wichtig in der Entscheidung, ob es sich tatsächlich um Kalkschatten der Coronararterie handelt, ob um Verkalkungen des Herzschattens oder um Verkalkungen der Herzklappen, ist der Nachweis der Pulsation bei der Durchleuchtung, gegebenenfalls im Kymogramm. Im 2. schrägen Durchmesser wird von den genannten Autoren als besonders charakteristisch beschrieben, daß der Ram. desc. anterior stoßweise eine ellipsenförmige Bahn beschreibt, deren Längsachse von oben vorn nach hinten unten steht. Auch die pulsierende Bewegung der rechten

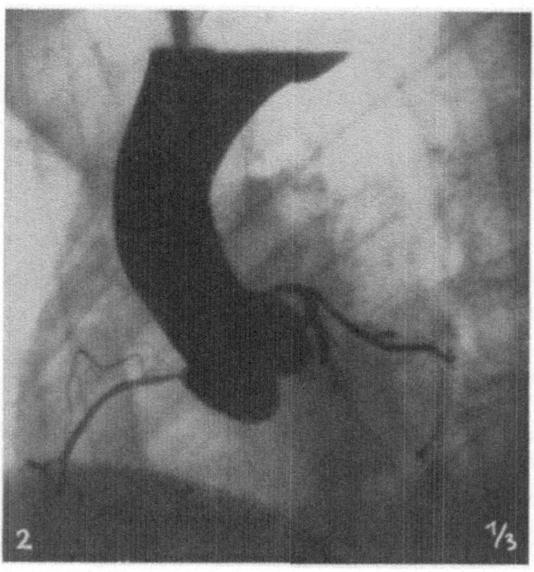

Abb. 36. Kontrastfüllung der Aorta mit Darstellung der Lage der beiden Coronararterien. (2. schräger Durchmesser).

Abb. 37. Verkalkung der l. Coronararterie an typischer Stelle bei *a*, Verkalkung der r. Coronararterie bei *b*. (2. schräger Durchmesser).

Abb. 36 u. 37. (Aus SNELLEN u. NAUTA: Fortschr. Röntgenstr. 56, 279 (1937), Abb. 2 u. S. 282, Abb. 9.)

Coronararterie ist im 2. schrägen Durchmesser besonders gut zu sehen und findet senkrecht zur Längsrichtung des Schattens statt.

Mit etwas anderer Technik hat KUHLMANN einen einschlägigen Fall untersucht, bei dem in tangentialer Richtung an der vorderen Herzwand ein röhrenförmiges Gebilde sichtbar war. Im Kymogramm lassen sich deutlich die pulsatorische Lageänderung und die pulsatorische Weiteänderung des verkalkten Ram. desc. der Art. coron. sinistra erkennen. Ich habe diesen Fall an anderer Stelle wiedergegeben[1]. Bei dieser Beobachtung ließ sich auch eine für die Physiologie der Coronargefäße interessante Feststellung machen, nämlich daß am Schluß der Entleerung des Ventrikels die größte Verbreiterung des Gefäßstreifens nachweisbar ist, also ein Verhalten, wie es etwa den pulsatorischen Weiteänderungen der Aorta zeitlich entspricht. KUHLMANN schließt daraus mit

---

[1] UHLENBRUCK: Die Herzkrankheiten im Röntgenbild und Elektrokardiogramm, II. Aufl., S. 245.

Recht, daß die Coronargefäße unmittelbar nach der Herzsystole das Maximum ihrer Erweiterung erreichen.

Der Fall von Kuhlmann bezieht sich auf einen Herzvorderwandinfarkt. Das ist keineswegs immer der Fall. Sehr oft handelt es sich bei den Fällen mit Verkalkung der Coronargefäße um den Nachweis einer anatomischen Veränderung, die keineswegs gleichbedeutend ist mit dem Nachweis einer Durchblutungsstörung des Herzmuskels, also einer Coronarinsuffizienz oder eines Infarkts. Snellen und Nauta glauben sogar, daß oft ein gewisser Gegensatz besteht zwischen dem klinischen Bilde und dem Nachweis der Coronarsklerose. Man ist daher berechtigt aus dem röntgenologischen Befund die Diagnose der Coronarverkalkung zu stellen, nicht aber die Diagnose der Coronarinsuffizienz und die aufgeführten Fälle sind größtenteils frei von Angina pectoris-Beschwerden.

XV. Kapitel.

Die Röntgendiagnostik der Coronarerkrankungen: Das Herzwandaneurysma.

Die Folge eines Myokardinfarkts kann die Ausbildung einer aneurysmatischen Ausbuchtung der geschädigten Herzmuskelpartie sein — wo häufig dieser Fall eintritt, ist schwer zu sagen, Angaben darüber fehlen in der Literatur. Parade beispielsweise beschreibt zwei Fälle von Herzwandaneurysma, das sich nach einem Coronarinfarkt ausbildete.

Sehr gute Beispiele von Herzaneurysmen finden sich in der klinischen Radiologie des Herzens von Laubry, Cottenot, Routier und Heim de Balzac angegeben. Die genannten Autoren unterscheiden 3 Formen des Aneurysmas der Herzwand:

1. Das Herzwandaneurysma, das sich in der Kontur des linken Ventrikels als umschriebene Vorwölbung aufgesetzt findet, oben meist etwas unterhalb des Überganges vom linken Vorhof in den linken Ventrikel beginnend, unten deutlich oberhalb des Zwerchfelles wieder in den Herzschatten zurückkehrend. Diese Form des Aneurysmas ist am leichtesten zu diagnostizieren, insofern, als die aufgesetzte Kuppel am Anfangs- und am Endpunkte sich gegen die Herzsilhouette eindeutig abgrenzt. Die Abb. 38 gibt ein solches Herzaneurysma wieder:

A. W., 60jähriger Mann, frühere Anamnese uncharakteristisch. Er ist am Vorabend mit heftigen Schmerzen in der Brust erkrankt, hatte Atemnot, auch Verwirrtheitszustände, so daß man an einen Schlaganfall dachte. Es bestand Glykosurie. Der vom Hausarzt häufiger als erhöht gemessene Blutdruck sank auf 100/85 mm Hg ab. Die Leukocyten stiegen auf 23000 an, die Blutsenkung auf 59 mm in der 1. Stunde, 87 mm in der 2. Stunde. Die Temperaturen waren subfebril und blieben es mehrere Wochen. Das Ekg zeigt das eindeutige Bild des Vorderwandinfarktes mit coronarer Welle in Abl. I und späterem Übergang in ein neg. T_I. Der Kranke erholte sich unter Strophanthintherapie, allmählich, im Laufe mehrerer Wochen klingen die Erscheinungen ab. Der Blutdruck betrug jetzt 200/90 mm Hg, anginöse Erscheinungen sind in wechselndem Grade dauernd vorhanden. Das Röntgenbild zeigt eine dem linken Ventrikel eindeutig aufgesetzte buckelförmige Erhebung von etwa gleicher Schattendichte als die übrige Herzsilhouette. Im Kymogramm ist im übrigen Teil dieses Buckels eine angedeutete Pulsation synchrom mit Ventrikel vorhanden, in den unteren Partien finden sich lediglich verwaschene stumpfe Zacken mit breitem Plateau. Die Aufnahme ist etwa 6 Wochen nach dem anamnestisch und elektrokardiographisch sicheren Coronarinfarkt gemacht worden und zeigt die Ausbildung eines Herzaneurysmas des linken Ventrikels.

2. Wird von LAUBRY und seinen Mitarbeitern eine Form des Herzaneurysmas unterschieden, bei der der linke Ventrikel fast rechtwinklig abgeknickt ist, eine Form, die am ehesten die Annahme eines Hypertonieherzens nahelegen würde, aber die von ihm manchmal durch die scharfe, fast rechteckige Knickung des Herzens abweicht. Auch muß bei dieser Form des Aneurysmas auffallen, daß eben diese Herzform zustande kommt, ohne daß in einer Hypertonie

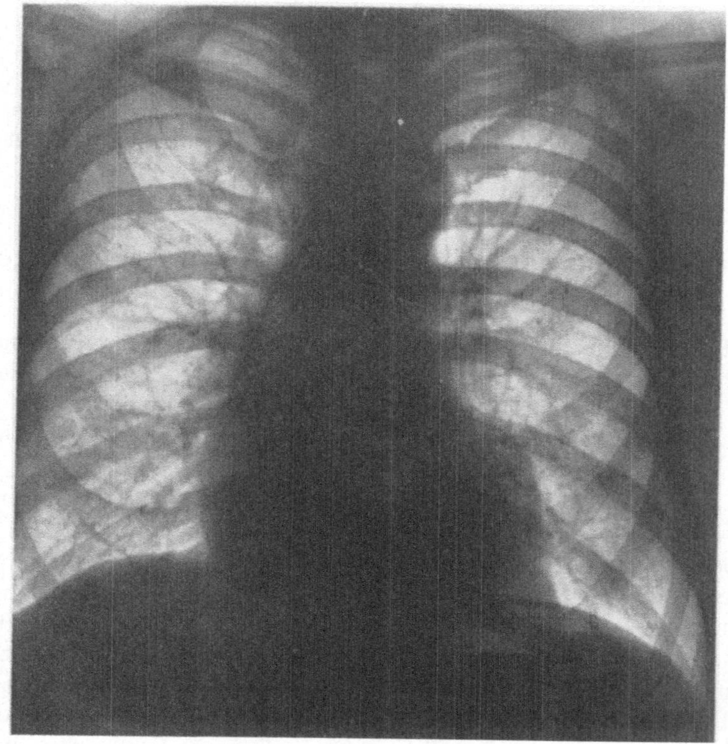

Abb. 38. Buckelförmiges Aneurysma des linken Ventrikels nach linksseitigem Coronarinfarkt.

oder in einem Aortenklappenfehler die Ursache für die Deformierung des Herzens liegen könnte.

Der wiedergegebene Fall (Abb. 39) betrifft eine 71jährige Frau, die mit schwerer Dyspnoe eingeliefert wurde und nach wenigen Tagen verstarb. Die Anamnese ist nicht besonders charakteristisch, zeigt aber eine Reihe von Anfällen anginöser Beschwerden mit hochgradiger Atemnot seit mehreren Jahren. Cerebrale Erscheinungen standen stark im Vordergrund. Im Ekg findet sich eine verlängerte Überleitungszeit mit stark verbreitertem und aufgesplittertem Kammerkomplex mit gesenktem S-T-Stück und neg. Finalschwankung in I. und II. Luesreaktion neg. Die Obduktion ergab neben einer hochgradigen Arteriosklerose der Aorta und der Coronargefäße und einem Lungenemphysem eine aneurysmatische Erweiterung der Spitzenteile des linken Ventrikels auf dem Boden ausgedehnter myomalacischer Prozesse.

Wenn es somit in dem 1. der oben angeführten Fälle offenbar zu einem örtlich scharf umschriebenen myomalacischen Prozeß im Anschluß an einen Coronarinfarkt gekommen war, bei dem nun im Laufe von Wochen im Stadium der beginnenden Narbenbildung eine umschriebene aneurysmatische Erweiterung des linken Ventrikels zustande kam, so muß man im 2. Falle sowohl nach dem röntgenologischen, wie nach dem pathologisch-anatomischen Befunde sagen, daß hier die gesamten Spitzenpartien des linken Ventrikels durch ausgedehnte myomalacische Veränderungen geschwächt waren und damit dem Innendruck des Ventrikels nachgebend sich aneurysmatisch vorgewölbt haben.

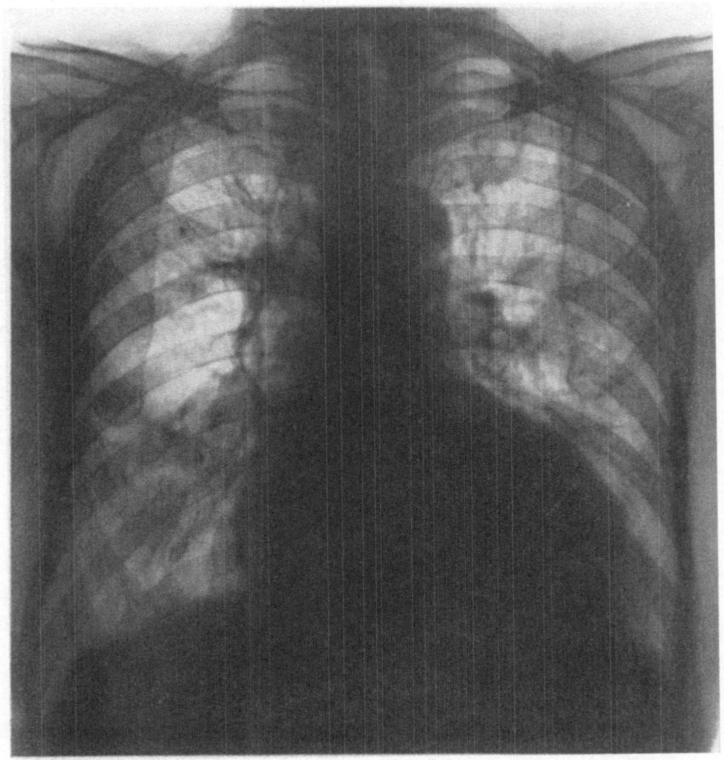

Abb. 39. Aneurysmatische Erweiterung der Spitzenteile des linken Ventrikels bei hochgradiger Coronarsklerose.

3. Die 3. Form stellt das Spitzenaneurysma dar, das oft schwer diagnostizierbar ist, weil es sich größtenteils unterhalb des Zwerchfells in die Gasblase des Magens hinein vorwölbt, um mit LAUBRY zu reden: „wie ein Tapir-Rüssel".

Die hier wiedergegebene Abb. 40 eines fraglichen Herzspitzenaneurysmas stammt von einem 36jährigen Manne mit unklaren Beschwerden, die in dem linken Oberbauch lokalisiert waren. Die Beschwerden sind wenig charakteristisch und es bleibt zunächst zweifelhaft, ob sie auf ein Magenulcus oder auf das Herz zu beziehen sind. Man sieht auf der Herzaufnahme einen scharf abgegrenzten, in die Magenblase hineingehenden Schatten der Herzspitze von etwa gleicher Schattendichte, wie sie die Herzsilhouette aufweist. Dieser Schatten zeigt im Kymogramm Pulsschwankungen, die zeitlich mit den Ventrikelpulsationen übereinstimmen und sich bis unter die Zwerchfellkontur nachweisen lassen. Danach muß man die Pulsation des Ruheschattens als aktive expansive Pulsation und nicht als mitgeteilte Pulsation auffassen. Immerhin ist bei diesem Falle nicht auszuschließen, daß vielleicht ein seltener Herzbefund vorliegt (Nebenherz, Leyomyom oder Rhabdomyom), da eine typische Infarktanamnese fehlt und auch das Ekg keine Klärung ergibt. Bei der Bewertung dieses Falles ist somit Vorsicht geboten. (Röntgenbefund Med. Univ.-Klinik Lindenburg).

Im ganzen darf man sagen, daß sich in sehr vielen Fällen die Diagnose des
Herzaneurysmas auch unter Zuhilfenahme des Kymogramms nicht mit Sicherheit stellen läßt, und daß der pathologische Anatom diese Diagnose erheblich
häufiger stellt, als der Kliniker sie zu stellen vermochte. Die Fälle, bei denen
größere Partien des Herzens in den Spitzenteilen myomalacisch geworden oder
narbig verändert sind und sich dann aneurysmatisch vorwölben, sind nicht

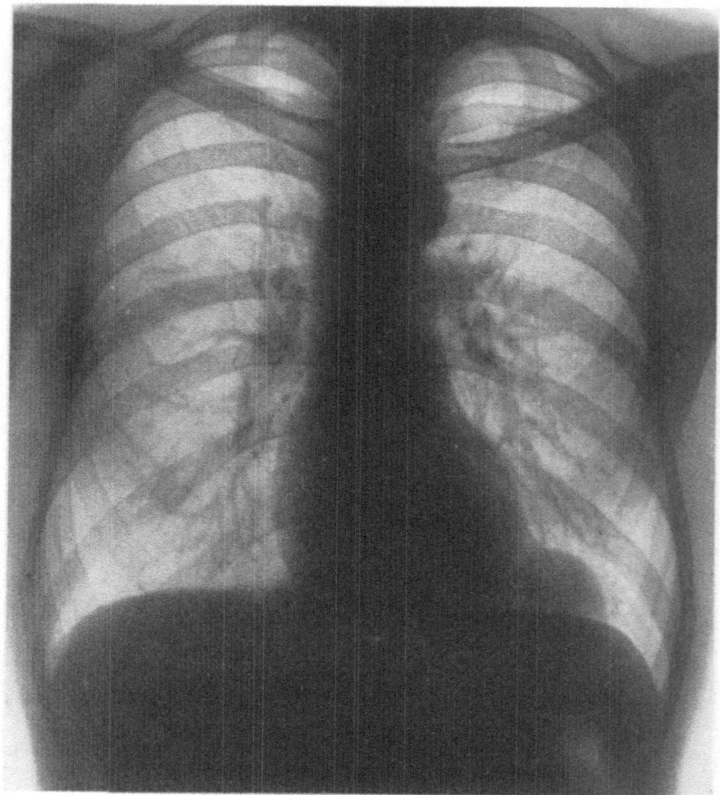

Abb. 40. Fragliches Aneursyma der Herzspitze.

immer klinisch zu fassen. Die kymographischen Exkursionen sind in typischen
Fällen der normalen Herzpulsation entgegengesetzt, d. h. mit der Systole der
gesunden Herzmuskelpartien kommt es zu einer passiven Lateralbewegung der
schlaffen aneurysmatischen Partien und umgekehrt. Sehr oft aber finden sich
perikarditische Verwachsungen, die die kymographischen Befunde verändern.
In anderen Fällen besteht ein gleichzeitiger Perikarderguß — einer meiner Fälle
von autoptisch kontrolliertem Aneurysma des linken Ventrikels bot röntgenologisch das Bild eines mitralkonfigurierten Herzens durch gleichzeitige perikarditische Veränderungen, in zwei anderen Fällen bestanden ausgedehnte
pleuroperikarditische Verwachsungen der Spitze. Das Aneurysma des rechten
Ventrikels dürfte außerordentlich selten sein, einschlägige Fälle der Literatur
sind mir nicht bekannt. Ebenso kommen aneurysmatische Erweiterungen des
Vorhofs praktisch nicht in Frage.

Zusammenfassung.

Bei den Coronarerkrankungen bleibt die Röntgendiagnostik gegenüber der elektrokardiographischen Diagnostik das bei weitem unterlegene Verfahren. Das gewöhnliche Durchleuchtungsbild ist sehr oft völlig normal. Sehr wichtig und nicht genügend beachtet ist der Nachweis der akuten Stauungslunge unmittelbar nach dem Angina pectoris-Anfall, der zur Herzinsuffizienz führt. Die kymographische Diagnostik vermag in manchen Fällen Zonen veränderter oder fehlender Bewegungen des linken oder rechten Herzrandes nach Infarkten aufzudecken, bei deren Deutung allerdings Vorsicht geboten ist, da besonders in der Herzspitzengegend auch aus anderen Ursachen die Randbewegungen wesentlich vermindert sein können.

Der Nachweis von Verkalkungen der Herzkranzgefäße ist bei der Durchleuchtung und im ausgeblendeten Bild nicht selten zu führen, jedoch entspricht der nachgewiesenen Coronarverkalkung keineswegs eine Coronarinsuffizienz.

Das Aneurysma der Herzwand nach einem Coronarinfarkt kann in verschiedenen Formen an den Randlinien des linken Herzens erkannt werden, bleibt jedoch häufig klinisch undiagnostizierbar.

XVI. Kapitel.

Tabellarische Zusammenfassung der Ätiologie und Symptomatologie der Coronarerkrankungen.

Ich habe in der ersten Auflage meines Buches: *„Die Herzkrankheiten im Röntgenbild und im Elektrokardiogramm"* eine differentialdiagnostische Tabelle der Coronarerkrankungen gegeben, die im folgenden in erweiterter Form als Anhalt für die differentialdiagnostische Erkennung und Abgrenzung der verschiedenen Erkrankungen der Coronararterien wiedergegeben sei:

I. Myokardinfarkt = akuter Sauerstoffmangel mit „landkartenähnlicher" Nekrose eines ganzen Herzteils.

1. Coronarthrombose. 2. Coronarembolie.

Ursache. Gefäßschädigung der Coronararterie durch Arteriosklerose, Lues, entzündliche Prozesse, toxische Einwirkung, dazu nervös spastische Komponente, Gefäßkrampf.

Auslösung. Überarbeitung, akute Überanstrengung, Schreck, psychische Erregungen anderer Art, übermäßige Mahlzeiten.

Folgen. Akuter, sofort einsetzender Kollaps. In einigen Stunden: Stauungslunge, akutes Lungenödem. In einigen Tagen: Erscheinungen fortschreitender kardialer Dekompensation.

Klinische Zeichen. Sofort Schweißausbruch, Pulsfrequenzsteigerung, Blutdruckabsinken, motorische Unruhe. Angst und Vernichtungsgefühl, ausstrahlende Schmerzen in den linken Arm, den Hals, das Kinn vor allem bei Vorderwandinfarkt, in den Leib, die Speiseröhre, die Magengrube mehr bei Hinterwandinfarkt. Bei letzteren häufig Durchfälle und fast regelmäßig unerträgliche Flatulenz. Es kommen nicht selten völlig „stumme" Formen ohne Schmerz vor (s. Anamnesen!). Nach einigen Stunden: Dyspnoe, Cyanose, Hypostase der Lungen, blutigschaumiges Sputum, Fieberanstieg bis etwa 38°, Leukocytose, 15—20000 Leukocyten, Senkungsbeschleunigung, Reiben an der Stelle des Infarkts durch Begleitperikarditis, Blockerscheinungen durch Blutung in das Leitungssystem des Herzens. Glykosurie, Rest-N-Erhöhung. Verkürzung des WELTMANNschen Koagulationsbandes.

Röntgenbild. Normales großes Herz, manchmal Zeichen der Gefäßsklerose, Darstellbarkeit der Kranzgefäße mit gezielten Aufnahmen, im Kymogramm „stumme" Zonen oder Zonen abgeflachter und treppenförmiger Zacken, später unter Umständen Herzaneurysma.

Elektrokardiogramm (s. Schema am Schluß dieses Absatzes). Beim *frischen Vorderwandinfarkt:* Coronare Welle in Abl. I und eventuell in Abl. II, R_I ist deutlich verkleinert, eventuell auch R_{II}. Auftreten einer Q- eventuell Q_{II}-Zacke. Tiefer Ansatz von S-T_{IV}. Bei unipolarer Thoraxableitung fehlt die (in diesem Falle sonst aufwärtsgerichtete) Q-Zacke. S-T setzt als hohe nach oben konvexe Welle an. Beim *älteren Vorderwandinfarkt* tiefes Q_1, S-T wieder isoelektrisch, T_I negativ und manchmal spitz. In Abl. II ähnliche Veränderungen, aber weniger deutlich, T_{II} negativ oder auch positiv. Abl. III uncharakteristisch. Abl. IV zeigt bleibendes Fehlen der Q_{IV}-Zacke und positives T_{IV}, eventuell sehr hohes spitzes T_{IV}. Präkordiale Abl.: Fehlen von Q, S-T wieder isoelektrisch, T tief und spitze abwärts gerichtet.

Beim *frischen Hinterwandinfarkt.* Abl. I uncharakteristisch, S-T oft gesenkt. Abl. II Q_{II} verstärkt, coronare Welle in Abl. II vorhanden je nach Ausdehnung. Ab. III zeigt verstärktes Q_{III} coronare Welle in Abl. III, T_{III} fehlt. S-T_{III} stark eleviert. Abl. IV manchmal vertieftes Q_{III} und eleviertes S-T-Stück, wenig typisch. Unipolare Abl.: S-T gesenkt. T flach oder fehlend. Beim *alten Hinterwandinfarkt.* Abl. I uncharakteristisch, Abl. II kann vertieftes Q_{II} zeigen, T_{II} flach oder negativ. Abl. III weitere Vertiefung von Q_{III} (die allein für sich aber zur Diagnose nicht genügt) S-T isoelektrisch oder leicht erhöht. T_{III} tief abwärts gerichtet und spitz. Abl. IV wenig charakteristisch, eventuell positives T_{IV} oder diphasisches T_{IV}. Präkordiale Abl.: eventuell Senkungen von S-T oder Aufsplitterungen des Kammerkomplexes oder diphasisches T.

Therapie. Strophanthintherapie, Kollapstherapie, absolute Bettruhe für 3 Monate, flüssige Kost, Stuhlregulierung. Morphium, calorienarme Ernährung.

II. Coronarinsuffizienz = Insuffizienz der Sauerstoffversorgung des Herzmuskels.

Mehr oder weniger akuter O_2-Mangel, anfangs ohne anatomische Folgen, reversibel, in höherem Grade zur Bildung multipler Herzmuskelnekrosen führend, deren Sitz durch die Belastung des Herzens bestimmt wird.

1. Der Schwerpunkt liegt auf den *Coronargefäßen:*

Organische Stenosierung der Coronarien: Coronarlues, Coronarsklerose, Coronariitis bei Infektionen, Coronarschädigung nach CO-Vergiftung, Zustand nach Infarkt.

Kompression der Coronarien: Coronarsyndrom bei Mitralstenose (?), Pericarditis exsudativa, Concretio pericardii, Herztumor, Herztamponade.

Funktionelle Zustände der Coronarverengung: Angina pectoris vasomotorica, Nicotinherz, Coronarinsuffizienz bei endokrinen Erkrankungen, Hypertonie, Tetanie, Basedow, Kälteeffekt, Stumpfes Trauma (Commotio cordis).

2. Der Schwerpunkt liegt auf dem *Kreislauf,* durch dessen Versagen die Coronardurchblutung insuffizient wird:

Coronarinsuffizienz bei Kollaps.

Coronarinsuffizienz bei Herzklappenfehler.

Coronarinsuffizienz bei Flug unter Einwirkung der Fliehkraft.

3. Der Schwerpunkt liegt auf dem *Blut,* das „insuffizient" ist zur Sauerstoffversorgung des Herzmuskels:

Anämien, Anoxämien im Höhenklima, CO-Vergiftung, O_2-Defizit der Lunge bei Emphysem, Rechtsinsuffizienz, Pneumonose, Asthmaanfall.

4. Der Schwerpunkt liegt auf der ungenügenden *Capillarisierung* des Herzmuskels, mangelnde O_2-Verwertung durch Capillarschädigung:

Alkoholvergiftung, Kollaps, Wundshock, Verbrennungsshock, Digitalis- und Strophanthinvergiftungen, Barbitursäurevergiftung. Dabei spielen kreislaufdynamische Faktoren wesentlich mit.

5. Der Schwerpunkt liegt auf dem O_2-*Verbrauch.* Die O_2-Anforderung des Herzens ist übernormal, die O_2-Zufuhr absolut ausreichend, relativ zu gering.

Coronarinsuffizienz bei Hypertonie, Aorteninsuffizienz, Herzhypertrophie, Mitralstenose, Pulmonalstenose, Rechts- bzw. Linksinsuffizienz, Arbeitsangina pectoris nach körperlicher Belastung.

Aus der Zusammenstellung geht hervor, daß das Zusammenwirken mehrerer Koeffizienten häufig ist.

Die *Ursachen* und *auslösenden Momente* ergeben sich aus der Aufzählung der obigen Formen.

Folgen. In jedem Falle führt die ungenügende Blutversorgung des Herzmuskels, sofern sie lange genug andauert, zu ischämischen multiplen Muskelnekrosen (WEBER, BÜCHNER, HAAGER), damit zur chronischen Herzmuskelschädigung (Myodegeneratio cordis). Im akuten Angina pectoris-Anfall kann Kollaps und Tod, sowie als Folge ausgedehnter ischämischer Nekrosen akute Herzinsuffizienz eintreten.

Klinische Zeichen. Die Zeichen des Kollapses und der anginöse Schmerz mit seinen Ausstrahlungen und dem Vernichtungsgefühl sind ebenso wie beim Infarkt vorhanden, im ganzen meist schwächer („kleiner Anfall"). Die Zeichen der Muskelnekrose fehlen oder sind nur angedeutet nach schweren Anfällen (Senkung, Temperatursteigerung, Leukocytose). Ebenso fehlt Glykosurie und Begleitperikarditis. Blutdruck ist unverändert oder erhöht. Dauer des Anfalls viel kürzer als beim Infarkt, meist nur Minuten. Der Anfall reagiert auf Nitroglycerin im Gegensatz zum A.p.-Anfall beim Infarkt. Nach EDENS reagiert der Anfall bei organischer Stenose auf Strophanthin (s. unten).

Röntgenbild. Herz nach häufigeren Anfällen fast immer dilatiert, oft Zwerchfellhochstand, gasgefüllter Dickdarm. Im Kymogramm Typ II nach STUMPF. Diphasische Zacken mit Plateaubildung.

Elektrokardiogramm (s. Schema am Schluß dieses Absatzes). Bei *linksseitiger Coronarinsuffizienz:* hohes R_I. S-T-Stück gesenkt, T_I abgeflacht, verstrichen oder negativ. R_{II} hoch, im übrigen ebenfalls weniger ausgesprochene Senkung von S-T und negativem T_{II}. Abl. III zeigt abwärtsgerichteten Ventrikelkomplex mit positivem T_{III}. Abl. IV Abflachung oder Diphasischwerden von T_{IV}. Hauptschwankung uncharakteristisch, oft stark positiv oder gesplittert. Q_{IV} kann klein sein, S-T kann gesenkt sein. Präkordiale Abl.: R kann fehlen, S-T kann eleviert sein und ist dann beim Linksherzen beweisend. T kann flach, diphasisch oder abnorm hoch sein. Durchblutungsstörungen und Erregungsleitungsstörungen bedingen die elektrokardiographischen Zeichen.

Bei *rechtsseitiger Coronarinsuffizienz* Kammerhauptkomplex in Abl. I nach unten gerichtet, T_I positiv, Abl. II zeigt aufwärts gerichtetes R_{II} mit positivem oder negativem T_{II}, Abl. III zeigt aufwärts gerichtetes R_{III} mit Senkung von S-T und negativem T_{III}. Abl. IV zeigt Veränderungen des Kammerkomplexes mit Aufsplitterung und eventuell Veränderungen von T_{IV}. Präkordiale Abl.: Veränderung der Nachschwankung, negativ oder diphasisch, kann vorhanden sein.

Doppelseitige Coronarinsuffizienz (Koma-Ekg). Senkung von S-T mit negativem T in Abl. I—III. In Abl. IV T abgeflacht oder positiv, in unipolarer Abl. T abgeflacht oder negativ.

Therapie. Strophantin, coronarerweiternde Mittel.

III. Die Arteriolosklerose der Coronarien. *Ursache.* Allgemein arteriolosklerotische Veränderungen der feineren Verzweigungen der Coronargefäße.

Folgen. Multiple Nekrosen, Fibrosen, fettige Degeneration des Herzmuskels mit zunehmender motorischer Herzinsuffizienz.

Klinisch. Anginöse Beschwerden nur anfangs vorhanden, manchmal fehlend, mehr uncharakteristisches Gefühl der Schwere und Völle, der Unruhe, später Zeichen der Dekompensation.

Röntgenbild. Progrediente Größenzunahme des Herzens nach rechts und links. Im Kymogramm Typ II, d. h. Abnahme der Amplituden der Bewegungen spitzenwärts. Später allseitig kleine Zacken, an der Spitze eventuell systolische Lateralbewegungen oder diastolische Lateralbewegungen mit Einkerbungen und Stufenbildungen oder Plateaubildung.

Elektrokardiogramm (s. Schema am Schluß dieses Absatzes). Frühzeitiges Auftreten von Knotungen im Ventrikelkomplex. Später Ekg mit absolut kleinen Voltwerten in allen Ableitungen, eventuell M-Blockbildung.

Therapie. Deckt sich mit der Therapie der chronischen Herzinsuffizienz. Die Prognose ist absolut schlecht.

Eine weitere Einteilung der Coronarerkrankungen, die von mir zum Teil bei der einleitend gegebenen benutzt wurde, ist die von S. DIETRICH aus der BERGMANNschen Klinik. DIETRICH gab folgende Einteilung über die Ursachen der Ernährungsstörungen des Herzens:

I. Anoxie durch Herabsetzung der Durchblutung der Coronargefäße.

A. Verengerung der Coronargefäße.

1. Anatomisch bedingte Enge. Coronarsklerose, Coronarlues, thrombotischer Verschluß einer erkrankten Coronararterie.

2. Funktionell bedingte Enge. Reflektorische Drosselung über den Vagus bei plötzlicher Blutdrucksteigerung, Dehnung des Eingeweiderohres, Kälteeinwirkung.

B. Störung der Windkesselfunktion der Aorta, Aortensklerose, Aortenlues, Aorteninsuffizienz.

II. Anoxie bei unveränderter Durchblutung der Coronargefäße.

A. Herabsetzung des Sauerstofftransportvermögens des Blutes.

1. Anämien.

2. Anoxämien. a) Höhenklima, b) CO-Vergiftung, dabei noch direkte Hemmungen des Atmungsfermentes im Muskel, c) Störungen des Gasaustausches in der Lunge (Pneumonose, Stauungslunge, Emphysem, Asthma bronchiale), d) Durchmischung von arteriellem und venösem Blut (angeborene Vitien).

B. Erschwerung der O_2-Diffusion im Herzmuskel.

1. Herzmuskelhypertrophie (Verlagerung des Diffusionsvorganges aus den Capillaren an die Stellen des Verbrauchs durch Dickenzunahme der einzelnen Muskelfasern), Vitien, Hypertonus, Emphysem, große Körperarbeit, große Flüssigkeitszufuhr, Erhöhung des Grundumsatzes als Ursache der Hypertrophie.

2. Störung der Capillarisierung des Herzmuskels (Verkleinerung der Diffusionsfläche) toxische Einflüsse? Infekt?

3. Störung der O_2-Diffusion durch die Capillarwand (Erhöhung des Diffusionswiderstandes) Barbitursäure. Alkohol? Körpereigener Eiweißzerfall. Infekte. Histamin (seröse Entzündung).

C. Anoxämien durch maximale Steigerung der O_2-Verbrauchs des Herzens. Maximale lang dauernde sportliche Anstrengungen, dauernde Erhöhung der Herzleistung (Hypertonus, Emphysem, Vitien, Thyreotoxikosen!).

Das Kriterium für die Durchblutungsstörung des Herzens ist in erster Linie das S-T-Stück, in zweiter Linie die T-Zacke (deren Negativwerden auch andere Ursachen im Einzelfalle haben könnte, nämlich einfache Wegverlängerung der Erregung in einem Ventrikel *ohne* Durchblutungsstörung). Gewissermaßen der Modellversuch zur Demonstration der Empfindlichkeit des Herzmuskels gegen Sauerstoffmangel ist das Verhalten des Ekgs in der Unterdruckkammer. Hier nimmt bei Personen mit ungenügender Kompensation der Blutversorgung des Herzens mit Abnahme des Barometerdruckes zunächst T ab und wird in Abl. III isoelektrisch. Bei einem 6000 m Höhe entsprechendem Druck ist T_{III} negativ und T_{II} isoelektrisch. Schon vor dem Verschwinden der Finalschwankung kommt es zu einer Depression des S-T-Stückes. Bei 8000 m Höhe ist T_I isoelektrisch, T_{II} und T_{III} sind negativ, das S-T-Stück mehr oder stark gesenkt. Durch O_2-Atmung sind diese Veränderungen wieder rasch zu beseitigen.

Im Anschluß an diese Einteilung gebe ich noch zwei weitere wieder: EDENS gab[1] folgende tabellarische Darstellung der Differentialdiagnose der Coronarerkrankungen:

Nr.		Angina pectoris vasom.	Angina pectoris	Herzinfarkt
1	Vor- kommen	meist Frauen	meist Männer	meist Männer
2	Anfall	Teilerscheinung einer allgemein spastischen Vasoneurose	auch ohne Zeichen einer allgemeinen Vasoneurose	unabhängig vom Zustand des Gefäßnervensystems z. Z. des Anfalls

[1] EDENS: Münch. med. Wschr. **1932.**

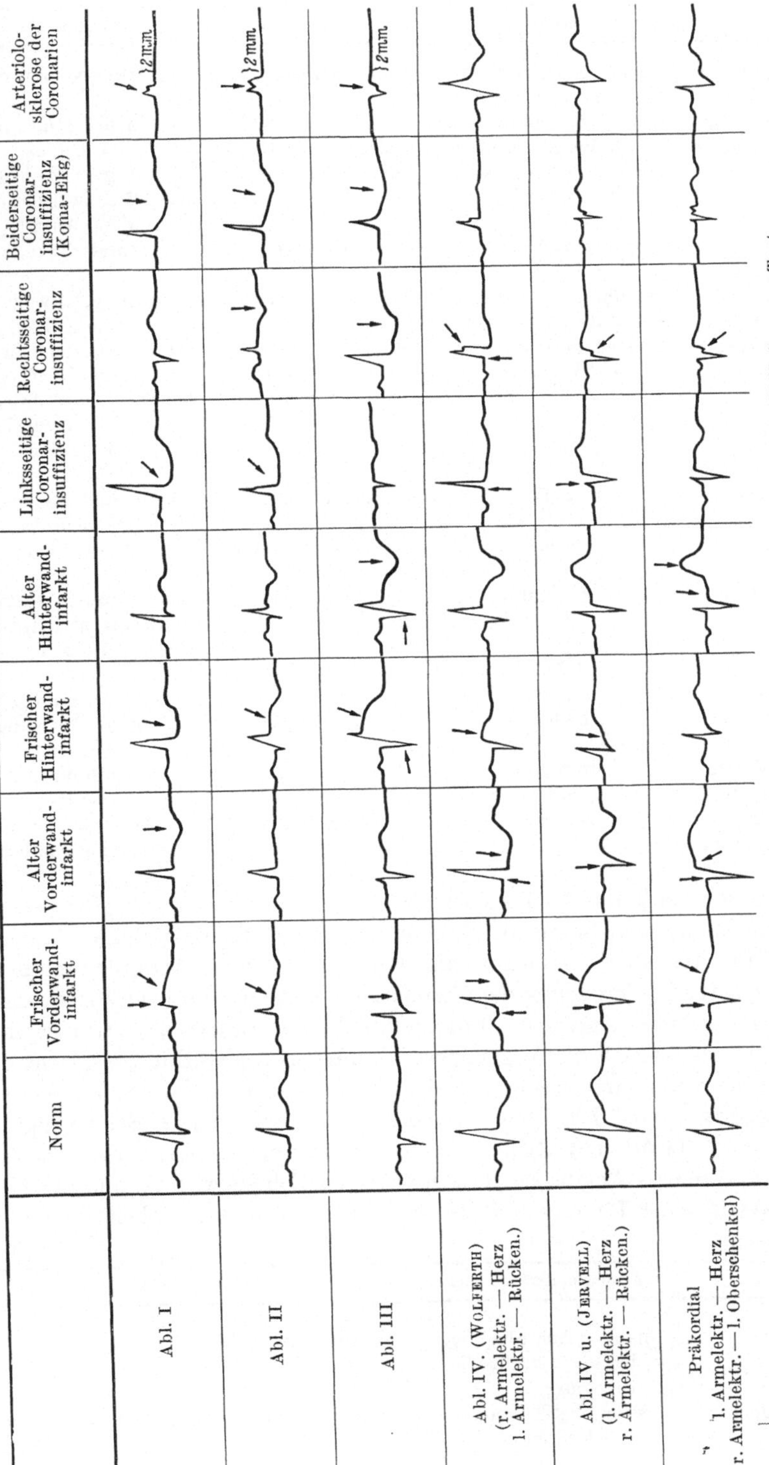

Abb. 41. Schematische Darstellung der Veränderungen des Ekgs bei den Coronarerkrankungen. Erläuterung s. Text. Die wichtigsten Veränderungen sind durch Pfeile gekennzeichnet.

Nr.		Angina pectoris vasom.	Angina pectoris	Herzinfarkt
3	Beginn des Anfalls	mit peripherischen Gefäßstörungen	mit Herzbeschwerden	mit Herzbeschwerden
4	Auslösung des Anfalls	Kälte, Ermüdung, oft Entzündungsherden	Anstrengung Kälte, Erregung, Blähung	oft in der Ruhe oder im Schlaf
5	Im Intervall	meist vasomotorische Beschwerden	ohne Beschwerden	mit längere Zeit anginöse Beschwerden nach dem Anfall
6	Dauer des Anfalls	Minuten, Stunden	Minuten	Stunden, Tage
7	Haltung im Anfall	unruhig, oft Erleichterung durch Bewegung	Vermeidung jeder Bewegung	unruhig, zuweilen Umhergehen
8	Schmerz	meist geringer als Beklemmung	oft in der Mitte des Brustbeins	oft im unteren Teil des Brustbeins, durch Nitrite und Xanthinpräparate nicht beeinflußt vorhanden
9	Shockerscheinungen	fehlen	fehlen	vorhanden
10	Puls	labil	unverändert	klein und oft auch beschleunigt
11	Blutdruck	labil	unverändert oder erhöht	oft erniedrigt
12	Herztöne	unverändert	unverändert	leise, zuweilen Galopprhythmus, perikardiales Reiben
13	Erbrechen	fehlt	fehlt	oft
14	Dyspnoe	fehlt	fehlt	oft vorhanden
15	Stauungserscheinungen	fehlen	(fehlen)	häufige Folge des Anfalls
16	Temperatur	normal	normal	erhöht
17	Leukocytose	fehlt	fehlt	vorhanden
18	Elektrokardiogramm	normal	oft verändert	gewöhnlich charakteristisch verändert

Wir würden heute die Angina pectoris vasom. und die echte Angina pectoris unter den gemeinsamen Begriff der Coronarinsuffizienz rechnen, denn schließlich ist es oft kaum trennbar, ob die Durchblutung des Herzmuskels durch organische oder rein spastische Verengung der Coronarien leidet oder ob beides zusammenwirkt. Als sicherstes Unterscheidungsmerkmal sieht EDENS die Strophanthinwirkung an; bessert sich die Angina pectoris unter Strophanthin, so spricht dies für organische Verengung, bessert sie sich nicht, für spastische Angina pectoris.

H. ROSEGGER[1] aus der VOLHARDschen Klinik faßt unter Benutzung der Tabelle von v. JAGIC und ZIMMERMANN die Symptomatologie der Coronarinsuffizienz — die als Angina pectoris simplex bezeichnet wird — und des Myokardinfarkts in einer für den praktischen Arzt bestimmten Tabelle folgendermaßen zusammen:

Eintritt	Angina pectoris simplex	Myokardinfarkt
Eintritt:	nach Anstrengung, Kälte, psychischer Erregung	bei Ruhe, im Schlaf
Schmerzdauer:	Minuten; Tendenz zur Wiederholung	Stunden bis Tage, allmählich abnehmend

[1] ROSEGGER, H.: Ther. Gegenw. **1938**, 451.

Eintritt	Angina pectoris simplex	Myokardinfarkt
Schmerzintensität:	erträglich. Oft vorwiegend Beklemmung	mitunter sehr quälend bis überwältigend
Verhalten des Patienten:	ängstliche Ruhigstellung (Stehenbleiben)	motorische Unruhe
Kollaps:	fehlt	vorhanden
Puls:	eher langsam	klein, beschleunigt
Blutdruck:	erhöht	nach kurzer Anfangssteigerung gesenkt
Fieber:	fehlt	vorübergehend ⎱ 2.—4. Tag!
Leukocytose:	fehlt	vorübergehend ⎰
WELTMANN-Band:	normal	verkürzt ⎱ eventuell erst nach Tagen
Senkung:	normal	beschleunigt ⎰
Magenbeschwerden:	fehlen	vorhanden, meist mit Erbrechen oder Durchfall
Herzbefund:	uncharakteristisch	am 2.—3. Tag Pericarditis epistenocardica
Rhythmusstörung:	fehlt meist	Neigung zur Extrasystolie
Ekg:	nur im Anfall positiv	Dauerveränderungen
Wirkung von Nitrit:	vorhanden	fehlt
Blutzucker:	normal	vorübergehend erhöht
Harnzucker:	negativ	vorübergehend positiv

XVII. Kapitel.

Die Prognose der Coronarerkrankungen.

Die Prognose des akuten Coronarverschlusses ist von der Ausdehnung des Infarktes, dem Zustand des übrigen Herzmuskels, oft auch von der Art der durchgeführten Behandlung und ihrer Schnelligkeit bestimmt. In der Literatur wird die primäre Mortalität im Anfall auf etwa die Hälfte der Fälle angegeben. Die Angabe scheint mir reichlich hoch. Von 50 Fällen der letzten 2 Jahre sind nur 6 im akuten Anfall gestorben — und 8 wieder arbeitsfähig im Beruf — allerdings bei vorwiegend sitzender Beschäftigung und geistiger Arbeit — geworden, 10 Fälle sind im Verlauf mehrerer Monate an Herzinsuffizienz und interkurrenten Krankheiten zugrunde gegangen, der Rest führte ein Leben der Ruhe und Schonung bei mehr oder weniger großen Beschwerden. S. F. STRONG findet 50% Mortalität im Anfall beim akuten Coronarverschluß, von den restlichen 50% starb wiederum die Hälfte im Verlauf weniger Jahre an Herzschwäche und Angina pectoris, die Hälfte der Überlebenden ist durch Beschwerden von seiten des Herzens aus dem Arbeitsprozeß ausgeschaltet, so daß nur 12,5% des gesamten Materials von 120 Kranken wieder arbeitsfähig wurde. LEVINE gibt auf Grund von 145 Fällen eine sofortige Mortalität von 53% für die Coronarthrombose an, WILLIUS und BARNES nehmen 50% an, die Statistik von CONNER und HOLT über 287 Fälle deckt sich mit einer augenblicklichen Mortalität von 16,2% und einer späteren Mortalität von 55% besser mit meinen Erfahrungen. SMITH und CLIFF-SAULS weisen mit Recht darauf hin, daß die ersten 3 Wochen nach dem Coronarverschluß die kritische Periode darstellen. HOCHREIN und SCHNEYER hatten unter 226 Fällen eine Gesamtmortalität von 71%, wovon in den ersten Tagen oder sofort 42,5% zugrunde gingen. In der späteren Zeit nach Überstehen des Infarktes finden sich als Todesursache: Herzinsuffizienz, Embolie, erneuter Myokardinfarkt und Sekundenherztod. Von 65 Fällen, die einen Myokardinfarkt überstanden hatten, waren 23 Fälle voll erwerbsfähig, 24 Fälle beschränkt erwerbsfähig und 18 Fälle erwerbsunfähig. J. COWAN fand bei 33 Patienten, die $^1/_2$ Jahr nach einem Myokardinfarkt untersucht wurden, 16mal gutes Befinden, 12mal mäßiges Befinden und 4mal schwere Kreislaufstörungen. F. Kisch meint, daß den Fällen, die die Shockphase überstehen und in das Konsolidierungsstadium des Infarktes glücklich hineingelangen, eine relativ gute Prognose zu stellen sei. Im Konsolidierungsstadium starben nur 23,5% der Kranken, wobei auffallenderweise die Zahl bei Frauen erheblich größer war als die der Männer. Fälle, die den Infarkt überstanden haben, können 10 Jahre und mehr bei gutem Wohlbefinden am Leben bleiben. F. A. Willius fand bei 370 Fällen von Coronarthrombose eine Früh- und Spätmortalität von 53,3% der Fälle, wobei meist zunehmende Kreislaufinsuffizienz, dann erneute Coronarthrombose die Todesursache war. Wiederholte Thrombosen geben eine sehr schlechte Prognose. Von dem Rest der Fälle wird angegeben, daß 42,6% sich gesund fühlten, 23,1% mußten vorsichtig leben, 28,9% hatten immer wieder rezidivierende anginöse Beschwerden und 3,6% litten an Kreislaufschwäche, sowie 1,8% an vasculären Störungen. Eine Statistik von Warren B. Corksey berichtet über 53 Fälle von Myokardinfarkt, die den initialen Shock glücklich überstanden hatten und nach Ablauf des Konsolidierungsstadiums weitere 7 Jahre nachuntersucht wurden. Von diesen Kranken lebten noch 32, davon gingen $^2/_5$ wieder ihrem Berufe nach, $^2/_5$ sind beschwerdefrei, während das restliche $^1/_5$ der Fälle mehr oder weniger stark unter kardialen Störungen zu leiden hatte. E. C. Eppinger und Levine fanden bei 140 Fällen von Angina pectoris den akuten Herztod bei Männern erheblich häufiger als bei Frauen. Im ganzen betrug die Dauer des Leidens bis zum Tode im Mittel 4,6 Jahre bei Männern und 4,5 Jahre bei Frauen. Während über den Myokardinfarkt zahlreiche prognostische Mitteilungen vorliegen, fehlen diese bei der Coronarinsuffizienz fast völlig. Das liegt wohl an der Inhomogenität des Krankheitsbildes, wobei die Coronarinsuffizienz bei Coronarsklerose, bei Vergiftungen, bei Hypertonie, bei Rechtsinsuffizienz, bei Klappenfehlern usw. jeweilig eine durchaus verschiedene Prognose bieten würde. Bezüglich der Arteriolosklerose der Coronarien darf man sagen, daß die Prognose dieser Herzen absolut infaust ist, das stark dilatierte Herz mit einem völlig von Schwielen durchsetzten Herzmuskel ist therapeutisch außerordentlich undankbar, sehr im Gegensatz zu manchen Formen der Coronarinsuffizienz und auch zum Coronarinfarkt. Bei letzterem darf man vielleicht die Prognose dahin zusammenfassen, daß der Schwerpunkt der Gefahr im akuten Anfall und seiner Shockwirkung liegt. Wird dieser Gefahrenpunkt überstanden, so sind ungünstig: Ausbildung von Block- oder Flimmerarrhythmien, dauernde erhebliche Senkung des Blutdruckes oder auch fixierte Hypertonie, Neigung zu anginösen Anfällen und zu erneuten Thrombosen, Fortdauer einer Blutsenkungsbeschleunigung, hohes Alter und fortgeschrittene allgemeine Arteriosklerose, Lues oder gleichzeitig bestehende Aorteninsuffizienz, ferner allmählich fortschreitende Dilatation des Herzens im Röntgenbild. Wenn sich unmittelbar nach dem Infarkt Stauungserscheinungen ausbilden, Stauungslunge, Anschoppung des rechten oder linken Lungenlappens, was sehr häufig ist, und leichte Lebervergrößerung mit positiver Aldehydreaktion, so ist das noch kein prognostisch schlechtes Zeichen. Diese Frühinsuffizienz des Herzens ist eher die Regel als die Ausnahme und stellt meines Erachtens die Hauptindikation der Strophanthintherapie dar. Erst die spätere Ausbildung von Erscheinungen der Herzinsuffizienz nach mehreren Wochen und das Auftreten erneuter Infarkte läßt eine schlechte Prognose stellen.

Um eine Prognose stellen zu können ist es freilich nötig, den Zustand des Herzens zu kennen und richtig zu beurteilen und selbst dann noch ist die Prognosestellung der Coronarerkrankungen wohl mit das schwierigste Problem in der Prognostik innerer Erkrankungen. Das während der Korrektur dieser Arbeit erschienene Buch von HALLERMANN über den plötzlichen Herztod bei Kranzgefäßerkrankungen zeigt, wie ungeheuer oft ein plötzlicher Herztod ohne Vorboten einsetzt, der sich bei der Obduktion dann als ein Coronartod herausstellt. Sehr viel Menschen haben unklare Beschwerden, besonders auch abdominaler Art, bei denen entweder der Patient keine Gelegenheit nimmt, einen Arzt aufzusuchen, oder der Arzt nicht an Coronarstörungen denkt. Sehr viele angebliche Unfälle sind plötzliche Coronartodesfälle, bei denen der Unfall nur die Rolle der „rechtsunwirksamen zufälligen Auslösung" und nicht die Rolle der „rechtserheblichen wesentlichen Verursachung" spielt (HALLERMANN). Die Monographie von HALLERMANN orientiert über die sehr große Zahl der zufälligen Auslösung coronarer Todesfälle. Es sei für den, der sich über die gerichtliche Bedeutung der coronaren Todesfälle und über die gutachtliche Bewertung der Coronarerkrankungen einen Überblick verschaffen will, auf diese Monographie verwiesen.

XVIII. Kapitel.

Die interne Therapie der Coronarerkrankungen.
Therapie des Myokardinfarktes.

Die Therapie des Myokardinfarktes hat die eine und sehr wesentliche Aufgabe zu erfüllen, nämlich zu verhindern, daß der lokalen Herzmuskelschädigung die Insuffizienz des Gesamtherzens und Kreislaufs folgt. An der Tatsache der Thrombosierung eines Coronargefäßes läßt sich in dem Moment, wo wir die Diagnose auf Myokardinfarkt gestellt haben, nichts mehr ändern. Hier müssen die Dinge ihren Gang gehen und wenn der nekrotische Bezirk wichtige Teile des Herzens mitergreift, wenn er, wie sehr häufig, zum kompletten a—v-Block führt oder zum Schenkelblock, so ist daran nichts zu ändern, aber diese Folgen sind ja nicht direkt bedrohlich. Bedrohlich ist die folgende Herzinsuffizienz und der initiale Shock, wobei sich manchmal unmittelbar nach dem Infarkt schwere Cyanose, Dyspnoe und bedrohliches Absinken des Pulses zeigen. Es kommt zum Kollaps — wohl reflektorisch, da das ganze vegetative Nervensystem unter einer ausgesprochenen Shockwirkung steht (vgl. z. B. die oft auftretende Glykosurie im Anfall) oder zur akuten muskulären Insuffizienz des Herzens mit Lungenödem. Oder es kommt zu späteren Insuffizienzerscheinungen im Stadium der Reparation des nekrotischen Bezirkes. Man kann die Folgen des Myokardinfarktes gliedern wie folgt:

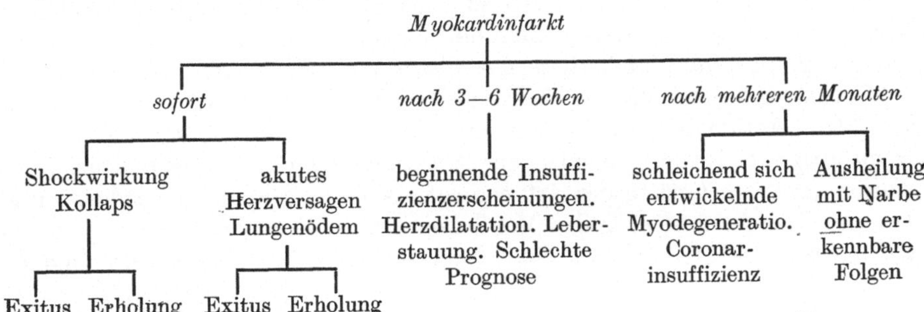

Je nachdem die Erscheinungen sind, hat die Therapie einzusetzen. Im Einzelfall kann diese Therapie sehr wenig aktiv sein und in einigen Injektionen Luminal Natr. 0,2 i. m. oder einigen Löffeln Chloralhydrat 8/200 oder 10—15 Tropfen 2% Eucodal bestehen. Im übrigen darf man bei absoluter Bettruhe, Regelung des Stuhlganges durch Einläufe, absoluter Trennung des Patienten von Beruf und Umgebung und mit sedativer Therapie abwarten, was daraus wird. Die Ernährung bleibt flüssig-breiig. Gegen die Flatulenz Fencheltee, Goldhammer-Pillen, Festal, Luicym, Antigaspillen, Intestinol usw. Etwas Morphium kann man nicht immer entbehren, unter Umständen muß man zur Spritze greifen, aber nur mit kleinen Dosen! Coronarerweiternde Mittel sind zwecklos und kontraindiziert, da sie den Blutdruck nur noch weiter senken. Auf diesen Blutdruck kommt es an. Sinkt der RR unter 100 mm Hg, wird die Amplitude klein, zeigen sich auch nur die geringsten Zeichen einer pulmonalen Hypostase, so hört die konservative und abwartende Therapie auf, um einer zuweilen äußerst aktiven Therapie Platz zu machen. Sowohl beim Frühkollaps wie bei der Frühinsuffizienz hat die Strophanthintherapie sofort einzusetzen. Ich gebe an meiner Klinik 0,002—0,0025 g *Kombetin* in 20 ccm 10%iger Calorose. Bei höheren Strophanthindosen wird 0,25—0,125 ($= \frac{1}{2}$—1 Ampulle) Coff. natr. benz. zugesetzt, um dem Pulsabfall durch Strophanthin entgegenzuwirken. Wieweit der Traubenzucker als Nährmittel für den Herzmuskel in Frage kommt, sei dahingestellt, empirisch halte ich ihn für gut. Höhere Traubenzuckerkonzentrationen sind unzweckmäßig, weil sie die Venenwand schädigen können und wir haben die Venen des Patienten meist noch sehr nötig. Die Strophanthinbehandlung scheint mir eine absolute Notwendigkeit und in den obengenannten Fällen durchaus gegeben. Alle Bedenken müssen zurücktreten vor der akuten und dringendsten Notwendigkeit, die Herzinsuffizienz oder den Kollaps sofort zu beseitigen.

Gegen die Strophanthintherapie des Myokardinfarktes hat man eingewandt: daß das Strophanthin eine gefährliche Anregung der Herztätigkeit hervorrufe, wo gerade nach dem Infarkt möglichste Ruhigstellung nötig sei, daß es die Gefahr des Herzmuskelrisses in sich trüge, daß das Losreißen von Herzthromben und damit die Emboliegefahr vergrößert werde, daß es den Blutbedarf des Herzmuskels erhöhe, die Kranzadern verenge und dadurch die Coronarinsuffizienz steigere. EDENS und seine Schüler weisen demgegenüber darauf hin, daß diese zum Teil aus tierexperimentellen Untersuchungen hergeleiteten Bedenken nicht in der Praxis den Prüfungen standhielten. EDENS unterscheidet die unmittelbare Strophanthinwirkung — Steigerung von Grad, Kraft und Schnelligkeit der Systole und Dauer der Diastole mit ihren zuweilen auftretenden Nebenwirkungen von Extrasystolen und Reizleitungshemmungen — und die mittelbare Strophanthinwirkung, die durch Steigerung der Herzleistung mittelbar und stoßartig zur Verbesserung der Herzdurchblutung und damit zur Besserung der Herzernährung führt und stellt diese mittelbare Wirkung in den Vordergrund.

OSTERWALD untersuchte am Gießener Pharmakol. Institut die Wirkung von Strophanthin bei Hunden mit experimentell gesetzter Coronarschädigung. Hypophysin, Chloroform dienten zur Auslösung der Coronarinsuffizienz, ferner wurden große Seitenäste der Art. coronaria sinistra, Ramus descendens unterbunden. Dabei erfuhr nach den Messungen mit der REINschen Thermostromuhr das geschädigte Herz immer eine Verbesserung seiner Arbeitsweise und der

Kranzgefäßdurchblutung. Fehlt die Leistungsherabsetzung des Herzens, so richtet sich die Änderung der Coronardurchblutung nach der Änderung des Minutenvolumens als der durch Strophanthin am deutlichsten beeinflußten Komponente der Herzarbeit. Diese experimentellen Untersuchungen stützen auch theoretisch die Anschauungen von EDENS. Die Strophanthininjektionen werden je nach Lage des Falles 3—6 Tage zweimal täglich gemacht, dann auf eine Injektion am Tage und schließlich auf eine Injektion jeden 2. und jeden 3. Tag reduziert. Das häufige Auftreten des Herzblockes ist keine Kontraindikation gegen die Strophanthinbehandlung, eher im Gegenteil. Daneben sind Kreislaufmittel unerläßlich. Der Blutdruck wird mehrfach täglich kontrolliert, sinkt er unter 100 mm Hg, so wird eine gegen die mangelhafte Regulation des Gefäßsystems gerichtete Therapie erforderlich. So wenig man einen hohen RR haben will, so muß man bedenken, daß sehr viele Menschen mit Myokardinfarkt in höherem Lebensalter stehen und normaliter oft einen mehr oder weniger deutlich erhöhten Blutdruck haben. Wenn man versucht, den RR auf 100 mm Hg zu halten, so tut man meist nicht zuviel. Bei starkem Absinken des Blutdruckes ist eine Schwester an das Krankenbett zu stellen, die je nach Lage alle Viertelstunde bis halbstündlich, bis schließlich 1-, 2- und 3stündlich 1 ccm Cardiazol, 1 ccm Sympatol, 1 ccm Coffein, 2 ccm Coramin subcutan injiziert. In manchen Fällen habe ich das Veritol mit eingeschaltet und habe nichts Schlechtes gesehen, obschon es theoretisch wegen der möglichen Zuvielbelastung des rechten Herzens nicht ganz unbedenklich zu sein scheint. Mit Coramin kann man ruhig freigiebiger sein, insbesondere dann, wenn hypostatische Prozesse drohen. In diesen Fällen ist auch unter Umständen ein Campherdepot von 5 ccm Ol. campher forte abends indiziert, oder eine intramuskuläre Mischspritze von 3 ccm Ol. campher forte mit 2 ccm Transpulmin. Nach 5—10 Tagen kann man, wenn der Blutdruck sich gut hält, auf Tropfenmedikation übergehen, etwa 4mal 10 Tropfen Ephetonin liquid., 4mal 15 Tropfen Sympatol, 4mal 10 Tropfen Cardiazol, dazu evtl. noch 4mal 20 Tropfen Coramin, Sedativa sind dann meist auch noch nötig, etwa 4mal 2 Luminaletten, Prominaletten oder Hovaletten forte. Halten die Venen die Fortführung der Strophanthinbehandlung nicht durch, so gehe ich zuweilen auf die intramuskuläre Strophanthinbehandlung über. Myocombin 0,0025 · 0,0004 täglich i.m. wird meist gut vertragen und genügt in den meisten Fällen, wenn die erste Frühinsuffizienz überwunden ist.

Einen guten Eindruck habe ich mit anderen (RÜHL) von der neuerlich mehr verwandten Digitalis lanata, die in Form verschiedener Präparate in den Handel gebracht wird, gut dosierbar ist und wenig zur Kumulation neigt. Die Injektion des von mir meist verwendeten Digilanids — anfangs bei schwerer Kreislaufinsuffizienz 2% täglich 2 ccm intramuskulär, mit Besserung des Kreislaufs zurückgehend — hat nebenbei den Vorteil, meist schmerzloser zu sein als das intramuskuläre Strophanthin. Man dosiere aber nicht zu hoch, jedenfalls möglichst nicht über die oben angegebene Menge, da die Digitalisempfindlichkeit beim Coronarinfarkt erhöht ist.

TRAVELL, GOLD und MODELL fanden bei Katzen, denen drei Wochen vor dem Versuch durch Ligatur eines Kranzgefäßes ein experimenteller Herzinfarkt gesetzt war, daß die Empfindlichkeit des Herzens gegen Digitalis erheblich gesteigert war, die 3—4mal kleinere Dosis als vor dem Infarkt führte zum

Tode oder zum Herzblock, schon mit kleinen Dosen ließ sich Kammerflimmern und Kammertachykardie auslösen.

Die Stuhlregulierung und Bekämpfung der Gasbildung (Einläufe, hohes Darmrohr, gärungsfreie Ernährung!) muß fortgeführt werden. Die Behandlung des Coronarinfarktes erfordert eine ungeheure Geduld des Patienten und Arztes. Vor 8 Wochen ist an Aufstehen gewöhnlich nicht zu denken, vor 5—6 Monaten nicht an irgendwelche berufliche Tätigkeit. Die Ernährung bleibt in der ersten Zeit auf stark untercalorischen Werten, um 1000 Calorien. Viel Flüssigkeit belastet das Herz, zu wenig fördert die Bluteindickung und macht Thrombosenbereitschaft, man bleibe um 1000—1200 ccm täglich.

J. SOLANDT und BEST [1] erzeugten nach eigener Methode bei Hunden eine experimentelle Coronarthrombose, die sich durch intraarterielle Gaben von reinem Heparin verhindern ließ. Vielleicht bieten sich aus diesen Versuchen noch gewisse Ausblicke zu einer Chemotherapie bzw. Prophylaxe der Coronarthrombose.

Therapie der Coronarinsuffizienz.

Die Therapie der Coronarinsuffizienz hat wesentlich andere Zielsetzung als die Therapie des Myokardinfarktes. Bei letzterem liegt ein unabänderliches therapeutisch nicht direkt beeinflußbares Geschehen vor, bei der Coronarinsuffizienz dagegen ein funktionelles Geschehen, in das auf verschiedene Weise Eingriffe möglich sind.

Einige pharmakologische Bemerkungen: Dem **Papaverin** (PARADE), dem **Lobelin** (HOCHREIN und MEYER), dem **Chinin** (PARADE), kommen scheinbar mehr oder weniger starke vasodilatorische Wirkungen zu.

Die **Purinkörper** mit zahlreichen Präparaten, Coffein, Theobromin, Theocin, Euphyllin, Deriphyllin usw., geben ebenfalls eine wenn auch schwächere dilatorische Coronarwirkung, scheinbar unabhängig vom Vagus und direkt am Gefäß angreifend.

Atropin. Da der Vagus der Constrictor der Coronarien ist, so wirkt Vaguslähmung durch Atropin dilatorisch auf die Kranzgefäße.

Adrenalin. Der Sympathicus ist der Dilatator der Coronarien. Adrenalin würde demnach dilatorisch wirken.

Adrenalin wirkt aber den O_2-Verbrauch spezifisch *steigernd* und führt schon beim normalen Herzen zu einem O_2-Defizit. Beim Herzen mit Coronarsklerose ist die beim normalen Herzen durch Adrenalin bedingte Steigerung der Durchblutung nicht möglich, dagegen tritt die Steigerung des O_2-Verbrauchs auf — und führt somit zum Angina pectoris-Anfall, d. h. zum O_2-Defizit bzw. zur Anoxämie des Herzmuskels. RAAB schreibt der Adrenalinausschüttung eine überwiegende Rolle beim Zustandekommen des a. p.-Anfalls zu und gründet darauf seine Therapie der Nebennierenbestrahlung. **Ephedrin** und **Ephetonin** scheinen die O_2-steigernde Wirkung nicht zu haben, bewirken aber nur eine langsame und geringe Coronardilatation, **Sympatol** wirkt scheinbar rein dilatorisch ohne Nebenwirkungen und ist als Kollapsmittel unentbehrlich.

Nitroglycerin ist das sicherste vasodilatorisch wirkende Mittel, und zwar sowohl zentral, wird peripher angreifend, hat aber die manchmal unerwünschte

---

[1] SOLANDT, J. u. BEST: Lancet **1938**, Nr 5994.

Nebenwirkung — cave beim Infarkt — der stark blutdruckherabsetzenden Wirkung.

Erythroltetranitrat wirkt wesentlich schwächer, **Amylnitrit** ist zu flüchtig in seiner Wirkung.

Strophanthin ist in seiner Wirkung auf die Coronarien umstritten. Es scheint in kleinen Dosen eine Coronarerweiterung zu machen bzw. eine verbesserte Herzdurchblutung, die von anderen Autoren jedoch der gleichzeitigen Blutdrucksteigerung zugeschrieben wird. Größere Dosen scheinen eine Verengung der Kranzgefäße zu machen. Diesen Auffassungen stellt EDENS die Meinung gegenüber, daß die Verbesserung der Herztätigkeit als mittelbare Wirkung die bessere Herzdurchblutung mit sich bringe, daß also die direkte Coronarwirkung des Strophanthins weniger zu berücksichtigen ist, als die Wirkung auf den Herzmuskel, dessen gesteigerte Aktion als solche die bessere Herzdurchblutung mit sich bringt.

Die **Digitaliswirkung** auf die Coronarien ist ebenfalls nicht ganz einheitlich. MARFORI findet in kleinen Dosen eine konstriktorische, in größeren Dosen eine dilatorische Wirkung, während MEYER sowie BODO rein dilatorische Wirkungen annehmen. Neuere Arbeiten von GINSBERG, STOLAND und SILER am intakten Ganztier finden wieder eine anfängliche Durchströmungsverminderung mit folgender länger dauernder mäßiger Steigerung der Coronardurchblutung als Digitaliseffekt.

Zunächst der sinnfälligste Ausdruck der akuten Herzmuskelischämie, nämlich der Angina pectoris-Anfall. Das überragende Mittel ist das Nitroglycerin in nicht zu kleiner Dosis. Das GROEDELsche Nitrolingual enthält 0,0008 g Nitroglycerin, das Angiolingual (Silbe) 0,0006 g. Die anderen Präparate sind entbehrlich. Diese Medikation erfüllt gleichzeitig eine diagnostische Notwendigkeit, nämlich die Unterscheidung von der Coronarthrombose. Wirkt Nitroglycerin nicht, so kann man mit hoher Wahrscheinlichkeit annehmen, daß größere Äste einer Coronarie thrombosiert sind. Der Patient muß beruhigt werden, wozu bei dem einen einige Tropfen Baldrian, bei dem anderen eine Tablette Lubrokal oder 1 Eßlöffel eines Brompräparates, beim dritten ein Einlauf von 2 Eßlöffel Chloralhydrat 8/200 und beim vierten einige Tropfen Morphium oder Eucodal gehören. Mit Morphiuminjektionen sei man beim Coronarinfarkt freigiebiger als bei dem meist weniger heftigen und auf Nitroglycerin gut reagierenden Anfall von Coronarinsuffizienz. Ableitungen wirken manchmal gut: heiße Tücher auf den Leib, heiße Kompressen in den Rücken, heiße Fußbäder. Wird der Puls klein, und frequent sinkt der Blutdruck ab, so muß man zur Strophanthinspritze greifen und Kollapsmittel geben, wie gesagt sind das aber meist Fälle, wo es zur Thrombose der Coronarie gekommen ist. Die Diathermiebehandlung des Herzens hat mir keine guten Resultate gegeben.

Bei der chronischen immer wieder rezidivierenden Coronarinsuffizienz mit Ruhe- oder Bewegungsangina pectoris, mit leichter oder schwerer Dekompensation, sind verschiedene Möglichkeiten des therapeutischen Eingreifens gegeben, nämlich die Beseitigung des zur Coronarinsuffizienz führenden Zustandes, sofern das eben möglich ist, die chronische Erweiterung des Coronargebietes, soweit es eben nicht anatomisch fixierte Veränderungen erlitten hat, die Ausschaltung der immer recht erheblichen nervösen Komponente und endlich die Beseitigung der in jedem Falle lang dauernden Coronarinsuffizienz schließlich resultierenden Herzschwäche. Dabei führt die letzte Notwendigkeit in eine unerfreuliche Zwickmühle insofern, als die Hebung der Herztätigkeit wohl oder übel zu vermehrter Blutanforderung seitens des Herzens führen muß und damit die relative Insuffizienz des Coronarkreislaufes gesteigert wird. Die Ausschaltung der Ursache der Coronarinsuffizienz kommt z. B. in Frage bei der Nicotin-Angina durch absolutes Rauchverbot. Weniger ätiologisch wirken bei der Anstrengungs-Angina das Gebot körperlicher Schonung, und bei der Kälte-Angina das Gebot der warmen Kleidung — nebenbei genügt die Einwirkung der Kälte auf Gesicht und Hände völlig zur Auslösung des Angina pectoris-Anfalls. Bei den Anämien kommt die Besserung des Blutstatus als ätiologische Behandlung in Frage, jedoch warne ich vor Bluttransfusionen, einmal wegen der Belastung des oft insuffizienten Herzens, zum anderen wegen der Gefahr der Thrombosebegünstigung. SCHERF sah bei klimakterischen Coronarinsuffizienzen mit Hypertonie subjektive und objektive Besserungen durch *Follikelhormon*, vielleicht eine ätiologische Therapie durch Hormonregulierung. Die Coronarinsuffizienz des Hypertonikers durch blutdrucksenkende Mittel zu behandeln, bleibt leider ein bislang unerfüllter Wunsch. Immerhin gehe man auf eine extrem scharfe, salzfreie Kost, wie sie z. B. von MARTINI-Bonn angegeben wird.

Die Forderung nach möglichst calorienarmer Ernährung gründet sich auf die noch zu erwähnenden Beziehungen der Coronarinsuffizienz zum Gesamtstoffwechsel bzw. Grundumsatz.

Kostvorschriften, die eine untercalorische Ernährung gewährleisten, sind etwa die UMBERsche calorienarme Kost:

Morgens: 200 g Kaffee oder Tee, 20 g Milch, 50 g Simonbrot oder 30 g Semmel.
Frühstück: 100 g Obst.
Mittags: 200 g gebratenes Fleisch, 200 g Gemüse in Salzwasser gekocht, 80 g Obst.
Nachmittags: 150 g Kaffee, 20 g Milch.
Abends: 100 g Fleisch, 100 g Gemüse, 20 g Simonbrot, 200 g Tee.
Vor dem Schlafen: 100 g Obst (880 Cal.), wobei gleichzeitig der Forderung Rechnung getragen ist, an die Stelle einzelner großer Mahlzeiten 6—8 kleine Mahlzeiten zu setzen, allerdings auf die blähende Wirkung von Gemüse und Obst Rücksicht zu nehmen ist.

Oder auch folgende Vorschrift:

Morgens: 60 g Brot oder Semmel, 1 Ei (keine Butter), 1 Tasse Tee.
Frühstück: 1—2 Äpfel.
Mittags: Keine Suppe! Fleisch oder Fisch (100—150 g) mit Kartoffeln, *oder* Gemüse, *oder* Salat, *oder* Kompott als Beilage (stets nur *eine* Beilage!), Obst.
Nachmittags: 1 Tasse Kaffee mit Milch.
Abends: Gemüse- oder Salatplatte oder Salat (Tomaten, Endivien, Kopfsalat usw.) mit 1—2 Eiern oder Fruchtsalat oder Buttermilch oder Yoghurt oder 2—3 Scheiben Schwarzbrot mit Quarkkäse.

Auch Rohsäftekuren kommen in Frage, wie etwa der von mir an anderer Stelle[1] wiedergegebene Plan einer Rohsäftekur nach HEUN.

Bei der Coronarinsuffizienz im Kollaps ist in jedem Falle zum Strophanthin zu greifen. Dazu kommt die Kollapstherapie mit Auffüllung des Flüssigkeitsdefizits, intravenösen Kochsalzinfusionen oder Infusionen von Tutofusin, Normosal usw. Die intravenösen Infusionen sind bei Herzen, die vor dem Eintritt des Kollapses schon irgendwelche Coronarsymptome aufwiesen, mit Vorsicht zu verwenden, das gleiche gilt für die Bluttransfusionen. In nicht eiligen Fällen lasse man lieber

---

[1] UHLENBRUCK: Die Herzkrankheiten, II. Aufl., S. 380. Leipzig: Johann Ambrosius Barth 1939.

subcutan oder durch Tropfklysma einlaufen. Die psychische Beruhigung des Patienten ist oft ausschlaggebend für den Enderfolg der ganzen Therapie. Freilich, Aufregungen fernzuhalten, sowohl solche geschäftlicher wie familiärer Art, ist oft leichter gesagt als getan. In Finanz- und Prozeßsachen muß sich der Arzt oft genug schützend vor seinen Patienten stellen, und zwar energisch. Sedativa sind nicht zu entbehren und müssen über längere Zeit hindurch gegeben werden. Jeder mag hier sein ihm geläufiges Präparat verwenden. (Luminaletten, Hovaletten 3mal 2, Prominal 3mal 0,2, Bromnervacit 3mal 1 Teelöffel, bei Hypertonien Theominal 3mal $^1/_2$ bis 3mal 1 Tablette.) An Schlafmitteln kommt man zum mindesten in der Zeit gehäufter Anfälle nicht vorbei. Oft genügen leichte Beruhigungsmittel (Nervophyll, Sedobrol, Ovobrol usw.) oder leichte Schlafmittel (Sedormid, Phanodorm, Eldoral, Evipan, Somnacetin als Zäpfchen, Adalin, Somnifen als Tropfen, 15—20 Tropfen); manchmal muß man zu Opiaten greifen (Luminal 0,25 mit Pantopon 0,02 als Suppus., 10 Tropfen 2%ige Eucodallösung mit 20 Tropfen Somnifen usw.). Baldrianbäder oder Fichtennadelbäder evtl. auch Fichtennadelsauerstoffbäder kann man mit Erfolg als sedativ wirkend geben, sofern keine Dekompensation vorliegt. Von den vorhandenen coronarerweiternden Präparaten steht das Nitroglycerin an erster Stelle. Man spart sich am besten das Nitrolingual für den akuten schweren Anfall auf und gibt zwischendurch Nitroglycerin in irgendeiner anderen Form, z. B. Nitroglycerinkompretten 0,0005, 6mal $^1/_2$ Komprette mit 1 Luminalette über den Tag verteilt,

Für die Behandlung intermittierender und chronischer Coronarinsuffizienz empfehle ich Rezepturen folgender Art:

Rp. Erythroltetranitrat 0,002
   Papaverin. hydrochlor.. 0,04
   Heroin 0,002
   Theocin 0,07
   Extr. aloes. 0,04
M. f. pil., tal. dos. Nr. 30, 3×1 Pille.

Ferner:

Rp. Chloralhydrat 15,0
   Tinct. Valleriana. 4,0
   Aqua dest. ad 200,0
        Ds. 3×1 Teel.

Ferner:
Rp. Theobrom. pur. 0,15
   Acid. phenylaethylbarbitur. . . . 0,015
   Nitroglycerin 0,0003
   Pyrazolon. dimethylaminophenyl-
        dimeth.. 0,1
   Sach. lact. 0,3
M. f. pulv. tal. dos. Nr. 30 2—3×1 Pulv.

Ferner:
Rp. Tinct. Valleriana 20,0
   Eutonon (Lacarnol) 10,0
   Sol alkohol nitroglycerin $^1/_{1000}$. 10,0
        Ds. Tropfglas 3×25 Tr.

Ferner:
Rp. Tinct. Valleriana. 20,0
   Tinct. Strophanthi 10,0
   Cardiazol-Dicodid 10,0
   Sol nitroglycerin alkohol $^1/_{1000}$ ā 10,0
        Ds. Tropfglas 4×25 Tr.

Ferner:
Rp. Recvalysat. 20,0
   Belladonnysat 10,0
   Sol nitroglycerini alkohol $^1/_{1000}$. 10,0
        Ds. Tropfglas 3×20 Tr.

SCHERF empfiehlt ein Pulver folgender Zusammensetzung:

Erythroltetranitrat 0,005
Luminal 0,01
Papaverin. hydrochlor.. 0,04
Atropin sulf. 0,0002

Chinin 0,1
Theobromin pur. 0,15
3mal täglich 1 Pulver

FRANK empfiehlt (s. oben):
Erythroltetranitrat . . . 0,012—0,0006
Papaverin hydrochlor. . . 0,04 —0,08
Cod. phosphor. 0,03

Theocin 0,07
Extr. Aloës 0,04
M. f. pil. 3mal 1 Pille

MORAWITZ gibt folgende Zusammensetzung an:

Atropin. sulfur.	0,0005	Theobrom. natr. salicyl.	0,3
Luminal	0,05	M. f. pulv. tal. dos. No	30
Chinidin sulf.	0,1	2—3mal 1 Pulver täglich.	

Daneben wirken schwächer, aber für chronische Formen geeignet: Diuretin und Euphyllinkombinationen, wie Theominal, Deriphyllin, Jocapral. Den Traubenzuckerinfusionen wird eine Coronargefäß-erweiternde Wirkung zugeschrieben, man steigert sie von 10%- bis zu 25%-Lösung. Über 25%-Lösungen hinauszugehen empfiehlt sich nicht wegen der Gefahr der Venenwandschädigung. KROETZ empfiehlt die Behandlung der chronischen Coronarinsuffizienz mit B_1-Vitamin.

Die dritte therapeutische Maßnahme ist die Behandlung der durch die Coronarinsuffizienz bedingten muskulären Herzinsuffizienz. Hier bin ich ohne Einschränkung für die chronische Strophanthinbehandlung, wobei je nach Zustand des Myokards der Kranke 1—2mal wöchentlich seine ambulante Strophanthininjektion (0,0025 mg Kombetin, 0,02 Coff. natr. benz. in 20 ccm 10—25% Traubenzucker) erhält. In Fällen akuter Dekompensation, z. B. nach einem frischen Angina pectoris-Anfall, wird diese Injektion täglich vorgenommen. Nur in seltenen Fällen hat der Kranke bei der Strophanthininjektion, wenigstens wenn sie langsam injiziert wird, unangenehme Sensationen. Immerhin gibt es Fälle, denen das gesteigerte Schlagvolumen des Herzens mit vermehrtem Blutbedarf eine gewisse Beengung auf der Brust hervorruft. In diesen Fällen kann man zur chronischen Digitalisierung übergehen, wobei die Wahl des Präparates mehr oder weniger Gewohnheitssache ist (Digalen, Verodigen, Digipurat., Digilanid usw.). Ein gutes, wenig bekanntes Präparat scheint mir das Dyocid (0,05 Digitalis mit Theocin) 2mal täglich 1 Tablette, wobei ich nie Kumulationserscheinungen beobachten konnte. Ähnlich zusammengesetzt aber schwächer ist das Cardiopon. Von anderen Maßnahmen ist die Vermeidung von Nicotin absolut erforderlich. Gegen Alkohol bestehen weniger Bedenken, sofern die Flüssigkeitsmenge nicht zu sehr anwächst. Bei Hypertonikern wirkt manchmal der Aderlaß gut. Blutegel auf die Herzgegend geben oft Erleichterung. Blähende Speisen sind zu vermeiden. Mittagsruhe ist ärztlich anzuordnen.

EVANS und HOYLE versuchten bei 23 Fällen von Arbeitsangina eine Behandlung durchzuführen, die lediglich unter Vermeidung aller Medikamente in einer vierwöchigen strengen Bettruhe bestand. Nitroglycerin wurde nur im Notfalle vereinzelt gegeben. Die meisten der Fälle waren danach wesentlich gebessert. F. KISCH empfiehlt als Prophylaxe des bei Arbeit voraussichtlich eintretenden Angina pectoris-Anfalls 3 Tropfen einer 1%igen alkoholischen Nitroglycerinlösung perlingual zu geben und konnte damit in den meisten Fällen den Anfall abschwächen oder ganz unterdrücken. In der französischen Literatur wird von LYON und BARRIEU die subcutane Injektion von Kohlensäure und ebenso die Inhalation von Kohlensäure bei Angina pectoris und intermittierendem Hinken empfohlen. BARACH und LEVY behandelten Fälle von akutem Coronarverschluß erfolgreich mit Sauerstoffinhalation, die besonders auf die Atemstörungen und die motorische Unruhe, aber auch auf den Schmerz einwirkte.

HOCHREIN empfiehlt, 8—10mal täglich 5 Min. lang ein Gemisch von 4% CO_2 und 96% O_2 (Karbogengas) einatmen zu lassen.

Von R. A. BULLRICH wird in mehreren Veröffentlichungen das Kobragift, daneben auch Klappenschlangengift und Bienengift bei Angina pectoris empfohlen. Die Wirkung ist bei intravenöser oder subcutaner Injektion im wesent-

lichen eine schmerzstillende, soll aber von sehr langer Dauer und sehr ausgiebig
sein. In Europa sind meines Wissens noch keine Versuche damit angestellt,
doch kennen wir die schmerzstillende Wirkung des Kobragiftes beispielsweise aus
der Krebstherapie. HALBRON, LENORMAND und DERTIGNE behandeln mit subcutanen Injektionen eines Gemisches von Aminosäuren, Histin und Tryptophan,
und rühmen die ausgezeichnete schmerzstillende Wirkung. Die Behandlung der
Angina pectoris mit Organextrakten wird immer wieder empfohlen (BORGARD,
SOMMER u. a.), wobei verschiedene Präparate, wie Padutin, Reflexan, Myoston
angewandt wurden. Aus der BERGMANNschen Klinik wird von DIETRICH und
SCHWIEGK die Muskeladenosinphosphorsäure (M.A.P.) empfohlen in intra-
muskulärer Injektion. Ihre Verträglichkeit ist nach meinen Erfahrungen nicht
bei allen Angina pectoris-Kranken gleich. Der Behandlung der Coronarerkrankungen mit hochprozentigen Traubenzuckerlösungen wird von FEINBERG eine
Therapie mit intravenösen Injektionen einer 5%igen Kochsalzlösung, 3mal
täglich hohe Dosen von 100—250 ccm gegenübergestellt, die auch bei sehr
schweren Fällen noch wirksam sein soll.

An physikalischen Maßnahmen sind die HAUFFEschen Teilbäder sehr zu
empfehlen. Man lasse den Kranken beide Arme in ein Becken mit Wasser von
30—32⁰ einsetzen und steigere die Temperatur in 15—25 Min. bis zu 42 bis
44⁰ C. Vorsichtigerweise kann man mit einem Arm beginnen. Ferner werden oft
Trockenbürstungen des ganzen Körpers im Sinne einer Erweiterung der peripheren Gefäße sehr angenehm empfunden. Kalte Teilbäder mit nassen Ab-
bürstungen des Oberkörpers sind etwas anstrengender und in leichten Fällen
chronischer Coronarinsuffizienz erlaubt. Ausgezeichnet wirken sowohl beim
Coronarinfarkt wie bei der Coronarinsuffizienz die Blutegel, von denen 2—3 in
die Herzgegend appliziert werden. Eventuell mit dem Schnepper eine kleine
Hautwunde setzen an der Stelle, an der man den Anbiß haben will. Bei nach-
gewiesener Lues oder Verdacht darauf widerrate ich einer Salvarsankur: der
Versuch einer vorsichtigen Hg-Schmierkur ist erlaubt[1].

Auch *Jod* ist nur mit größter Vorsicht erlaubt. Man achte auf die Schild-
drüse, deren Anregung durch eine Jodbehandlung absolut unerwünscht ist.
In jedem Fall muß man bedenken, daß durch die Überführung der luischen
Prozesse in das Narbenstadium bei ihrem Sitz in der Aorta unmittelbar am Ab-
gang der Coronargefäße eine weitere Verschlechterung und Drosselung der
Coronardurchblutung hervorgerufen werden kann. Beim Einsetzen anginöser
Beschwerden ist die spezifische Kur unbedingt abzubrechen.

Bei Diabetikern verzichte man auf eine allzu peinliche Regulierung des
Zuckerstoffwechsels, jedenfalls dann, wenn keine Neigung zur Acetonbildung
besteht und dosiere, wenn eine rein diätetische Behandlung nicht mehr erlaubt
ist, das Insulin sehr vorsichtig. Jede Hypoglykämie muß vermieden werden.

Von der ROEMHELDschen Aortengymnastik rate ich bei organischen Coronarerkrankungen und überstandenem Herzinfarkt ab.

Zusammenfassung.

Die Behandlung des Coronarinfarktes ist eine sofortige Kollapsbehandlung
und eine sofortige Herzmuskelbehandlung mit Strophanthin, sofern nach dem

---

[1] Abweichend davon habe ich in letzter Zeit mehrere Fälle behandelt mit Mischspritzen:
0,15 Neo-Salvarsan, 0,25 mg Kombetin, 20 ccm 20% Calorose, ohne Zwischenfälle zu sehen
bei 2mal wöchentlicher Injektion.

Gesamtbild mit einer Herzinsuffizienz zu rechnen ist. Die zahlreichen Fälle nicht behandelter oder naturheilbehandelter Fälle von Coronarinfarkt, die den Shock überstanden haben, zeigen, daß man bei kleineren Infarkten auch mit einfacheren Mitteln auskommen kann. Das ändert nichts an der Tatsache, daß für den schweren Infarkt das Strophanthin unter allen Umständen das Mittel der Wahl ist.

Die Coronarinsuffizienz ist der Dauerstrophanthinbehandlung zuzuführen, deren Domäne jedoch die Linksinsuffizienz ist, während die Rechtsinsuffizienz oft nicht anspricht. Daneben sind coronarerweiternde Medikamente und physikalische Maßnahmen sowie Regulierung der Lebensweise nötig.

XIX. Kapitel.
Die chirurgische Therapie der Coronarerkrankungen.

Die chirurgische Therapie der Coronarerkrankungen nahm ihren Ausgang von dem Bestreben, die zentripetalen Bahnen, die den anginösen Schmerz leiten, irgendwie zu unterbrechen, um den Patienten von den unerträglichen Schmerzen zu befreien. Es ist hier nicht der Ort, auf die unzähligen Arbeiten der Physiologen, zum Teil auch der Chirurgen, einzugehen, die darauf hinzielten, über den Verlauf der Schmerzleitungsbahnen des Herzens Klarheit zu erhalten. Wir wissen heute, daß der *Vagus* für die Schmerzleitung keine wesentliche Rolle spielt, auch der *Depressor* kommt nicht nennenswert in Frage, die Schmerzleitung ist eine sympathische und wahrscheinlich nach FRANCOIS FRANCK eine direkt durch das *Ganglion stellatum* und den Halssympathicus verlaufende Leitung. JONNESCU gründete darauf die Methode der linksseitigen totalen Sympathektomie, wobei er den ganzen linken Halssympathicus vom obersten Halsganglion bis einschließlich zum obersten Dorsalganglion entfernte. Eine Statistik von HESSE vermerkt bei 50 Fällen, die nach JONNESCU operiert wurden, 56% Erfolge und 16% Mortalität. Später arbeitete DANIELOPOLU das Verfahren der partiellen cervithorakalen Sympathektomie aus: Durchtrennung oder Resektion des Grenzstranges unmittelbar cervical vom Ganglion stellatum, Durchtrennung der Rami communicantes C_6—D_1, der Nn. cardiazi, des N. vertebralis sowie aller Verbindungsnerven zwischen Vagus und Sympathicus. DANIELOPOLU gibt 1932 bei 54 Fällen 70% Heilung und 3,7% Mortalität an, jedoch ist sein Verfahren nur vereinzelt noch von anderen Chirurgen ausgeführt worden. HAGENAU und LEFEBRE berichten über einen Fall bei einem 61jährigen Mann, der an so schwerer Angina pectoris litt, daß er das Bett hüten mußte. Der Patient wurde $2^1/_2$ Jahre beobachtet und erlangte nach der Operation seine Arbeitsfähigkeit wieder. Eine zusammenfassende Darstellung von JESSEN erwähnt noch folgende Eingriffe: Die Durchschneidung des oft vom Sympathicus nicht zu trennenden N. depressor, von WENCKEBACH, empfohlen, die Sympathectomia cervicalis superior von HESSE, d. h. die Excision, des Ganglion cervicale sup. isoliert oder mit dem Ganglion cervicale med. Die Sympathectomia cervicalis inferior, d. h. die Entfernung des Ganglion stellatum. BERARD gibt hierfür recht güte Resultate an: 67% Besserungen oder Heilungen bei 0% Operationsmortalität. Angeblich ist in keinem Falle nach der Stellektomie eine zunehmende Herzschwäche gefolgt. Ferner wurden an operativen Eingriffen vorgenommen: Die Ramisektion der Verbindungen des Ganglion stellatum mit den Radices C_5—D_1, die Resektion der hinteren Wurzeln in diesem

Gebiet bzw. noch tiefer gehend von C_5—D_5, ohne daß größere Statistiken vorliegen. Mit Recht weist JESSEN darauf hin, daß bei den sehr verschiedenen Methoden von immer wieder verschiedenen Chirurgen ausgeführt, kaum ein Überblick über die tatsächlichen Erfolge zu gewinnen ist. HESSEs Statistik von 1930 umfaßt nach diesem Hinweis 135 Fälle von Sympathektomien, von 50 verschiedenen Chirurgen ausgeführt. Wir können diese Operationen nur unter dem Gesichtspunkt betrachten, wie hoch das Risiko ist, das wir dabei eingehen — und das ist leider außerordentlich hoch — und wieweit eine Befreiung des Patienten von Schmerzen erreicht worden ist, denn an dem Krankheitsgeschehen als solchem wird nichts geändert. Was an Coronarschädigung überhaupt vorgelegen hat: Coronarsklerose, Lues, Coronarinsuffizienz aus anderen Ursachen, Myokardinfarkt, bleibt in den meisten Fällen unklar — es wird ein Symptom, der Schmerz, chirurgisch angegangen und unter hohem Einsatz in manchen Fällen beseitigt — ein wenig befriedigendes Ergebnis.

Man hat daher mit Recht nach einfacheren Methoden gesucht, eine Unterbrechung der Schmerzbahnen zu erreichen und hat dazu nach dem Vorgang von LAEWEN und BERGMANN, SCHITTENHELM, MANDL, WHITE und anderen Autoren versucht, mittels paravertebraler Injektion den Grenzstrang und die sympathischen Ganglien lahmzulegen. WHITE anästhesierte die 4—5 obersten Dorsalsegmente zunächst mit Novocain-Adrenalin und spritzte 95% Alkohol nach. Er gibt 67,7% gute und 17,6% annehmbare Fälle an. MANDL gibt bei 50 Fällen von Angina pectoris 50% länger dauernde Erfolge bezüglich des Sistierens der Anfälle und der Schmerzfreiheit an. PLETNEW injiziert in die paravertebralen Ganglien $^1/_2$—1%ige Novocainlösung und anschließend 70%igen Alkohol. Die Injektion wirkt sofort schmerzstillend, das Gefühl des Druckes und der Schwere in der Herzgegend verschwindet. Unter 78 Fällen mit sehr guten Resultaten trat zweimal nach Injektion des Alkohols ein akuter Kollaps mit Herzschwäche auf, worin PLETNEW den Beweis erblickt, daß stenokardische Anfälle extrakardial von den sympathischen Ganglien durch zum Herzen führende Nervenbahnen ausgelöst werden können. Ich selbst habe mehrfach sehr bedrohliche Kollapszustände nach paravertebralen Injektionen gesehen und halte das Verfahren keineswegs für ungefährlich.

Die Entfernung der Schilddrüse an Herzkranken und Angina pectoris-Kranken, die von BLUMGART und seinen Mitarbeitern empfohlen wurde, hat ein starkes Echo in der Literatur besonders in Amerika wachgerufen. Der Nachweis, daß die Umlaufgeschwindigkeit des Blutes zugleich mit dem Grundumsatz steigt und ferner, daß das Minutenvolumen des Herzens bei Thyreotoxikosen ansteigt, ließ den Gedanken aufkommen, durch Entfernung der Schilddrüse Grundumsatz und Blutumlaufgeschwindigkeit zu senken und gleichzeitig das Minutenvolumen und damit die Herzarbeit herabzusetzen. DEVIS, WEINSTEIN, RISEMAN und BLUMGART fanden nach der totalen Thyreoidektomie, daß in den meisten Fällen das Herz eine röntgenologische Zunahme seiner Größe erfuhr, wobei zwei entgegengesetzte Faktoren einwirken: der Hypothyreoidismus bedingt eine Größenzunahme, die eintretende Kompensation des Kreislaufs und Herabsetzung des Minutenvolumens bedingt eine Verkleinerung des Herzens. Im Elektrokardiogramm fand sich häufig Verkleinerung von P und Abflachung der T-Zacke. Bedrohliche Erscheinungen von Herzschwäche durch Ausbildung eines Myxödemherzens sollen nach BLUMGART und seinen Mitarbeitern nicht eintreten, wenn der Grundumsatz nach der Totalexstirpation der Schilddrüse nicht unter —*30%* absinkt. Allerdings hat man dieses Absinken des Grundumsatzes gerade bei Kranken mit Angina pectoris nicht in der Hand, denn die Zufuhr von Thyreoideapräparaten löst wieder Angina pectoris-Anfälle aus, worauf SCHERF mit Recht hinweist. Auch HURXTHAL kritisiert die totale Thyreoidektomie in ihren Resultaten dahin, daß entweder die Kranken ein Myxödem bekommen und damit schwere geistige Veränderungen und Herzdekompensation auf Grund ihres Myxödemherzens, oder aber sie bekommen zuviel Thyreoidea und damit wieder Angina pectoris-Anfälle.

v. JAGIC und v. ZIMMERMANN-MEINZINGEN treten mit einem Material von 17 Fällen für die totale Thyreoidektomie bei schweren anginösen Zuständen, und zwar auch nach Coronarinfarkt ein, wo unzweideutige Erfolge erzielt wurden, während die Autoren gegenüber der Behandlung der Herzinsuffizienz mit der totalen Thyreoidektomie eine sehr zurückhaltende Stellung einnehmen.

BOURNE, GEOFFREY und PATERSON-ROSS[1] beschreiben 2 Fälle von starker Angina pectoris und Anstrengungsanginen, die durch Thyreoidektomie als dauernd geheilt anzusehen sind.

BRENNER, DONOVAN und MURTAGH operierten 6 Patienten mit schwerer Herzinsuffizienz (ohne Coronarsymptome) mit sehr gutem Resultat hinsichtlich der Besserung der Kreislauffunktion. CUTLER und LEVINE setzen sich lebhaft für die totale Thyreoidektomie ein. Es muß aber zugegeben werden, daß ihre Wirkung keineswegs völlig geklärt ist. So fanden WEINSTEIN, DAVIS, BERLIN und BLUMGART, daß die Herzschmerzen postoperativ verschwanden, ein Resultat, wie es auch bei der linksseitigen Sympathektomie erzielt wird, daß die Schmerzen aber nur dann beseitigt wurden, wenn eine wesentliche Senkung des Grundumsatzes erzielt wurde. SHAMBAUCH und CUTLER sehen die günstige Wirkung der Thyreoidektomie bei der Angina pectoris in einer Veränderung der Adrenalinwirkung auf das Herz, sei es in einem Wegfall der Herzleistungssteigerung, sei es in einem Wegfall der coronarkonstriktorischen Impulse. BLUMGART und seine Mitarbeiter geben bei schwer dekompensierten Herzkranken eine Operationsmortalität von 8% an. D. D. BERLIN hat bei seinen Operationen bei Angina pectoris und Herzinsuffizienz 70% Besserung erzielt. Gehäufte Angina pectoris-Anfälle und Ruheangina verschlechtern die Aussichten, man soll etwa 3 Monate nach dem Angina pectoris-Anfall warten. Fälle mit primärer Grundumsatzsenkung schon ante operationem geben keine Aussicht auf Erfolg. BERARD, CUTLER und PYOAN sehen ebenfalls den Erfolg der Schilddrüsenexstirpation in einer Veränderung der Adrenalinempfindlichkeit des Herzens und LEVINE konnte das experimentell insofern beweisen, als er in 5 Fällen von Angina pectoris ante operationem mit großer Sicherheit Anginaanfälle hervorrufen konnte durch Adrenalininjektionen, post operationem war das Adrenalin ohne Wirkung. Von den amerikanischen Statistiken über die Operationsresultate seien aus der zusammenfassenden Arbeit von JESSEN noch zwei Statistiken aufgeführt: WECK gibt bei 100 Fällen von Angina pectoris, die an verschiedenen Kliniken operiert wurden, 3% operative Mortalität an, 15% Spätmortalität, gute Besserung bei 42% und mäßige Besserung bei 33%, unbeeinflußt 7%. Wesentlich schlechter ist allerdings das Resultat von BERARD. bei der 1936

---

[1] BOURNE, GEOFFERY u. PATERSON-ROSS: Lanzet **1938**, Nr 6006.

erfolgten Untersuchung der 1932—1934 von CUTLER operierten Fälle. Von 30 Kranken starben 3 bald nach der Operation, 8 starben 5—13 Monate post operationem, und zwar fast alle an Coronarthrombose. 85% der überlebenden Fälle waren mehr oder weniger myxödematös, zum Teil traten sehr erhebliche Erscheinungen von Myxödem auf, so daß JESSEN den Eingriff bei intelligenten und psychisch aktiven Menschen für kontraindiziert halten möchte. C. WEEKS berichtet 1936 über 6 operierte Fälle von Angina pectoris, von denen er 1 Fall 11 Wochen nach der Operation an Coronarthrombose verlor. 4 Fälle wurden wesentlich gebessert. In Europa hat MANDL in Wien 38 Fälle von Herzinsuffizienz und Angina pectoris operiert. Er weist auf die Wichtigkeit hin, in Lokalanästhesie ohne Adrenalinzusatz zu operieren. 1 Fall starb 4 Stunden nach der Operation, 4 Fälle gingen an Recurrenslähmung oder Myxödem zugrunde. MANDL setzt sich stark für die Operation ein. SCHERF sieht bei den Angina pectoris-Fällen die Hauptindikation in den unbeeinflußbaren Fällen von Ruheangina bei Aortenfehlern, ferner in den Fällen mit Gefäßkrisen bei Arteriosklerose, Mesaortitis und Hypertonie. Allerdings ist die Gefahr der Myxödembildung einmal wegen des Myxödemherzens, zum zweiten wegen der dem Myxödem folgenden atheromatösen Veränderungen recht erheblich, so daß an Stelle der BLUMGARTschen totalen Thyreoidektomie die subtotale Thyreoidektomie empfohlen wird. Von FRIEDMAN ist auf Grund experimenteller Untersuchungen und eines erfolgreich operierten Falles empfohlen worden, die totale Thyreoidektomie durch eine Unterbindung aller Schilddrüsenarterien und Abpräparieren der Kapsel der Drüse an der ganzen Vorderfläche zu ersetzen, was angeblich zur Inaktivierung der Schilddrüse genügt. Als dritter der Wiener Autoren spricht sich R. SINGER sehr positiv für die Behandlung der Angina pectoris mittels totaler Thyreoidektomie aus.

In einem gewissen Zusammenhang mit der von BLUMGART und LEVINE erstrebten Grundumsatzsenkung zur Besserung der dynamischen Bedingungen des Herzens stehen Versuche von MASTER, JOFFE und DACK, auf rein diätetischem Wege den Grundumsatz, der bei Herzkranken meist erhöht ist, zu senken. Die Autoren gaben eine Diät von nur etwa 800 Calorien pro die und erzielten damit Senkungen des Grundumsatzes um 20—30%. An einem Material von 243 Fällen mit Coronarthrombose, davon allerdings ein erheblicher Teil mit Hypertonie, wurde von allen anderen Behandlungsmethoden abgesehen und allein eine untercalorische Diät neben Bettruhe angewandt. Die Resultate waren überraschend gut, die Mortalität betrug insgesamt 16,5%.

Endlich seien an dieser Stelle die Versuche erwähnt, durch Heranziehung benachbarter Gefäße an das Herz den gestörten Blutkreislauf in den Coronarien mehr oder weniger zu ersetzen und zu ergänzen. Von MOIA und ACEVEDO wurde tierexperimentell nachgewiesen, daß man durch Mediastinalgewebe, Muskelgewebe oder das durch das Zwerchfell nach oben gezogene große Netz Blutgefäße an das Herz heranbringen kann, die in enge Beziehungen zu den Coronargefäßen treten. Bei Patienten mit Angina pectoris wurde nunmehr ein größerer Teil der Herzoberfläche mit einem Muskellappen des Pectoralis major bedeckt. Von 7 Operierten starb einer, die anderen wurden wesentlich gebessert. FEIL und BECK kamen ebenfalls auf Grund tierexperimenteller Untersuchungen zu einer ähnlichen Operation: der Epikard wird entfernt, das Perikard aufgerauht und eine Verbindung mit dem M. pectoralis hergestellt. Bei 21 operierten Fällen waren nach anfänglich hoher Mortalität die späteren Resultate teilweise überraschend gut. Neuerdings berichtet Lezius über ähnliche operative Erfolge.

L. O'Shaugnessey, Slome und Watson berichten über erfolgreiche Versuche, die ungenügende Coronardurchblutung des Herzens durch Heranführen von extrakardialen Gefäßen zu bessern, insbesondere durch Hervorrufung vor Verwachsungen zwischen Netz und Perikard durch Aleuronatinjektionen oder auf chirurgischem Wege, oder durch Fixierung eines Lungenlappens an das Myokard.

XX. Kapitel.
Die Röntgentherapie der Coronarerkrankungen.

Im Anschluß an die chirurgischen Behandlungsmethoden sei noch die Röntgenbehandlung der Angina pectoris erwähnt. Gilbert versucht durch Bestrahlung der Herz- und Paravertebralgegend mit mittelharter und harter Strahlung in kleinen Dosen über 4—5 Wochen verteilt das vegetative Nervensystem zu beeinflussen und gibt bei 10 Fällen von Angina pectoris gu. Erfolge an. Auch von Beck und Hirth und von Delherm und Beau wurden direkte Bestrahlungen der Herzgegend von vorn und hinten vorgenommen. Ich kann gewisse Bedenken hier nicht unterdrücken, jedenfalls ist große Vorsicht bei Herzbestrahlungen geboten. Auf die Möglichkeit von Herzschädigungen nach Röntgenbestrahlungen, insbesondere nach intrathorakalen Bestrahlungen, weist Parade hin und ich hatte in mehreren Fällen den Eindruck, daß eine vorangegangene intensive Röntgenstrahlenbehandlung, z. B. wegen Arthrosis deformans, nicht ohne Einfluß auf die folgende Coronarthrombose war. Das gleiche gilt auch meines Erachtens für die beispielsweise von A. Schürig empfohlene Diathermiebehandlung der Angina pectoris, von der ich wenig Gutes gesehen habe. Nicht von der Hand zu weisen ist vielleicht der Vorschlag von W. Raab, die Angina pectoris auf dem Wege über die Nebenniere anzugreifen, wie ja möglicherweise die Schilddrüsenexstirpation auch nur eine Desensibilisierung des Herzens gegen Adrenalin ist.

Raab geht bei seinem Vorschlag der Bestrahlung der Nebennieren davon aus, daß das Adrenalin eine wesentliche Rolle beim Zustandekommen des Angina pectoris-Anfalls spielt. Seine Beweisführung geht dahin, daß eine Reihe von Zuständen: Muskelarbeit, psychische Erregung, Kälte sowohl Adrenalinausschüttung Angina pectoris-Anfälle hervorrufen, daß bei diesen Vorgängen ebenso wie bei Adrenalininjektionen der Blutjodspiegel steigt, daß Nicotin- und Insulinüberdosierung, sowie O_2-Mangel-Atmung Adrenalinausschüttung und Angina pectoris-Anfälle hervorruft, daß man beim Coronarkranken mit Sicherheit, beim Gesunden bei hoher Dosierung durch Adrenalin Angina pectoris-Anfälle auslösen kann. Dafür spricht auch die von Brandt und Katz nachgewiesene Erhöhung des Adrenalinspiegels im Blut während der Angina pectoris-Anfälle und die Heilbarkeit der Angina pectoris-Anfälle bei Nebennierenmarktumoren durch operative Entfernung des Tumors. Gegen eine rein suggestive Wirkung spricht, daß das Ekg oft nach den Bestrahlungen ganz oder teilweise normalisiert wird. Nachprüfungen der Methode liegen von Hadorn, Redisch, Schittenhelm, Hutton mit positivem Resultat vor, während v. Zimmermann-Meinzingen der Methode ablehnend gegenübersteht. Raab rechnet auf Grund seiner Erfahrungen an 100 Fällen mit rund 70% Erfolgen seiner Therapie,

Grad der Besserung nach Röntgenbestrahlung der Nebennieren (nach RAAB)	Zahl der Fälle	Grad der A.p.-Beschwerden			Durchschnittliche Dauer der Beschwerden vor der Bestrahlung (Jahre)	Durchschnittliche Zahl der Bestrahlungsserien	Durchschnittliche Dauer der Besserung (Monate)	Zahl der Rückfälle		Systol. Blutdruck (mm Hg)		Durchschnittliches Alter (Jahre)	Zahl der Todesfälle
		Leicht %	Mittel %	Schwer %				Gesamt	Durch Bestrahlung beseitigt	vor	nach		
										Bestrahlung			
Völlig beschwerdefrei bzw. weitgehend gebessert . .	62	18	58	24	$3^1/_2$	2	$13^1/_2$	20	12	155	158	60	1
Beschwerden dauern in geringerem Grade an . .	14	0	57	43	$1^3/_4$	3	$7^1/_2$	9	3	151	161	61	0
Ungebessert	24	17	33	50	$5^1/_3$	2	—	—	—	172	180	60	2

deren Statistik vorstehend auf Grund der 1939 erschienenen Arbeit wiedergegeben sei. Die Technik ist: 3 Bestrahlungsserien zu je 6 Sitzungen á 200 bis 250 r. Beurteilung des Erfolges nach 5—6 Monaten, während die Besserung zumeist wenige Tage bis längstens 8 Wochen nach der „jeweils entscheidenden Bestrahlungsserie" auftreten soll. Ich persönlich ziehe die Bestrahlung des Gangl. stellatum, wie unten wiedergegeben, vor. Daß der Blutdruck in keiner Weise auf die Nebennierenbestrahlung reagiert, kann ich aus einem Material von fast 30 Hypertoniefällen, die bestrahlt wurden, bestätigen.

Die Röntgenstrahlentherapie der Angina pectoris ist noch im Versuchsstadium. Und doch dürfte es ein durchaus aussichtsreicher Versuch sein, an die Stelle der operativen Entfernung sympathischer Ganglien oder der Injektionsbehandlung dieser Ganglien, wobei man im ersten Falle eine hohe Mortalität, im zweiten Falle eine unter Umständen bedrohliche Shockwirkung und sehr unsicheren Erfolg hat, die Bestrahlung zu setzen. SUSSMANN bestrahlte 16 Fälle von Angina pectoris paravertebral. Es wurden 6 Fälle schmerzfrei, 5 gebessert, 1 starb, 4 nicht kontrolliert. Er bestrahlte mit einem Feld von 10×20 cm mit der Mitte auf den 7. Halswirbel und mit 270 r pro dosi, zusammen mit etwa 800 r. LANGER bestrahlte paravertebral im Bereich der Brustwirbelsäule mit 250—500 r pro Feld, also mit ziemlich harter Strahlung, um die Ganglien in der Tiefe zu erreichen und erzielte damit sehr gute Resultate. GROEDEL veröffentlichte 1923 im ganzen 23 Fälle hauptsächlich organisch bedingter Angina pectoris mit ebenfalls sehr guten Resultaten der Bestrahlung. Die Schilddrüsenbestrahlung an Stelle der Thyreoidektomie scheint zu versagen. R. GLAUNER weist mit Recht darauf hin, daß bei den verschiedenen technischen Anordnungen der Bestrahlungsfelder es darauf ankomme, daß der Ganglion stellatum im Bestrahlungsbereich liegt.

Ich selbst habe an meiner Klinik bisher 15 Fälle von Angina pectoris der Röntgenstrahlenbehandlung durch Bestrahlung des Gangl. stellatum mit Dosen von 4—6mal je 150—100 r, also mit Gesamtdosen von 400—900 r zugeführt (Chefarzt Dr. KRUCHEN), wobei die Abstände zwischen den Einzeldosen 4 bis 8 Tage betrugen. Leider wurde die Versuchsreihe durch den Krieg unterbrochen — das, was sie bisher ergibt, ermutigt jedoch immerhin dazu in der Bestrahlungstherapie des Gangl. stellatum eine wesentliche Hilfe unserer bisherigen vorwiegend medikamentösen Behandlung der chronischen Coronarinsuffizienz zu sehen. Ein Überblick über die behandelten Fälle wird nachstehend gegeben (s. Tabelle). Es handelt sich nur um Fälle mit Beobachtungszeiten von mehr als 12 Monaten.

Nr.	Name, Alter	Klin. Diagnose	Ekg	Rk	Bestrahlungen	Beob.-Zeit	Erfolg
1	K. Jak. 68 J.	Aortensklerose. Coronarinsuff. mit a. p. Diabetes mell.	Links-Ekg mit leicht neg. T_I u. T_{II}.	145/90 Hg	6×100 r. Gangl. stell.	22 Mon.	Sehr gute Besserung der Anfälle
2	H. E., 52 J.	Aortenlues. A.p.-Anfälle. Wa.R. neg. Coronarinsuff.	Linkstyp T_I neg. T_{II} verstrichen	150/55 Hg	6×100 r. Gangl. stell.	21 Mon.	Sehr gut gebessert. Arbeitsfähig
3	W. A., 57 J.	Alter Vorderwandinfarkt. Starke a. p.-Anfälle + stat. Anginosus	Linkstyp T_I neg. T_{II} diphas.	135/80 Hg	4×150 r. Gangl. stell.	26 Mon.	Anfallsfrei u. Beschwerdefrei
4	N. E., 59 J.	A. p.-Beschwerden. Hinterwandinfarkt	S-T in I u. II gesenkt. Q_{III} tief. S-T_{III} erhöht	160/90 Hg	6×100 r. $+ 2 \times 100$ r. Gangl. stell.	7 Mon.	Keine anhaltende Besserung. Periodische Beschwerden
5	M. G., 62 J.	Altes Basedowherz (Operation). Coronarinsuff. Anginöse Beschwerden	S-T_I u. $_{II}$ leicht gesenkt. Flaches T_I u. $_{II}$.	170/90 Hg	5×150 r. (+ Schilddrüse bestr.)	18 Mon.	Wesentlich gebesert
6	B. M., 66 J.	Coronarsklerose. Myod. cordis	Rechtss. Schenkel-block	150/80 Hg	4×150 r. Gangl. stell.	12 Mon.	Keine deutliche Beeinflussung
7	B. H. 58 J.	Hypertonie. Angina pectoris. Diabetes mell.	Linkstyp. Flacher T_I	180/100 Hg	4×150 r. Gangl. stell.	17 Mon.	Wesentlich gebessert
8	Sch. Joh., 54 J.	Coronarinsuff. a. p.-Beschwerden	Linkstyp. Senkung von S-T_I u. $_{II}$	160/100 Hg	6×100 r. Gangl. stell.	24 Mon.	Beschwerdefrei. Arbeitsfähig
9	R. K., 52 J.	Angina pectoris. Coronarinsuff. Hinterwandinfarkt	Q_{III} vertieft. S-T_{IV} erhöht	150/80 Hg	6×100 r	17 Mon.	Beschwerdefrei
10	Z. Joh., 48 J.	Anginöse Beschwerden. Linkss. Rippenfellschwarte nach Schußverletzung	Linkstyp Flaches T_I u. $_{II}$	135/85 Hg	4×150 r. Gangl. stell.	20 Mon.	Unsichere Angaben. Rentenmann
11	Z. W., 74 J.	Coronarsklerose u. Arteriolosklerose. Myodegen. cordis	Ekg mit kleinen Volt-werten (low voltage)	180/100 Hg	4×150 r. Gangl. stell.	17 Mon.	Gut gebessert
12	C. H., 53 J.	Angina pectoris nach Vorderwandinfarkt	Linkstyp. Neg. T_I. Verstrichenes T_{II}.	140/90 Hg	6×100 r. Gangl. stell.	13 Mon.	Subjektive Beschwerden wesentlichgebessert
13	Z. Joh. 60 J.	Coronarsklerose, Coronarinsuff. A. p.-Anfälle	Linkstyp. Interventrikularblock. S-T_{I-II} gefunden Tiefer A_{III}. S-T_{IV} eleviert	180/90 Hg	6×100 r. Gangl. stell.	21 Mon.	Wesentlich gebessert
14	T. J. 54 J.	Coronarinsuff. ? alter Hinterwandinfarkt. A. p.		150/80 Hg	6×150 r. Gangl. stell.	18 Mon.	Wesentlich gebessert
15	Sch. M., 64 J.	Chronische Nephritis. Angina pectoris. Hypertonie.	S-T in Abl. I u. II gesenkt. Linkstyp	210/110 Hg	5×150 r. Gangl. stell.	17 Mon.	Im ganzen gebessert, zeitweise leichtere Beschwerden von a. p.

Zusammenfassung.

Die chirurgische Behandlung der Coronarerkrankungen hat sich bisher nicht durchzusetzen vermocht und blieb auf einzelne Operateure beschränkt.

Neuerdings ist die totale Thyreoidektomie in größerem Maßstab angewandt worden. Die Anfangsresultate sind gut, die Statistik der Spätresultate ist bisher weniger befriedigend. Bei gewissen Fällen von Angina pectoris — z. B. Hypertonikern mit hohem Grundumsatz und Herzinsuffizienz — scheint diese Methode zukunftsreich.

Ferner halte ich die Röntgenbehandlung der Coronarerkrankungen — Bestrahlung des Ganglion stellatum — Nebennierenbestrahlung — für ein noch zu bearbeitendes und aussichtsreiches Gebiet.

Literaturverzeichnis.

ABRAMSON, FENICHEL and SHOOKHOFF: A study of electrical activity in the auricels. Amer. Heart J. **15**, 471 (1938).

AKESSON, SVEN: Nachweis von neg. T_2 und T_3 bei Fällen von arterieller orthostatischer Anämie (LAURELL). Ref. Z. Kreislaufforsch. **1937**, H. 3.

ALBERS u. THADDEA: Z. Kreislaufforsch. **1937**, H. 22, 58.

ALTSCHULE, M. D. and M. C. VOLK: Die therapeutische Wirkung der totalen Exstirpation der normalen Thyreoidea bei Herzinsuffizienz und Angina pectoris. XVII. Arch. int. Med. **58**, 32 (1936).

ALTSCHULE, MARK, D. and MARIE C. VOLK: Therapeutic effect of total ablation of normal thyroid on congestiv failure and angina pectoris. XVII. The cardiac output following total thyreoidectomy in patients with and without congestiv heart failure, with a comparison of results abtained with the acetylen and ethyl iodid methods. Arch. int. Med. **58**, 32—44 (1936).

ARROM, D.: Quimografia cardiaca en clinica. Barcelona: Impr. Claraso 1933.

ASCHENBRENNER, R.: Herzmuskelschädigung im Coma diabeticum. Verh. dtsch. Ges. Kreislaufforsch. **1939**, 234.

ASHAUER: Die Bedeutung des bogenförmigen Übergangs von R in das S-T-Stück. Inaug.-Diss. Köln 1937.

ASSMANN: Nikotineinwirkung. Münch. med. Wschr. **1939 I**.

BANSI, H. W.: Med. Klin. **1937 I**, 356.

BARACH, ALVAN L. and ROBERT L. LEVY: Oxygen in the treatment of acute coronary occlusion. J. amer. med. Assoc. **103**, 1690—1693 (1934).

BARKER, PAUL S., FRANK N. WILSON and FREDERIK A. COLLER: Abdominal disease simulating coronary occlusion. Amer. J. med. Sci. **188**, 219—224 (1934).

BARNES and BALL: Mittelinfarkt. Amer. J. med. Sci. **183**, 215 (1932).

— and WHITTEN: Amer. Heart J. **5**, 142 (1929).

BEACH, C. H.: Anginal symptoms associated with certain constitutional disease. J. amer. med. Assoc. **105**, 871—873 (1935).

BEEK u. HIRSCH: Med. Klin. **1933 I**, 876.

BELJAJEW, S. S.: Balneologe **1936**, H. 9, 427.

BELLET, S. and W. W. DYER: The Ekg during and after emergence from diabetic coma. Amer. Heart J. **13**, 72 (1937).

BENSON, OTIS O.: Coronary artery disease. Report of fatal cardiac attac in a pilot while flying. J. aviat. Med. **8**, 81—84 (1937).

BÉRARD, M.: Les methodes chirurgicales du traitment de l'angine de poitrine. Paris: Masson & Cie. 1937.

— E. C. CUTLER et M. PIJOAN: Un test de l'action de la thyroidectomie totale dans l'angine de Poitrine. L'interrelation thyro-surrénalienne. Presse med. **1936 II**, 1307—1309.

BERGMANN, G. v.: Erstickung im Herzmuskel als Ursache der Angina pectoris. Dtsch. med. Wschr. **1934 II**, 1378—1382.

BERLIN, DAVID D.: Total thyroidectomy for intractable heart disease. Summary of two and one-half years' surgical experience. J. amer. med. Assoc. 105, 1104—1107 (1935).

BICKEL, GEORGES: Infarctus du myocarde á type d'ictus apoplectique. Bull. Soc. méd. Hôp. Paris, III. s. 51, 1533—1538 (1935).

BLOCH, CURT: Angina pectoris und Anämie. I. Mitt. Wien. Arch. inn. Med. 26, 143—160 (1934).

BLUMBERGER: Therapie des Myocardinfarkts. Med. Klin. 1938 I, 397.

— u. KRÜSKEMPER: Akute Digitalisvergiftung. Arch. Kreislaufforsch. 3, 168 (1938).

BLUMER, GEORGE: Pericarditis epistenocardica. J. amer. med. Assoc. 107 (1936).

BLUMGART, H. L., D. D. BERLIN, DAVID DVIS, J. E. F. RISEMAN and A. A. WEINSTEIN: Total ablation of thyroid in angina pectoris and congestive failure. XI. Summary of results in treating seventy-five patients during the last eighteen months. J. amer. med. Assoc. 104, 17—26 (1935).

BÖGER, A. u. G. W. PARADE: Coronarembolie. Klin. Wschr. 1934 I, 724—726.

BÖHMING u. KATZ: Abl. IV bei Myocardinfarkt. Arch. int. Med. 61, 241 (1938).

BOHNING, A. and L. N. KATZ: The four-lead electrocardiogramm in coronary sclerosis. A study of a series of consecutive patients. Amer. J. med. Sci. 189, 833—858 (1935).

BORGARD, WERNER: Zur medikamentösen Beeinflussung der Angina pectoris. Ther. Gegenw. 75, 429, 430 (1934).

BOURNE, GEOFFREY and PATERSON-ROSS: Thyreoidektomie. Lancet 1938, Nr. 6006.

BOYD and WARBLOW: Herzschmerz. Amer. J. med. Sci. 194, 814 (1937).

— — Schmerz bei Coronarthrombose. Amer. J. med. Sci. 194, 814 (1937).

BRENNER, O., HUGH DONOVAN and B. L. S. MURTACH: Total thyroidectomy in the treatment of patients with congestive heart failure and angina pectoris. With a note on the anaesthetic. Brit. med. J. 1934, Nr 3848, 624—629.

BRÜCKNER: Z. Kreislaufforsch. 1938, H. 5, 174.

BRÜCKNER, G.: Coronarinsuffizienz. Med. Klin. 1937 II, 1673—1675.

BRUENN, HOWARD G., KENNETH B. TURNER and ROBERT L. LEVY: Notes on cardiac pain and coronary disease. Correlation of observations made during life with structural changes found at autopsy in 476 cases. Amer. Heart. J. 11 (1936).

BÜCHNER: Verh. dtsch. Ges. inn. Med. 1938.

BÜCHNER, F.: Coronarinsuffizienz durch Strophantin. Zbl. Path. 63, Erg.-H., 188—190 (1935).

— Die Coronarinsuffizienz. Dresden: Theodor Steinkopff 1939.

— A. WEBER u. B. HAAGER: Coronarinfarkt und Coronarinsuffizienz. Leipzig: Georg Thieme 1935.

BUDELMANN, G. u. TAO YUAN CHIN: Zur klinischen Bedeutung des triphasischen Initialkomplexes in der III. Ableitung des Ekg. Z. Kreislaufforsch. 1938, H. 4, 10.

BULLRICH, RAFAEL, A.: Behandlung der Angina pectoris-Schmerzen mit Kobra-Gift. Rev. argent. Cardiol. 3, 111—120, deutsche Zusammenfassung S. 121 (1936).

— Behandlung der Schmerzen der Angina pectoris mit Kobragift. Rev. méd. lat.-amer. 22, 744—754.

BURAK, M.: Die Bedeutung der Senkungsgeschwindigkeit für die Diagnose des akuten Coronarverschlusses. Wien. klin. Wschr. 1934 I, 327—330.

CASAL, DE: De l'utilité des dérivations précordiales pour le diagnostic de l'infarctus des myocarde. Paris: Marcel Vigné 1938.

CHAVEZ, J. y L. MENDAZ: Die topographische Diagnose des Herzinfarkts. Arch. lat.-amer. Cardiol. y Hematol. 5, No 5 (1935).

CHRIST: Experimentelle Kohlenoxydvergiftung. Beitr. path. Anat. 94 (1939).

COBFT, R.: Angina pectoris und ihre Behandlung. Z. ärztl. Fortbildg. 32, 461 (1935).

COELHO, EDUARDO: L'infarctus du Myocard. Paris: Masson & Co. 1934.

— A patologia da circulaçao coronaria. Lissabon 1937.

— Herzwandaneurysma. Med. contemp. 1938, 29.

— Die Pathologie des Coronarkreislaufs. Lissabon: Livraria Bertrand 1937.

COLLENS, STOLIARSKY and NETZER: Ist der Gebrauch von Insulin bei alten Diabetikern mit Coronarsklerose indiziert? Amer. J. med. Sci. 191, 503 (1936).

COOKSEY, WARREN B.: Coronary thrombosis. Follow-up studies with espical referenze to prognosis. J. amer. Assoc. 104, 2063—2065 (1935).

Cowan, John: The prognosis after infarct of the heart. A clinical study. Lancet **1936 I**, 356—359.

Cutler, Elliott-C. et Samuel-A. Levine: La douleur angineuse et son traitement chirurgical. Valeur des différentes méthodes, et plus particulièrement de la thyroidectomie totale. Presse méd. **1934 I**, 937—940.

Dagnini, Guido: Angina pectoris. Patologia della coronarie. Milano: Francesco Vellardi 1937.

— Angina pectoris. Mailand 1937.

Davis, David, A. A. Weinstein, J. E. F. Riseman and Herrman L. Blumgart: Treatment of chronic heart disease by total ablation of the thyroid gland. VII. The heart in artificial myxedema. Amer. Heart J. **10**, 17—45 (1934).

Delhelm and Beau: Amer. J. Radiol. **1929**, 391.

Deneke, Th.: Tabak und Angina pectoris. Z. ärztl. Fortbildg **1936**, H. 20, 573.

Dietrich, S.: Ther. Gegenw. **1936**, H. 4.

Dietrich u. Schwieck: Z. klin. Med. **125** (1933).

— — Schmerzproblem der Angina pectoris. Klin. Wschr. **1933 I**, 135.

— — Angina pectoris und Anoxie des Herzmuskels. Z. klin. Med. **125**, 195 (1933).

— — Neue Anschauungen über Pathogenese und Therapie der Angina pectoris. Dtsch. med. Wschr. **1934 I**.

Donath, F.: Die Therapie des akuten Coronarverschlusses. Klin. Wschr. **1936**.

Doumer, Ed.: Infarctus du myocarde à forme purement digestive. Bull. Soc. méd. Hôp. Paris, III. s. **51**, 854—858 (1935).

Dozzi: Coronarthrombose und Hirnembolie. Amer. J. med. Sci. **194**, 824 (1937).

Dozzi, Daniel L.: Cerebral embolism as a complication of coronary thrombosis. Amer. J. med. Sci. **194**, 824—830 (1937).

Dressler, Wilhelm: Die Bedeutung der Elektrokardiographie für die Diagnostik der Herzmuskelerkrankungen. Wien. klin. Wschr. **1937 II**, 1069, 1070.

Duchosal, P.: Un cas typique de thrombose coronarienne aigue á evolution fatale. Rev. méd. Suisse rom. **55**, 236—244 (1935).

Dunis, Hecht u. Korth: Typen des Ekgs. Dtsch. Arch. klin. Med. **121**, 539 (1938).

Edeiken, Joseph and Charles C. Wolferth: Persistent pain in the shoulder region following myocardial infarction. Amer. J. med. Sci. **191**, 201—210 (1936).

— — and Francis Clark Wood: The significance of an upright or diphasic T-wave in Lead IV when it is the only definite abnormality in the adult electrocardiogramm. Amer. Heart J. **12**, 666—673 (1936).

Edelmann, Adolf: Über die Bedeutung der Glykosurie und Hyperglykämie bei Erkrankungen der Coronararterien. Wien. klin. Wschr. **1934 I**, 165—168.

Edens: Münch. med. Wschr. **1932 II**.

— Mittelbare und unmittelbare Strophanthineinwirkung. Z. Kreislaufforsch. **1939**, H. 7.

— Die Strophanthinbehandlung der Angina pectoris. Münch. med. Wschr. **1934 II**, 1424—1427.

Eiselsberg, Karl Paul von: Angina pectoris und Allergie. Klin. Wschr. **1934 I**, 619—622.

Elloit, Albert H. and Richard D. Evans: Klinisches und elektrokardiographisches Bild des Coronarverschlusses, hervorgerufen durch Aneurysma, Ruptur der Bauchaorta. Amer. J. med. Sci. **191** (1936).

Eppinger, H.: Die Coronarthrombose. Wien. klin. Wschr. **1934 I**, 210—212.

— Über die seröse Myocarditis. Wien. klin. Wschr. **1937 I**.

Ewig: Verh. dtsch. Ges. Kreislaufforsch. Nauheim **1938**.

Ewig, W.: Verbrennungskollaps. Verh. dtsch. Ges. Kreislaufforsch. **1938**, 148.

Faber, Börge and Hans Kjaergaard: X-ray kymogramms of normal and pathological hearts. Brit. J. Radiol. **9**, 335—344 (1936).

Faleiro, Antonio: Beitrag zur Frage der Lokalisation und Prognose des „Herzvorderwandinfarktes" mit Hilfe des Elektrokardiogramms. Z. klin. Med. **130**, 808—821 (1936).

— Mittelinfarkt. Z. klin. Med. **130**, 808 (1936).

— Der „Arbeitsversuch" in der elektrokardiographischen Diagnose der Angina pectoris. Dtsch. Arch. klin. Med. **179**, 238—246 (1936).

Feil, Cushing and Hardesty: Lokalisation des Myocardinfarkts. Amer. Heart J. **15**, 721 (1938).

— Harold and Claude S. Beck: The treatment of coronary sclerosis and angina pectoris by producing a new blood supply to the heart. J. amer. med. Assoc. **109**, 1681—1786 (1937).

FEINBERG, SYDNEY C.: The treatment of coronary disease by intravenous injections of hypertonic saline solution. Amer. J. med. Sci. **191**, 410—415 (1936).

FELDMAN, L.: The initial ventricular complex of the electrocardiogram in coronary thrombosis. Ann. int. Med. **9**, 1714—1724 (1936).

FREEMANN, E. T.: Die vierte oder apicale Ekg-Ableitung. Lancet **1937**, Nr 5922, 499.

FRIEDMAN, BERNARD B.: Angina pectoris and thyroid gland. New surgical approach. Amer. J. Surg., H. s. **33**, 124—128 (1936).

FROBOESE, C.: „Erschöpfungsnekrosen" des Herzmuskels. Beitr. path. Anat. **95**, 496 (1935).

GILBERT, RENÉ: Über die Röntgentherapie der Angina pectoris. Strahlenther. **57**, 203—223, (1936).

GLAUNER, R.: Vegetatives Nervensystem und Röntgenstrahlen. Strahlenther. **62**, H. 1.

GLENDY, R. EARLE, SAMUEL A. LEVINE and PAUL D. WHITE: Coronary disease in youth. Comparison of 100 patients under 40 with persons past 80. J. amer. med. Assoc. **109**, 1775—1781 (1937).

GOLDBLOOM, A. ALLEN: Clinical evaluation of lead IV (chest leads). Asurvey of lead IV in ambulatory cases of coronary artery disease and acute coronary occlusion. Amer. J. med. Sci. **187**, 489—498 (1934).

— Clinical studies in electrocardiography III. Persistent abnormal lead IV findings in serial electrocardiogramms, with negativ three routine leads, in coronary thrombosis. Ann. int. Med. **8**, 1404—1412 (1935).

GOLDSMITH, GRACE A. and FREDRIK A. WILLIUS: Bodily build and heredity in coronary thrombosis. Ann. int. Med. **10**, 1181—1186 (1937).

GOLLWITZER-MEYER: Kreislaufkollaps. Verh. dtsch. Ges. Kreislaufforsch. **1938**.

GOODRICH, B. E. and F. J. SMITH: Amer. Heart J. **11** (1936).

GRANT, JAMES and JOHN H. MILLER: Atheroma of coronary and myocardial fibrosis. Brit. med. J. **1935**, Nr 3868, 353, 354.

GROEDEL: Bei SALZMANN: Röntgenbehandlung innerer Krankheiten. München 1923.

— Z. Kreislaufforsch. **1935**.

GROSS, H. and OPPENHEIMER: The significance of rheumatic fever in the etiology of coronary artery disease and thrombosis. Amer. Heart J. **11** (1936).

— and CHR. SPARK: Coronary and extracoronary factors in hypertension heart failure. Amer. Heart J. **14**, 160 (1937).

GROSS, LOZIS, M. A. KUGEL and E. Z. EPSTEIN: Lesions of the coronary arteries and their branches in rheumatic fever. Amer. J. Path. **11**, 253—280 (1935).

GUIZETTI, H. U. u. H. SITTEL: Der Herzinfarkt und seine Auswirkungen auf den Kohlehydratstoffwechsel. Dtsch. Arch. klin. Med. **180**, 500—511 (1937).

HAAS, IRMGARD u. A. WEBER: Über Rechtscoronarinsuffizienz. Verh. dtsch. Ges. inn. Med. **1936**, 344—347.

HADORN, W.: Untersuchungen über die Beeinflussung des Herzens durch Insulin und Hypoglykämie. Z. klin. Med. **130**, 643 (1936).

— u. A. TILLMANN: Über Beziehungen zwischen Epilepsie und Angina pectoris. Klin. Wschr. **1935 II**, 1308—1311.

HAGUENAU, J. et J. LEFEVRE: A propos d'un cas d'angine de poitrine opéré depuis deux ans et demi. Bull. Soc. méd. Hôp. Paris, III. s. **50**, 1459—1462 (1934).

HAHN u. LANGENDORF: Morphologie des Vorhofs-Ekgs. Acta med. scand. (Stockh.) **100**, 279 (1939).

HALBRON, PAUL, JACQUES LENORMAND et PIERRE DARTIQUE: Traitement de l'angine de Poitrine par certains acides amines. Presse méd. **1933 II**, 1585, 1586.

HALL, D.: A new type of electrode for use in the fourth electrocardiographic lead. Lancet. **1937**, Nr 5949, 573.

HALLERMANN, W.: Der plötzliche Herztod bei Kranzgefäßerkrankungen. Sutttgart: Ferdinand Enke 1939.

HAMMAN, LOUIS: Remarks on the diagnosis of coronary occlusion. Ann. int. Med. **8**, 417—431 (1934).

HANSEN u. v. STAA: Reflektorische und algetische Krankheitszeichen der inneren Organe. Leipzig: Georg Thieme 1938.

HARRIS, B. R. and R. HUSSEY: Die elektrokardiographischen Veränderungen an Coronararterienunterbindung bei Hunden. Amer. Heart J. **12**, 724 (1936).

HASSENCAMP, E.: Über Coronarinsuffizienz. Dtsch. med. Wschr. **1936 I.**

HAUSNER, E. u. D. SCHERF: Über Angina pectoris-Probleme. Z. klin. Med. **126,** 166—193 (1933).

HAUSS, W. u. B. STEINMANN: Zur Symptomatologie der Herznarben. Z. Kreislaufforsch. **1937,** H. 13, 874.

HAY, JOHN: Certain aspects of coronary thrombosis. Lancet **1933 II,** 787—795.

HECKMANN, KARL: Die Frage der Doppelgipfligkeit der Randzacken im Flächenkymogramm. Klin. Wschr. **1936 I.**

— Moderne Methoden zur Untersuchung der Herzpulsation mittels Röntgenstrahlen. Erg. inn. Med. **52,** 543—610 (1937).

HEIER, HANS: Herzwandveränderungen im Flächenkymogramm. Fortschr. Röntgenstr. **53** (1936).

HEINRICH, A.: Differentialdiagnose des akuten Herzinfarkts am Krankenbett. Med. Klin. **1939 II.**

HENNING, F.: Myocardschäden im Kymogramm. Med. Welt **1937,** Nr 31.

HERLES, F.: Ekg. und Pericarditis. Zit. Z. Kreislaufforsch. **30,** H. 14, 554 (1938).

HIRSCH, L.: Amer. J. med. Sci. A **2,** 644 (1936).

HOCHREIN, MAX: Können wir die Entstehung des Myocardinfarktes verhüten? Münch. med. Wschr. **1933 II,** 1613—1616.

— Richtlinien für die Behandlung des Myocardinfarktes. Münch. med. Wschr. **1935 II,** 1515—1520.

— Der Myocardinfarkt. Dresden u. Leipzig: Theodor Steinkopff 1937.

— Elektrokardiogramm und Herzarbeit. Verh. Ges. Verdgskrkh. **1937,** 87—92.

— u. KARL MATTHES: Anämie und Angina pectoris. Dtsch. Arch. klin. Med. **177,** 1—13 (1934).

— u. KLAUS SCHNEYER: Das Schicksal des Myocardinfarktes. Z. Kreislaufforsch. **28,** 257—268 (1936).

HOLST, J. E.: Einige Fälle von Thrombose der Kranzgefäße des Herzens. Ugeskr. Laeg. (dän.) **1934,** 263—271.

— Thrombose der Coronararterie des Herzens. III. Ugeskr. Laeg. (dän.) **1934,** 999—1003.

— Myocardinfarkt. Z. klin. Med. **128,** 130—162 (1935).

HOLST, LEOPOLD, L. KLIONER, S. KOPPELMANN u. N. SPERANSKIY: Fortschr. Röntgenstr. **51,** 454—469 (1935).

HOLZMANN, MAX: Elektrokardiographische Befunde bei Perikarditis. Z. klin. Med. **128,** 731—744 (1935).

— Klinische Erfahrungen mit elektrokardiographischen Brustwandableitungen. Arch. Kreislaufforsch. **1,** 1—171 (1937).

— Mittelinfarkte. Verh. dtsch. Ges. Kreislaufforsch. **1939,** 204.

HORINE, EMMET F. and MORRIS M. WEISS: Coronary thrombosis and its effect on the size of the heart. Amer. J. med. Sci. **189,** 858—860 (1935).

HORNER, J. u. SZANTO: Nikotinwirkung. Therapia (Budapest) **1938,** 218.

HOYLE, CLIFFORD and WILLIAM EVANS: Therapeutic effect of a period of rest in bed in angina pectoris (angina of effort). Lancet **1934,** 563—566.

JAGIC, N. v. u. O. ZIMMERMANN: Zur Klinik und Differentialdiagnose der Coronarthrombose. Wien. klin. Wschr. **1935 I.**

— — Zur Therapie der Coronarthrombose. Münch. med. Wschr. **1935 II,** 1633—1636.

— u. P. ZIMMERMANN-MEINZINGEN: Die Wertung des Ekgs bei der Differentialdiagnose des akuten Myocardinfarkts. Wien. Arch. inn. Med. **30,** 187 (1937).

— — Thyreoidektomie. Münch. med. Wschr. **1939 I.**

JERVELL, A.: Acta med. scand. (Stockh.), Suppl. **68,** 98 (1936).

JESSEN, H.: Die Neurologie und Neurochirurgie der Angina pectoris. Münch. med. Wschr. **1938 II.**

KAHLSTORF, A.: Herzgröße bei Herzjagen. Klin. Wschr. **1936 II.**

KARSNER, HOWARD T. and FRANCIS BAYLESS: Coronary arteries in rheumatic fever. Amer. Heart J. **9,** 557—585 (1934).

KATZ and SLATER: Arch. int. Med. **85,** 86 (1935).

KATZ, L. N., W. W. HAMBURGER and W. J. SCHUTZ: The effect of generalized anoxemia on the electrocardiogram of normal subjects. Its bearing on the mechanism of attacks of angina pectoris. Amer. Heart J. **9,** 771—781 (1934).

KENNEDY, J. ALLEN: The incidene of myocardial infarction without pain in 200 autopsied cases. Amer. Heart J. 14, 703—709 (1937).

KERR, OLAV: Heart block in coronary thrombosis. Lancet 1937, 1066.

KISCH, FRANZ: Nitroglycerinschutz der Angina pectoris. Med. Klin. 1935 II, 1133—1136.
— Klinisch-Statistisches zu den Lebensaussichten bei der Coronarthrombose. Klin. Wschr. 1936 I, 440—443.
— 36 plötzliche Angina pectoris-Todesfälle obduziert. Klin. Wschr. 1937 I, 708.
— Klin. Wschr. 1937 II.

KJAERGAARD, HANS: Cerebral symptoms in acute myocardial infarction. Acta med. scand. (Stockh.) 88, 196—203 (1936).

KLEINMANN, H.: Statistisches zum Problem der Angina pectoris. Z. Kreislaufforsch. 25, 713—730 (1933).

KLEYN, J. B.: Der Einfluß der Psyche auf das Elektrokardiogramm im Zusammenhang mit den Veränderungen des Elektrokardiogrammes während eines Anfalles von Angina pectoris. Z. Kreislaufforsch. 26, 353—357 (1934).

KOGAN, M.: Les reaktions glycémiques et leurs significations dans la symptomatologie et la clinique de l'angine de poitrine. Arch. Mal. Cœur 29, 685 (1936).

KOLLER, SIEGFRIED: Über die Häufigkeit der Herzkrankheiten bei Lokomotivführern. Z. Kreislaufforsch. 26, 240—248 (1934).

KORTH u. HECHT: Typen des Ekgs. Klin. Wschr. 1938 I, 992.

KOSSMANN, CHARLES E.: Potential variations of extremities and of precordium in myocardial disease. Proc. Soc. exper. Biol. a. Med. 33, 146—148 (1935).

KRETSCHMER, W.: Gibt es eine Herzberufskrankheit bei Lokomotivführern? Verh. dtsch. Ges. Kreislaufforsch. 1936, 250—256.

KROETZ, CH.: Formen der Coronarinsuffizienz. Jkurse ärztl. Fortbildg 27, H. 2 (1936).
— Herzschädigungen nach Kohlenoxydvergiftungen. Dtsch. med. Wschr. 1936 II, 1365 bis 1369, 1414—1417.
— Pharmakotherapie der Coronarinsuffizienz. Verh. dtsch. Kreislaufforsch. 1937.
— Verh. dtsch. Ges. inn. Med. 1938.

KÜLBS: Nikotin. Z. klin. Med. 99, 258 (1924).

KUHLMANN: Röntgendarstellung der verkalkten Coronargefäße. Klin. Wschr. 1938 II.
— Coronarsklerose im Röntgenbild. Verh. dtsch. Ges. Kreislaufforsch. 1938, 355.

KURTZ, CH. M., J. H. BEMELT and H. H. SHAPIRO-MADISON: Elektrocardiographic studies during sorgical anesthesia. J. amer. med. Assoc. 106, 434.

LÄSSING, FRITZ: Herzschädigung durch Nikotin. Med. Welt 1938, Nr. 42.

LAMBERT, J.: Die Veränderungen des Ekg-Vorhofkomplexes durch Coronarschäden. Arch. Mal. Cœur 30, 3 (1937).
— Vorhof-Ekg bei Coronarstörungen. Arch. Mal. Cœur 30, 3 (1937).

LANGENDORF, B. u. A. PICK: Ekg-Befunde bei Lungenembolie. Acta med. scand. (Stockh.) 90, 289 (1936).
— — Elektrokardiogramm bei akuter Nephritis. Med. Klin. 1937 I, 4, 126.
— — Brustwandableitungen bei Myocardinfarkt. Acta med. scand. (Stockh.) 96 (1938).

LANGENDORF, R.: Ekg bei Vorhofinfarkt. Acta med. scand. (Stockh.) 100, 136 (1939).

LANGER: Strahlenther. 53, 492; 57, 70.

LAUBRY: Angina pectoris. Presse méd. 1938, No 101.
— Herzschmerz. Presse méd. 1938, No 101.

LAUBRY-COTTENOT-ROUTIER-HEIM DE BALSAC: Radiologie clinique du coeur et des gros vaisseaux. Paris: Masson & Cie. 1939.

LAUBRY, CH. et P. SONLIE: L'infarctus septal à évolution fébrile prolongée.

LEINS-FORRER: Beitrag zur Therapie der Angina pectoris mit Organextrakten. Schweiz. med. Wschr. 1936 II, 1069.

LEPEHNE, G.: Zur Frage der Coronarthrombose. Med. Klin. 1934 II, 1589—1591.

LEQUIME, J.: Fibrillation ventriculaire transitoire par infarctus myocardique. Bull. Soc. belge Cardiol. 3, 122 (1936).

LEVENE, GEORGE, FRANK, E. WHEATLEY and HELEN MATTHEWS: Röntgendiagnosis of coronary disease. Amer. J. Röntgenol. 31, 588—592 (1934).

LEVY: Discases of the coronary Arteries and Cardial Pain. New York: The Macmillan Co. 1937.

Levy, Hyman and Ernst T. Boas: Coronary artery disease in women. J. amer. med. Assoc. 107 (1936).

Levy, Robert L. and Howard G. Bruenn: The precordial lead of the electrocardiogram (lead IV) as an aid in the recognition of active carditis in rheumatic fever. Amer. Heart. J. 10, 881—888 (1935).

Lewellys, F. Barker: Contemporary views of angina pectoris and coronary thrombosis N. Y. State J. Med. 35 (1935) (Sonderdruck).

Lewine, S. A.: Coronary thrombosis. Medizin 8 (1929).

Lezius: Dtsch. Ges. Chir. Berlin 1937.

Lian, Camille et R. Barrieu: Le gaz carbonique et les gaz thermaux carboniques en injections sous-cutanées et en inhalations dans l'angine de poitrine et la claudication intermittente. Presse méd. 1933 II, 1465—1467.

— y Facquet: Nikotin. Prensa méd. argent. 26, No 14 (1939).

Lucherim, T.: Röntgenbehandlung der Schilddrüse bei Herzdekompensation. Cuore 23, No 6 (1939).

Luft: Irreversible Organveränderungen bei Hypoxämie im Unterdruck. Beitr. path. Anat. 98 (1937); 99 (1937).

Luft, U. C.: Irreversible Organveränderungen im Tierversuch. Beitr. path. Anat. 98 (1937).

Mainzer, Fritz: Zur Frage der Coronarinsuffizienz bei Anämie. Wien. klin. Wschr. 1936 I, 592—594.

Mainzer u. Josephthal: Über die Lokalisation und Ausstrahlung des Angina pectoris-Schmerzes. Acta med. scand. (Stockh.) 89, 329 (1936).

Mandl, Felix: Die paravertebrale Injektion mit Alkohol bei Angina pectoris und anderen Schmerzzuständen (Indikation und Technik). Wien. klin. Wschr. 1935 I, 490—494.

— Indikation und Technik der totalen Thyreoidektomie bei Herz und Gefäßkrankheiten. Zbl. Chir. 1937, 76.

— Die totale Thyreoidektomie bei chronischen Herz- und Gefäßkrankheiten. Wien. med. Wschr. 1937 II, 1300—1303.

Martini, P. u. Fr. Grosse-Brockhoff: Strophanthinwirkung im Fieber. Naunyn-Schmiedebergs Arch. 180 (1936).

Master, A. M., Harry L. Jaffe and S. Dack: Low basal metabolic rates obtained by low caloric diets in coronary artery disease. Proc. Soc. exper. Biol. a. Med. 32, 779—783 (1935).

— — — The treatment and the immediate prognosis of coronary artery thrombosis (267 attacks). Amer. Heart J. 12, 549—562 (1936).

— — — Undernutrition in the treatment of coronary artery disease (particulary thrombosis) Effect on the basal metabolism and circulation. J. clin. Invest. 15, 353—367 (1936).

Matteis, F. de: L'insuffizienza coronaria. Minerva med. 28, No 1 (1937).

Meessen: Über Coronarinsuffizienz nach Histaminkollaps und nach orthostatischem Kollaps. Beitr. path. Anat. 99 (1937).

— Experimentelle Untersuchungen zum Kollapsproblem. Beitr. path. Anat. 102, 191 (1939).

— Zit. bei Büchner.

Misske, B. u. Hans Otto: 182 mit dem Ekg verfolgte Fälle von primärer und sekundärer Anämie. Dtsch. Arch. klin. Med. 180, 1 (1937).

Moia, B. y H. Acevedo: El tratamiento quirùrgico... Rev. argent. Cardiol 3, No 3 (1936).

Morawitz u. Schloss: Klin. Wschr. 1932 II, 1628.

Mosler u. Haas: Hiatushernien und Angina pectoris. Dtsch. med. Wschr. 1933 II, 1353 bis 1354.

Motta: Wien. klin. Wschr. 1937 II, 1389.

Müller, Karl: Med. Welt 1936 II, 1773.

Munk, F.: Soziale Medizin, 1937.

Nehb, W.: Brustwandelektrokardiogramm. Verh. dtsch. Ges. Kreislaufforsch. 1939, 177.

Netoušek, M., K. Čársky u. J. Hensel: Über totale Schilddrüsenentfernung zur Behandlung irreduktibler Herzdekompensation. Mitt. Grenzgeb. Med. u. Chir. 44, 612—618 (1937).

Nieuwenhuizen, C. L. C. van en H. A. Ph. Hartog: Die klinische Bedeutung des Elektrokardiogramms bei Hypertension. Nederl. Tijdschr. Geneesk. 1936 II, 4015—4020.

— — Chest leads in electrocardiography. Arch. int. Med. 59, 448—473 (1937).

Orsos, F.: Die Rolle der Kranzarterien in den Alterserscheinungen des Herzens. Orvosképzés (ung.) **27**, 369 (1937).

Osterwald: Strophanthin bei experimenteller Coronarinsuffizienz. Z. Kreislaufforsch. **1939**, Nr 7.

Padda, v.: Die Arbeitsprobe bei der elektrokardiographischen Diagnose der Angina pectoris. Cuore **20**, No 8 (1936).

Parade: Erbpathologie der Angina pectoris. Verh. dtsch. Ges. Kreislaufforsch. **1938**, 418.

Parade, G. W.: Aneurysmatische Elongation des Herzens. Med. Kin. **1934 II**, 1357—1359.

— Herzschädigungen durch Röntgenbestrahlung. Med. Klin. **1935 II**, 1396, 1397.

— Zur elektrokardiographischen Diagnose der Rechtsschädigung des Herzens. Verh. dtsch. Ges. inn Med. **1936**, 339—344.

— Kongreß dtsch. Ges. Kreislaufforsch. 1937.

Parkinson and Bedfort: Verschiedene Gestaltung und Aufstellung von 2 Typen des Coronarverschlusses. Heart **14**, 195 (1928).

Parson-Smith, Basil: Behandlung des Angina pectoris. Lancet **1936 II**.

Paschkis: Anämie und Anoxämie des Herzmuskels. Ein experimenteller Beitrag zum Angina pectoris-Problem. Wien. Arch. inn. Med. **28**, 447 (1936).

Paschkis, Karl: Anämie und Angina pectoris. Klin. Wschr. **1934 I**, 767—769.

Pflügge, H. u. E. Birk: Über die Strophanthin-Behandlung Angina pectoris-Kranker und ihre Aussichten. Dtsch. med. Wschr. **1937 I**, 427.

— u. H. E. Büttner: Dtsch. med. Wschr. **1937 I**.

Pick, A.: Med. Klin. **1936 II**, 1665.

Pletnew, D. D.: Über Angina pectoris. Dtsch. med. Wschr. **1933 II**, 1639—1642.

Porges: Klin. Wschr. **1932 I**, 186.

Puddu, v.: Observations cliniques sur le triphasisme de l'oscillation rapide du complexe ventriculaire en D III. Arch. Mal. Coeur **29**, 644 (1936).

Pugliese, Rodolfe: Considérations sur la thyroidectomie totale dans le traitement des cardiopathies. Presse méd. **1935 I**, 527, 528.

Raab, W.: Nebennieren und Angina pectoris. Verh. dtsch. Ges. Kreislaufforsch. **1937**.

— Nebennieren und Angina pectoris. Pathogenese und Röntgentherapie. Arch. Kreislaufforsch. **1**, 255—285 (1937).

Rietz, Torsten: Behandlung der Angina pectoris vom chirurgischen Standpunkt. Nord. med. Tidskr. **1934**, 747—750.

Riseman, I. E. F., D. R. Gilligan and H. L. Blumgart: Adrenalinwirkung vor und nach Thyreoidektomie bei Herzkranken. Arch. int. Med. **56** (1937).

— and Morton G. Brown: Medicinal treatment of angina pectoris. Arch. int. Med. **60**, 100—118 (1937).

— — The sedimentation rate in angina pectoris and coronary thrombosis. Amer. J. med. Sci. **194**, 392—399 (1937).

Roemheld, L.: Indikation und Technik der Atmungstherapie bei Herz- und Gefäßkrankheiten. Ther. Gegenw. **76**, 389—394 (1935).

Rosegger, H.: Differentialdiagnose und Therapie der Angina pectoris. Ther. Gegenw. **1938**, H. 10.

— Angina pectoris. Ther. Gegenw. **1938**, 451.

Roth, Irving R.: On the use of chest leads in clinical electrocardiography. Amer. Heart J. **10**, 798—829 (1935).

Rübberdt, H.: Plötzlicher Herztod bei 27jährigem Mann durch Abgang der l. Coronarie aus der Art. pulmonalis. Beitr. path. Anat. **98** (1937).

Rühl: Anoxieveränderungen des Ekgs. Z. Kreislaufforsch. **30**, 393 (1938).

Ruff u. Strughold: Grundriß der Luftfahrtmedizin. Leipzig: Johann Ambrosius Barth 1939.

Ruhl, A.: Kohlensäure und Kollaps. Verh. dtsch. Ges. Kreislaufforsch. **1938**, 194.

Sallay, J.: Tabakrauch und Ekg. Z. Kreislaufforsch. **1939**, H. 9, 331. (Zit. aus dem Ungarischen.)

Saphir, Otto: Thromboangiitis obliterans of the coronary arteries and its relation to arteriosclerosis. Amer. Heart J. **12**, 521—535 (1936).

— Walther S. Priest, Walter W. Hamburger and Louis N. Katz: Coronary arteriosclerosis, coronary thrombosis, and the resulting myocardial changes. Amer. Heart J. **10**, 567—595, 762—792 (1935).

Scherf, D.: Erg. Med. **20**, 237 (1935).
— Klinik und Therapie der Herzkrankheiten. Wien: Julius Springer 1935.
— Zwei Herzkranke, bei denen eine Thyreoidektomie ausgeführt wurde. Mitt. Ges. inn. Med. Wien **35**, 133—137 (1936).
— Totale Thyreoidektomie bei Herzkranken. Med. Klin. **1937** II, 1126—1132.
— P. Schnabel: Atropin bei Angina pectoris. Klin. Wschr. **1934** II, 1397—1399.
— u. E. Schönbrunner: Über Herzbefunde bei Lungenembolien. Z. klin. Med. **128**, 455 bis 471 (1935).
— Klin. Wschr. **1938**.
Schellong, F.: Z. exper. Med. **50**, 488 (1926); **75**, 767 (1931).
— Verh. dtsch. Ges. inn. Med. Wiesbaden **1936**.
— Ziele und Wege der Ekg-Forschung. Dtsch. med. Wschr. **1937** II.
— Vektordiographie des Herzens als klinische Methode. Klin. Wschr. **1938** I.
Schellong, Heller u. Schringel: Hinweis auf die Möglichkeit, mittels der Vektordiagraphie den Coronarinfarkt zu diagnostifizieren. Z. Kreislaufforsch. **1937**, H. 14, 35.
Schiassi, Francesco: Infarto del cuore. Contributo allo studio della coronarite reumatica. Arch. Pat. e Clin. med. **15**, 107—130 (1935).
Schirrmeister: Unveröffentlichte Untersuchung zitiert bei Büchner: Die Coronarinsuffizienz. Dresden: Theodor Steinkopff 1939.
Schütz, E.: Der monophasische Aktionsstrom. Verh. dtsch. Ges. Kreislaufforsch. **1939**.
Schurig, A.: Über die elektrische Behandlung Angina pectoris-Kranker und ihre Aussichten. Med. Welt **1937**, 1211, 1212.
Shambaugh, Philip and Elliot C. Cutler: Total thyroidectomy in angina pectoris. An experimental study. Amer. Heart J. **10**, 221—229 (1934).
Shaugnessy, L. O., Slome and Waton: Operative Herzdurchblutung. Lancet **1939**, Nr 6029.
Shookhoff, Charles and D. Leonard Liebermann: Angina pectoris syndrome, activated by ragweed sensitivity in a patient with coronary vessel sclerosis: Case report. J. Allergy **4**, 513—518 (1933).
Siedek, Hans: Zur Pathologie der Angina pectoris und des Asthma cardiale. Wien. Arch. inn. Med. **30**, 197—204 (1937).
Singer, Richard: Zur Klinik der Coronar-Thrombose. Wien. klin. Wschr. **1934** I, 810—813.
— Zur medikamentösen Therapie der Angina pectoris. Wien. klin. Wschr. **1934** II, 1353 bis 1356.
— Über die Ursachen der Zunahme der Herz- und Gefäßerkrankungen im allgemeinen und der Angina pectoris im speziellen. Wien. klin. Wschr. **1935** I, 353—360.
— Die Behandlung medikamentös unbeeinflußbarer Herz- und Gefäßkrankheiten durch totale Thyreoidektomie. Wien. klin. Wschr. **1937** II, 1025—1029.
Singer u. Straus: Z. Kreislaufforsch. **1937**, H. 20, 754.
Sisto: Abl. IV bei Myokardinfarkt. Minerva med. (ital.) **1938**, No 30.
Smith, Carter and H. Cliff Sauls: Recovery from coronary thrombosis; report of eight cases, with particular reference to the recognition of the less severe and atypical types. Ann. int. Med. **9**, 217—333 (1935).
Smith, Harry L.: Incidence of coronary sclerosis among physicians. As compared with members of other occupations. J. amer. med. Assoc. **108**, 1327—1329 (1937).
— and H. Corwin Hinshaw: Acute coronary thrombosis and myocardial infarction affecting a patient thirty-one years of age. Amer. Heart J. **13**, 741, 742 (1937).
Snellen, H. A. u. J. H. Nauta: Zur Röntgendiagnose der Coronarverkalkungen. Fortschr. Röntgenstr. **56**, H. 2 (1937).
Sprenger: Schußverletzung des Herzens. Z. Kreislaufforsch. **1939**, Nr 23.
Sprenger, O.: Ekg bei Schußverletzungen des Herzens. Verh. dtsch. Ges. Kreislaufforsch. **1939**, 151.
Stahl, R.: Die Bedeutung fokaler Infekte für die Allgemeinleiden besonders für Kreislaufkrankheiten. Med. Klin. **1937** II.
Stalker, Hugh: Angina pectoris and pernicious anemia (old terminology) a résumé of the Literatur, with a case report. Ann. int. Med. **10**, 1172—1180 (1937).
Steinberg, Charles Le Roy: Serial non-protein nitrogen studies and their prognostic significance in acute coronary occlusion A prelim. report. Amer. J. med. Sci. **186**, 372 to 378 (1933).

STEINBERG, CHARLES LE ROY: The prognosis of coronary thrombosis based on the non-protein nitrogen in the blood. J. Labor. a. clin. Med. **20**, 279—285 (1934).

STEINMANN, BERNHARD: Über das Elektrokardiogramm bei Kohlenoxydvergiftung. Z. Kreislaufforsch. **29**, 281—299 (1937).

STÖRMER, A.: Zur Klinik der Coronarinsuffizienz. Med. Welt **1935**, 1309—1312, 1350, 1351.

STRAUCH, FRIEDRICH: Die Störungen der Herzkranzgefäße. Dtsch. med. Wschr. **1936 II**, 1504.

STRAUSS: Nikotineinwirkungen und Schädigungen. Erg. inn. Med. **52**, 275 (1937).

STRONG, G. F.: The prognosis of coronary thrombosis. Canad. med. Assoc. J. **35**, 274—277 (1936).

STUMPF, PLEIKART: Zehn Vorlesungen über Kymographie. Leipzig: Georg Thieme 1937.

SUSSMANN: Amer. J. Roentgenol. **24**, 163, 312.

TATERKA: Links- und rechtsbetonte Coronarinsuffizienz bei Kollaps. Beitr. path. Anat. **102** (1939).

— Zit. bei BÜCHNER.

TEUFL, ROBERT: Diagnose des Coronarinfarktes und Serumkoagulation nach WELTMANN. Wien. klin. Wschr. **1937 I**, 58—63.

TILLGREN, J.: Medizinische Behandlung der Angina pectoris. Nord. med. Tidskr. **1934**, 753—756.

TOCHOWICZ, LEON: Über den klinischen Wert der dorso-ventralen Ableitung in der Elektro-kardiographie. Z. Kreislaufforsch. **29**, 711—727 (1937).

UHLENBRUCK, P.: Die Herzkrankheiten im Röntgenbild und Elektrokardiogramm. Leipzig: Johann Ambrosius Barth 1936.

— Verh. Kongreß inn. Med. **1936**, 364.

VOGT, BRUNO: Rhythmusstörungen des Herzens und anginöse Zustände nach elektrischen Unfall. Klin. Wschr. **1937 II**, 1671, 1672.

WAART, STORM and KONMANS: Ligation of the coronary arteries in Javanese monkeys. Amer. Heart J. **11**, **12** (1936).

WACHSMUTH, H.-O.: Eigenblutbehandlung stenokardischer Zustände und peripherer Gefäß-spasmen. Dtsch. med. Wschr. **1937 II**, 1795, 1796.

WAGENFELD, E.: Strophanthinbehandlung der Angina pectoris. Klin. Wschr. **1936 II**.

— Die Indikationen der intravenösen Strophanthinbehandlung. Dtsch. med. Wschr. **1937 I**, 500, 501.

WEBER, A.: Coronarinfarkt und Coronarinsuffizienz. Dtsch. med. Wschr. **1936 II**, 1385 bis 1388.

— Die Elektrokardiographie. Berlin: Julius Springer 1937.

— Die klinische Bedeutung der Veränderungen von S-T und T im Extremitätenekg. Dtsch. med. Wschr. **1937 I**, 430.

— Z. klin. Med. **132**, 2.

— Elektrokardiogramm und Myokardschädigung. Verh. dtsch. Ges. Kreislaufforsch. **1939**.

WEEKS, Carnes: Total thyroidectomy for the relief of pain in Angina pectoris. Surg. Clin. N. Amer. **16**, 667—679 (1936).

WEINSTEIN, A. A., DAVID DVIS, D. D. BERLIN and H. L. BLUMGART: The mechanism of the early relief of pain in patients with angina pectoris and congestive failure after total ablation of the normal thyroid gland. Amer. J. med. Sci. **187**, 753—773 (1934).

WENCKEBACH, K. F.: Herz und Kreislaufinsuffizienz. Desden u. Leipzig: Theodor Stein-kopff 1931.

WHITTEN, MERRITT B.: Mittelinfarkt. Arch. int. Med. **45**, 383 (1930).

— Midaxillary leads of the electrocardiogram in myocardial infarction. Amer. Heart J. **13**, 701—722 (1937).

WIGGERS, C. J.: The inadequacy of the normal callateral coronary circulation and the dynamic factors concerned in its development during slow coronary occlusion. Amer. Heart J. **11** (1936).

WILLCOZ, A. and J. L. LORIBOND: Das Elektrokardiogramm mit 4 Ableitungen bei Coronar-erkrankung. Lancet **1937**, Nr 5922, 501.

WILLIUS, FREDRIK A.: Life expectancy in coronary thrombosis. J. amer. med. Assoc. **106**, 1890—1894 (1936).

WINTERWITZ: Med. Klin. **1934 II**.

WITHE, PAUL D. and TIMBLE SHARBER: Tobacco, alcohol and angina pectoris. J. amer. med. Assoc. **102**, 655—657 (1934).

WOLFERTH and WOOD: Arch. int. Med. **56**, 77 (1935).

WOOD, FRANCIS CLARK, SAMUEL BELLET, THOMAS M. McMILLAN and CHARLES C. WOLFERTH: Electrocardiographic study of coronary occlusion. Further observations on the use of chest leads. Arch. int. Med. **52**, 752—784 (1933).

— and CHARLES CHRISTIAN WOLFERTH: Huge T-waves in precordial leads in cardiac infarction. Amer. Heart J. **9**, 706, 721 (1934).

— — and S. BELLET: Mittelinfarkt. Amer. Heart J. **16**, 389 (1938).

WOOD and WOLFERTH: Arch. int. Med. **51**, 771 (1933).

ZAK, E.: Über Thrombose der Coronararterien. Wien. klin. Wschr. **1935 I**, 735—740.

— Strophanthintherapie. Wien. klin. Wschr. **1936 I**.

ZIEGLER, KURT: Kohlenoxydgasvergiftung und Myocard. Dtsch. med. Wschr. **1936 I**, 389—391.

ZIMMERMANN, OSKAR: Angina pectoris bei schweren Anämien. I. Klin. Wschr. **1935 I**. 847—852.

— Angina pectoris bei schweren Anämien. II. Klin. Wschr. **1935 I**, 922—926.

— Das Angina pectoris-Problem vom Standpunkt der Angina pectoris bei schweren Anämien. Wien. klin. Wschr. **1935 II**, 987—989.

ZIMMERMANN-MEINZINGEN: Zur Klinik und Differentialdiagnose der luetischen Coronarstenose. Wien. Arch. inn. Med. **29**, 161 (1936).

ZWILLINGER, L.: Elektrokardiographische Zwischenstadien im Verlaufe der Coronarthrombose. Z. klin. Med. **130**, 609—620 (1936).

— Das Ekg bei rheumatischer Pericarditis. Wien. Z. klin. Med. **132**, 264 (1937).